Gerhard Steinebach
Dietmar Schaadt

Stadtökologie in neuen Gewerbegebieten

Stadtplanung – Rechtsgrundlagen – Praxiserfahrungen

BAUVERLAG GMBH

Die Deutsche Bibliothek – CIP-Einheitsaufnahme

Steinebach, Gerhard:
Stadtökologie in neuen Gewerbegebieten : Stadtplanung – Rechtsgrundlagen – Praxiserfahrungen / Gerhard Steinebach ; Dietmar Schaadt. – Wiesbaden ; Berlin : Bauverl., 1996
ISBN 3-7625-3211-7
NE: Schaadt, Dietmar:

Ergebnisse des Themenschwerpunktes „Umweltgerechte und flächensparende Erschließung und Gestaltung neuer Gewerbegebiete" im Forschungsfeld „Städtebau und gewerbliche Wirtschaft" im Ressortforschungsprogramm „Experimenteller Wohnungs- und Städtebau" des Bundesministeriums für Raumordnung, Bauwesen und Städtebau.

Gedruckt auf: Recystar®
Recycling-Papier aus 100% Altpapier

Satz: Frohberg GmbH, Freigericht
Druck: PDC Paderborner Druck Centrum GmbH, Paderborn
ISBN 3-7625-3211-7

Vorwort

Städtebauliche Bedingungen bestimmen die Qualität von Gewerbe- und Industriestandorten. Sie sind den Anforderungen, die sich aus der technischen Entwicklung, dem wirtschaftlichen Strukturwandel und den neuen Aufgaben ergeben, anzupassen. Zu den neuen Aufgaben gehören im Kern umweltgerechtes Planen und Bauen.

Den städtebaulichen, ökologischen und architektonischen Anforderungen an neu zu erschließende oder neu zu besiedelnde Gewerbegebiete werden nicht immer die gebotene Aufmerksamkeit geschenkt. Mit städtebaulichen Modellvorhaben können neue Wege erprobt und offene Fragen bei der Konzeption und Umsetzung innovativer Lösungsansätze geklärt werden.

Im Rahmen des Forschungsprogramms „Experimenteller Wohnungs- und Städtebau" wird u. a. auch die umweltgerechte und flächensparende Erschließung und Gestaltung neuer Gewerbegebiete durchgeführt.

Die im Rahmen dieses Forschungsfeldes durchgeführten Modellvorhaben können auch im Wortsinn als „Vorbilder" für andere Kommunen mit ähnlichen Problemen dienen und über das einzelne Vorhaben hinaus Hinweise für die Lösung städtebaulicher Probleme im Spannungsverhältnis zwischen Wirtschaftsentwicklung und nachhaltiger Stadtentwicklung geben.

Die vorliegenden Forschungsergebnisse im Themenfeld „Umweltgerechte und flächensparende Gestaltung und Erschließung neuer Gewerbegebiete" werden mit dieser Veröffentlichung in konzentrierter Form der Öffentlichkeit vorgestellt.

Prof. Dr. Klaus Töpfer, MdB

Bundesminister für Raumordnung,
Bauwesen und Städtebau

Inhaltsverzeichnis

Abbildungs- und Tabellenverzeichnis

Kurzfassung

Bei der Planung ökologischer Gewerbegebiete sind eine Reihe von Rahmenbedingungen zu beachten, die von den bedeutenden geopolitischen Veränderungen in Osteuropa und den raumordnerischen Aspekten des europäischen Binnenmarktes bis hin zu spezifischen ökologischen und gestalterischen Anforderungen an ansiedlungswillige Betriebe vor Ort reichen können.

In der Vergangenheit wurde den städtebaulichen, ökologischen und architektonischen Anforderungen an neu zu erschließende und neu zu besiedelnde Gewerbegebiete nur wenig Aufmerksamkeit geschenkt. Das Interesse der Kommunen konzentrierte sich eher auf eine möglichst zügige Vergabe der erschlossenen Flächen. Das Ausmaß der Flächenverkäufe war Beleg für die Aktivitäten und den Erfolg kommunaler Wirtschaftsförderung. Zusätzliche Anforderungen an eine besondere städtebauliche, ökologische oder gestalterische Qualität, die geeignet hätten sein können, die Vermarktung der Flächen zu erschweren, wurden vernachlässigt oder fallen gelassen.

Zu dieser Entwicklung hat ebenfalls beigetragen, daß viele Gemeinden nicht in der Lage waren, ihre Vorstellungen gegenüber ansiedlungsinteressierten Betrieben zu vertreten. Eine kritische Arbeitsmarktlage brachte und bringt viele Kommunen dazu, pauschale Zugeständnisse zu machen, so daß bei bedeutsamen An- oder Umsiedlungsentscheidungen entweder übermäßig viel Fläche vergeben oder die Art der Bebauung den Betrieben überlassen wird.

Allgemein wird unterstellt, daß, bedingt durch die Veränderung politischer, technischer, sozialer und räumlicher Strukturen, die Notwendigkeit der Erarbeitung differenzierter, regional und kommunal angepaßter Entwicklungsstrategien zur Gestaltung des wirtschaftlichen Strukturwandels zunehmen wird. Die gemeindliche Ebene wird in diesem Kontext unter einem besonderen Handlungsdruck stehen, da sich im kommunalen Bereich der Strukturwandel am deutlichsten bemerkbar machen wird. In dieser Situation stehen die Gemeinden, wenn auch in unterschiedlicher Ausgangslage, vor der Notwendigkeit, zukunftssichere, ökologisch und ökonomisch tragfähige Entwicklungen im Spannungsfeld Städtebau und Wirtschaft einleiten zu müssen.

Vor diesem Hintergrund sind bei der umweltgerechten und flächensparenden Erschließung und Gestaltung neuer Gewerbegebiete grundsätzlich die folgenden Sachkomplexe zu behandeln:

- die ökonomischen Rahmenbedingungen,
- die qualitativen Anforderungen an Flächenangebote zur gewerblichen Nutzung,

- die Methoden zur Flächenbedarfsermittlung und zur Standortfindung potentieller Gewerbegebiete,
- die Instrumente kommunaler Gewerbeflächenpolitik (Planungs- und Rechtsinstrumentarien, Förderungs- und Gestaltungsinstrumentarien, Instrumente zur Durchsetzung qualitativer Anforderungen),
- die Formen der Gewerbeansiedlung,
- die ökologischen und optischen Anforderungen in Gewerbegebieten und
- die Organisationsformen.

Ökonomische Rahmenbedingungen

Zur Entwicklung des gewerblichen Flächenbedarfs in den letzten Jahren gibt es wenige aussagefähige Daten. Als auslösende Faktoren für höhere Anforderungen an Gewerbegebiete in quantitativer und qualitativer Hinsicht werden in der Fachdiskussion vor allem genannt:
- die Entwicklung des EU-Binnenmarktes, die geopolitischen Veränderungen in Osteuropa und die Vereinigung der beiden deutschen Staaten,
- die Zunahme produktionsorientierter Dienstleistungen,
- die weitere Tertiärisierung der Wirtschaft,
- der Einfluß neuer Techniken und neuer Produktionstechnologien und
- der Einfluß demographischer Rahmenbedingungen.

Während die Binnenmarkteffekte hauptsächlich in der ersten Hälfte der 90er Jahre auftreten dürften, wird die Öffnung Osteuropas sich wohl erst danach auswirken. Die Wechselwirkungen zwischen der technologischen Entwicklung, einzelbetrieblichen Flächenstrategien und den damit verbundenen Flächennachfragen sind Gegenstand betrieblicher Untersuchungen. Sie lassen sich allerdings in ihren Auswirkungen nur schwer auf die regionale und kommunale Planungsebene übertragen.

Auf der örtlichen Ebene sind eingeschränkte Nutzbarkeit, ungesicherte rechtliche Situation und unzureichende Qualität von Standorten im Innenbereich und dadurch ausgelöste Verlagerungsbedarfe vieler Betriebe Gründe für die Ausweisung neuer Gewerbegebiete.

Qualitative Anforderungen an Gewerbestandorte

Die klassischen, harten Standortfaktoren werden in Wissenschaft und Praxis als selbstverständliche Basisanforderungen an Industrie- und Gewerbegebiete vorausgesetzt. Wenn auch in jeweils unterschiedlicher Rangfolge bei verschiedenen Quellen aufgelistet, kann doch festgehalten werden, daß folgende Standortfaktoren Bedeutung haben:
- preisgünstiges Bauland bei gesicherter Verfügbarkeit und Flächenreserven,
- leistungsfähige Infrastruktur bei guter regionaler und überregionaler Verkehrsanbindung (z.B. Ver- und Entsorgungsinfrastruktur, Verkehrslage und Anschlußqualität, Datennetze),

- Marktnähe,
- öffentliche Förderung,
- Arbeitskräfteangebot und -qualifikation.

Für Standortentscheidungen von Unternehmen sind weitere Gesichtspunkte im Sinne von weichen Standortfaktoren wichtig, die jedoch erst dann Bedeutung erlangen, wenn die harten Standortfaktoren erfüllt sind. Über die Basisanforderungen hinaus sind diese weichen Standortfaktoren in erster Linie Anforderungen der Attraktivität sowohl des Makro- als auch des Mikrostandortes.

Auf der Ebene des Makrostandortes sind Standortbedingungen wie intakte Umwelt, landschaftlich reizvolle Umgebung, Wohn- und Freizeitwert, kulturelles Angebot und Bildungsmöglichkeiten sowie Imagewert einer Stadt oder Region vorrangig zu nennen. Auf der Ebene des Mikrostandortes kommen Anforderungen bezüglich der Gestaltung des Gewerbegebiets und der einzelnen Gebäude, der Grünplanung und der Attraktivität des Arbeitsumfeldes, des Ausbaus von produktions- und beschäftigungsorientierter Infrastruktur (Gemeinschaftseinrichtungen, Parkierungsmöglichkeiten, Gaststätten, Einkaufsmöglichkeiten), der Verträglichkeit der gewerblichen Nutzungen untereinander, der innergebietlichen Fühlungsvorteile sowie die Nähe zu Forschungseinrichtungen und Schulungsmöglichkeiten als weitere Faktoren hinzu.

Methoden zur Ermittlung des Gewerbeflächenbedarfs

Die Prognose des gewerblichen Flächenbedarfs für Städte und Dörfer ist durch erhebliche Unsicherheiten gekennzeichnet, da der komplexe Prozeß der Gewerbeflächennachfrage nur schwer zu abstrahieren ist. Der Bedarf ist u.a. abhängig von gesamtgesellschaftlichen und kommunalen Einflußgrößen, wie z.B. von planerischen Leitbildern, der gesamtwirtschaftlichen Situation, von Produktions-, Arbeits- und Wohnverhältnissen sowie den örtlichen Umweltverhältnissen, der Topographie und sonstigen lokalen Gegebenheiten. Häufig angewandte Verfahren zur Ermittlung des Gewerbeflächenbedarfs sind insbesondere die Prognosemodelle des Instituts für Landes- und Stadtentwicklung des Landes Nordrhein-Westfalen (ILS) in den Varianten GIFPRO-Modell (1981) und ILS-Modell (1987). Dabei können nachfrage- und angebotsorientierte Gesamtbedarfe aus den Neugründungen, dem Ansiedlungsbedarf (interkommunal), dem Verlagerungsbedarf (intrakommunal) und dem Erweiterungsbedarf über die Bestimmung der Beschäftigten sowie deren Arbeitsplätze in Gewerbe- und Industriegebieten ermittelt werden. Mit Hilfe von Quoten werden die Beschäftigten pro Jahr bestimmt, die den genannten Bedarfskategorien zuzuordnen sind. Darüber hinaus wird die Arbeitslosenquote im Betrachtungszeitraum berücksichtigt. Die abschließende Flächenermittlung erfolgt wiederum durch die Verwendung beschäftigtenbezogener Flächenkennziffern, wobei je nach Branchenspektrum des Untersuchungsraumes den Ermittlungen zwischen 150 und 300 qm/Beschäftigten zugrunde gelegt werden. Der in diesem Rahmen ermittelte Flächenbedarf wird mit den verfügbaren Gewerbeflächen bilanziert.

Methoden zur Standortfindung potentieller Gewerbegebiete

Grundsätzlich ist bei Neuausweisungen von Gewerbegebieten zu prüfen, welche Flächen überhaupt in Anspruch genommen werden können und wie erheblich dabei die möglichen Eingriffe in Freiflächen und den Naturhaushalt sowie die Immissionssituation sind. Als entscheidende Planungsebene ist dabei die Flächennutzungsplanung und die Landschaftsplanung ggf. mit integrierter Plan-UVP zu nennen. Die damit verbundenen planerischen Entscheidungsvorgänge sind sehr komplex und durch eine große Zahl von Randbedingungen und Kriterien gekennzeichnet. Planungsmethoden sollen daher den Planenden und Entscheidenden Hilfen und Anleitungen geben, sich in differenzierten Situationen zurecht zu finden und den Komplexitätsgrad zu reduzieren. Gefordert sind daher flexible und ergänzbare Methoden, die dazu beitragen, den Aufwand bei Lösungsfindungen zu minimieren und die trotzdem abgesicherte Aussagen ermöglichen. Vor allem seit den 70er Jahren wurden verschiedene Planungs- und Entscheidungsmodelle entwickelt, die teilweise aus dem Bereich der Betriebswirtschaft kommen. Dazu gehören u.a. die lineare Programmierung, die Kosten-Nutzen-Analyse, die Planungsbilanzmethode, die Kostenwirksamkeitsanalyse und die Nutzwertanalyse sowie die Nutzwertanalyse der 2. Generation und die ökologische Risikoanalyse. Anwendungsbezogen wurden Elemente dieser Ansätze zu Standort-Bestimmungsmethoden des Baulandpotentials weiterentwickelt, wobei die Vorgehensweise sich als Restriktionsansatz beschreiben läßt. Neben der städtebaulichen Eignung der untersuchten Flächen werden Konflikte mit Freiraumansprüchen und Umweltbelangen, wie z.B. Landwirtschaft, Wasserwirtschaft, Biotopschutz, Erholung, Landschaftsbild, Klima, Luft und Boden, thematisiert und bewertet. Ursprüngliche Absicht war hierbei die Erarbeitung eines Beitrags zur Planungs- und Entscheidungspraxis in bezug auf die künftige Inanspruchnahme von Freiflächen für Wohnflächen. Vor dem methodischen Hintergrund der Nutzwertanalyse der 2. Generation und der ökologischen Risikoanalyse wurde die Vorgehensweise zwischenzeitlich zur Standortfindung potentieller Gewerbegebiete weiterentwickelt. Die Methode dient der Informationsaufbereitung und Entscheidungsvorbereitung und ermittelt potentiell geeignete Flächen auf der Grundlage von Abwägungen zwischen Umweltstandards und ökonomischen Anforderungen. Der Untersuchungsprozeß gliedert sich in die Arbeitsschritte Ermittlung absoluter Restriktionen, Eignungsbewertung und Restriktionsbewertung und legt die Rahmenbedingungen der gewählten Standorte offen.

Als umweltbezogene medienübergreifende Parameter können folgende genannt werden:

- die Entwicklung von Bodenfunktionszahl (BFZ) und Grünvolumenzahl (GVZ) als Hilfsinstrumente zur Bewertung der Bodenversiegelung auf das Stadtklima,
- die KÖH-Wert-Methode (klimatisch-ökologisch-hygienischer Wert) zur Bewertung von Flächen hinsichtlich ihrer klima- und lufthygienischen Wohlfahrtswirkung,

- der Modellansatz des klimaökologischen Leistungsvermögens (KLV) zur Gewichtung von Flächennutzungstypen und ihrer Einflüsse auf das Mikroklima sowie
- das sog. „Klima-Michel-Modell" (KMM), das den Wärmehaushalt des Menschen mit den atmosphärischen Bedingungen verknüpft.

Instrumente kommunaler Gewerbeflächenpolitik

Die für die Wirtschaftsentwicklung von Städten und Dörfern zentralen Entscheidungen fallen im Bereich der Infrastrukturplanung, der Bauleitplanung und der Liegenschaftspolitik. Aktivitäten der Gemeinden in diesen Bereichen sind traditioneller Bestandteil der kommunalen Wirtschaftsförderungspolitik. Die Stichworte „Querschnittsaufgabe" und „Prozeßorientierung" eignen sich besonders gut zur Beschreibung der Anforderungen bei der Planung und Realisierung neuer Gewerbegebiete.

Eine effiziente Wirtschaftsförderungsstrategie sollte mit unterschiedlichen Instrumenten auf die unterschiedlichen Bedürfnisse verschiedener gewerblicher Zielgruppen reagieren, um den sich ändernden Ansprüchen gerecht zu werden. Die auf auswärtige Betriebe ausgerichtete Ansiedlungspolitik bedient sich vorrangig des Standortmarketings mit Bereitstellung von Standortinformationen und Direktwerbung bei einzelnen Unternehmen und ist stark zielgruppenorientiert. Auf das lokale Potential an bereits existenten Unternehmen konzentriert sich die Strategie der Bestandspflege, die besonders Maßnahmen der Bauleitplanung und der Baugenehmigungspraxis sowie Beratung umfaßt.

Die Aufschließung neuer Gewerbegebiete kann planungsrechtlich im wesentlichen auf folgenden Wegen erfolgen:
- durch die Aufstellung eines Bebauungsplans mit der Möglichkeit, schon vor seinem Wirksamwerden bei einem fortgeschrittenen Planungsstand Vorhaben zuzulassen,
- durch die Zulassung von Vorhaben innerhalb der im Zusammenhang bebauten Ortsteile,
- durch die Zulassung von Vorhaben im Außenbereich,
- durch den Erlaß einer Außenbereichs-Bausatzung,
- durch den Erlaß einer Satzung mit Vorhaben- und Erschließungsplan.

Darüber hinaus ist die städtebauliche Entwicklungsmaßnahme mit ihren weitreichenden bodenrechtlichen Regelungsmöglichkeiten als neues kommunales Instrument zu nennen.

Neben diesen gesetzlich fixierten und rechtlich eindeutig begrenzten Instrumenten gilt die städtebauliche Rahmenplanung als umfassendes und flexibles Planungselement, die ein breites Spektrum an Themen im Entwicklungs- und Realisierungsprozeß der Gewerbegebietsausweisung integrieren kann.

Zur Durchsetzung von ökologischen und gestalterischen Qualitäten in neuen Gewerbegebieten wird neben den „formellen" Instrumenten die Anwendung „informeller" Instrumente wie Bauberatung und Erarbeitung von Gestaltungshandbüchern und sonstigen Anschauungsmaterialien empfohlen. Den damit verbundenen „Aushandlungsprozessen" kommt im Vorfeld der Ansiedlungen erhebliche Bedeutung zu.

Formen der Gewerbeansiedlung

Zu den traditionellen Industrie- und Gewerbegebieten sind Gewerbehöfe, Gewerbeparks, Gründerzentren, Technologiezentren und Forschungsparks getreten, die sich vor allem durch die Ausprägung der Technologieorientierung und durch die sachlichen oder organisatorischen Verflechtungen der Betriebe voneinander unterscheiden. Alle diese Konzepte sollen besondere Merkmale aufweisen, die sie von herkömmlichen Gewerbegebieten unterscheiden und ihnen erlauben, ihr eigenes, möglichst unverwechselbares Image zu schaffen und sich als Standorte eigener Qualität und Attraktivität darzustellen.

Überwiegend werden die Park- und Zentrenkonzepte als Instrumente einer auf Bestandspflege und Gründungsförderung ausgerichteten kommunalen Wirtschaftspolitik angesehen, aber auch als Instrumente der Regionalentwicklung, die mit ihrem hohen Werbe- und Imagewert zu einer Schwerpunktbildung und Attraktivitätssteigerung beitragen können.

Vorteile der Park- und Zentrenkonzeptionen werden insbesondere darin gesehen, daß sie durch ein einheitliches Planungs- und Umsetzungskonzept flexibel auf Ansiedlungswünsche reagieren, die Flächen bedarfsorientiert aufgeteilt werden, untereinander unverträgliche Branchenstrukturen vermieden werden und höhere ökologische und städtebauliche Qualitäten durchgesetzt werden können.

Ökologische und optische Anforderungen in Gewerbegebieten

Eindeutige Definitionen und Abgrenzungen der ökologischen und optischen Anforderungen in neuen Gewerbegebieten stehen nicht zur Verfügung. Das Ausmaß der Anforderungen an eine umweltgerechte und flächensparende Erschließungs- und Bebauungsplanung hängt jeweils von örtlichen spezifischen Kriterien ab. Allgemeingültige Orientierungsgrößen kann es demnach nicht geben. Allerdings sind Annäherungen an die Begriffe in einem deskriptiven Sinne möglich.

Als wichtige standortbezogene ökologische und städtebauliche Anforderungen sind vor allem zu nennen:
- Empfindlichkeitsuntersuchungen bei der Auswahl und Abgrenzung geeigneter Flächen und Definition der Nutzungsmöglichkeiten,
- Erhaltung der stadtklimatischen Qualitäten,
- Gewährleistung des Bodenschutzes,
- Gewährleistung des Wasserschutzes,
- Berücksichtigung klimatisch bedeutsamer Gebäudesituationen,
- Erhaltung der Vielfalt von Flora und Fauna,
- Erhaltung bzw. Verbesserung von Naherholungs- und Kurzzeiterholungsmöglichkeiten.

Als wichtige erschließungsbezogene ökologische und technologische Anforderungen sind vor allem zu nennen:
- Anbindung an ein attraktives ÖPNV-Netz,
- Minimierung des verkehrlichen Erschließungsaufwandes im Baugebiet,
- Vermeidung von Mehrfacherschließungen,
- Reduzierung der Straßen- und Wegequerschnitte,
- kurze Wegstrecken für die Erschließung,
- Vermeidung von Bodenaushub und Vermeidung topographischer Veränderungen bei der verkehrlichen Erschließung,
- Verzicht auf beidseitige Wegeführung an verkehrlich weniger belasteten Straßen und Anlage kombinierter Rad- und Gehwege,
- ökologisch orientierte Bepflanzungen an verkehrlichen Erschließungsmaßnahmen,
- gemeinsam nutzbare Grundstückszu- und -ausfahrten,
- Wassereinsparung durch Trinkwassersubstitution,
- Renaturierung kanalisierter Bachläufe,
- Ausbau der Trennkanalisation,
- Bündelung von Leitungstrassen.

Als wichtige grundstücks- und gebäudebezogene Anforderungen mit optischen Auswirkungen sind vor allem zu nennen:
- Entwicklung eines Bebauungs-, Gestaltungs- und Begrünungskonzepts aus einer städtebaulichen Gesamtplanung heraus,
- mehrgeschossige Ausnutzung des Baugeländes bzw. verdichtetes und flächensparendes Bauen,
- Baukörperstellungen an landschaftlich weniger sensiblen Stellen,
- Gebäudeanordnung unter Berücksichtigung der Nutzbarkeit verbleibender Reserveflächen der Betriebe,
- einheitliche Baufluchten,
- Vorschriften über Baumaterialien,
- Nutzungsstrukturierungen mit Verwaltung und Dienstleistungen am Firmenzugang und Produktions- und Fertigungsstätten mit abgestuftem architektonischem Anspruch im rückwärtigen Grundstücksbereich,
- Auflockerung monotoner, untergliederter Fassaden,
- Fassadenbegrünungen.

Einzelne Definitionsansätze des Begriffs Ökologie betonen die stofflich-thermodynamischen Aspekte und verstehen ökologisches Verhalten als Prozeß des Vermeidens und Verminderns von Stoffumwandlungsprozessen bei gleichzeitiger Stärkung von Ausgleichsfunktionen. Dieser Definitionsansatz soll die Verbindungen zur betrieblichen und technischen Seite des Planungsprozesses erleichtern und sie mit ökonomischen und kommunalwirtschaftlichen Gesichtspunkten verknüpfen. In neuen Gewerbegebieten soll der qualitative Anspruch erhöht werden, damit beispielsweise Emissionen, die durch Energieverbrauch, durch Verkehr und Ressourcenverbrauch bedingt sind, durch Maßnahmen der Grünordnung, der Nutzung von alternativen und regenerativen Energiequellen, der Verwendung von umweltgerechten Baustoffen und durch Zurückdrängen umweltbelastender Verhaltensmechanismen verringert werden können.

Organisationsformen

Angesichts der veränderten wirtschaftlichen Rahmenbedingungen verstärkt sich die Notwendigkeit zur interkommunalen Zusammenarbeit in der Gewerbeflächenpolitik, durch die gewerbepolitische Fehlinvestitionen vermieden, die vorhandene übergemeindliche Infrastruktur besser ausgelastet und das Gewicht der kommunalen Gewerbepolitik gegenüber den Unternehmen gestärkt werden kann. Als Rechtsformen interkommunaler Kooperation sind privatrechtliche Konstruktionen oder öffentlich-rechtliche Konstruktionen möglich.

Das erfolgreiche Zusammenarbeiten der Gemeinden hängt wesentlich davon ab, ob eine geeignete Rechtsform der Zusammenarbeit gefunden wird, da jede Art der Kooperation spezifische örtliche Eigenheiten aufweist, die bei der Wahl der denkbaren Varianten berücksichtigt werden müssen.

Neben die Forderungen nach verstärkter Einbindung der Gewerbeflächenpolitik in die Stadtentwicklung und die Forderungen nach koordinierter Einbeziehung verschiedener kommunaler Ämter und Dienststellen in diese Querschnittsaufgabe sind verstärkt Forderungen zur Privatisierung oder zur Auslagerung bestimmter Aufgaben in Organisationen außerhalb der kommunalen Verwaltung getreten.

Insbesondere im angelsächsischen Raum hat sich unter dem Begriff der „Public Private Partnership“ (PPP) eine Form der engen Zusammenarbeit zwischen öffentlichen und privaten Trägern herausgebildet, die als institutionalisierte Kooperationsform zwischen Kommune, Wirtschaft und sonstigen Institutionen auf spezifische lokale und regionale Probleme reagieren soll. Die damit verbundenen Vorstellungen und Konzepte sind allerdings sehr unterschiedlich.

Im Zusammenhang mit dieser Diskussion wird verlangt, Investoren, Grundstückseigentümer bzw. Betriebsinhaber frühzeitig und umfassend beispielsweise in die gewerblichen Planungsüberlegungen einzubinden und an Konzeptionen zur Umsetzung der Gewerbegebietsplanung zu beteiligen. Der Wandel kommunaler Politik-, Planungs- und Verwaltungsstile von einem vormals hoheitlich-hierarchischen hin zu einem kooperativ-partnerschaftlichen Steuerungsmodus soll öffentliches und privates Handeln im Hinblick auf stadtentwicklungspolitische Ziele effizienter koordinieren und damit die Chancen für eine erfolgreiche Umsetzung integrierter lokaler Entwicklungsstrategien erhöhen.

Resumee

In der Summe handelt es sich bei ökologischer Gewerbegebietsplanung um ein Bündel von Maßnahmen und Ansprüchen. Diese leiten sich aus den ökonomischen und ökologischen Rahmenbedingungen der Planungsgebiete sowie ihren funktionalen Verflechtungen ab und betreffen neben den konzeptionellen planerischen Rahmen und den städtebaulichen Konzepten die Grünräume, die Grundstücke, die Gebäude, die Verkehrserschließung und die sonstige leitungsgebundene Infrastruktur.

Darüber hinaus werden Vorgehensweisen entwickelt, die die Produktionsabläufe und die damit verbundenen Emissionsquellen in den Vordergrund der Betrachtung stellen und betriebsbezogene Technologien und Methoden anstreben, um Emissionen auf ökologisch vertretbare Größen zu reduzieren und die betriebswirtschaftlichen Ziele diesen Erfordernissen anzupassen. Dieser Ansatz korrespondiert mit betriebswirtschaftlichen und unternehmerischen Anforderungen und geht über das klassische städtebauliche Instrumentarium hinaus.

Einführung

Die wirtschaftliche Entwicklung in den westeuropäischen Industrieländern ist derzeit durch einen strukturellen Wandel gekennzeichnet, der seine räumliche Ausprägung auch in veränderten Siedlungsprozessen und Verteilungsmustern der Standorte von Produktions- und Dienstleistungsunternehmen findet. Während in der Bundesrepublik Deutschland die vergangenen Jahre von der Auffassung geprägt waren, daß die vorrangigen städtebaulichen Aufgaben den Siedlungsbestand betreffen, gewinnen gegenwärtig Neuplanungen zunehmend an Bedeutung. Dabei wird die Erforderlichkeit, Gewerbegebiete neu auszuweisen, weniger kontrovers diskutiert.

Mit der Liberalisierung des Handels und dem Wegfall von Zollgrenzen und sonstigen Hemmnissen in der EU steht die Städtebaupolitik vor neuen Herausforderungen. Dazu gehört, die Ansiedlung von Unternehmen in städtebaulich und ökologisch geordnete Bahnen zu lenken und durch eine entsprechende Flächenpolitik bestehende Standorte zu sichern und neue Standorte zu entwickeln. Dabei sollten jedoch Fehler einer ungeordneten Expansion des Siedlungsraumes, wie sie in der Vergangenheit vorgekommen sind, vermieden werden. Neuausweisungen und Neubau von Gewerbegebieten müssen unter möglichst geringer Beeinträchtigung des Naturhaushaltes und einer Minimierung von Immissionskonflikten sowie einer zukunftsorientierten städtebaulichen Funktionenordnung geschehen. Dies zielt zunächst auf die Verbesserung der Umweltverträglichkeit und die ökologische Gestaltung von Gewerbegebieten. Grundsätzlich ist dabei zu prüfen, welche Flächen unter welchen Bedingungen überhaupt in Anspruch genommen werden können und welche Ausgleichsmaßnahmen für diese Eingriffe notwendig sind. Von Bedeutung sind zudem die Möglichkeiten einer ökologischen Ausgestaltung der Gewerbegebiete. Daneben wird es darauf ankommen, die städtebauliche Qualität von Gewerbegebieten zu steigern. Dies gilt auch für die architektonische Ausführung von Industrie- und Gewerbegebäuden.

Die klassischen städtebaulichen Planungskonzepte reichen alleine aber nicht aus, diese komplexen Aufgaben zu lösen. Der Beantwortung der Frage, welche Untersuchungen, Gutachten und sonstigen Ausarbeitungen zu erstellen sind, um ökologisch und ökonomisch „richtig“ zu planen, widmen sich zahlreiche wissenschaftliche Arbeiten und praktische Untersuchungsansätze. Mit den vorliegenden Ergebnissen aus der Begleitforschung des Ressortforschungsprogramms „Experimenteller Wohnungs- und Städtebau“ des Bundesministeriums für Raumordnung, Bauwesen und Städtebau zum Themenschwerpunkt „Neue Gewerbegebiete“ im Forschungsfeld „Städtebau und gewerbliche Wirtschaft“ werden

Erkenntnisse darüber vorgelegt, welche Herangehensweisen und Handlungsansätze der Aufgabenstellung umweltgerechter und flächensparender Erschließung und Gestaltung neuer Gewerbegebiete gerecht werden.

I Grundlagen

1 Untersuchungsgegenstand

Stadtplanung ist eine wichtige Voraussetzung für die wirtschaftliche Entwicklung der Städte und Dörfer. Mit der Planung und Erschließung neuer Gewerbegebiete[1] stellen die Gemeinden als Träger der Bauleitplanung Flächen für Industrie- und Gewerbebetriebe bereit, um über das Angebot geeigneter Flächen die Standortentscheidung und Standortplanung von Wirtschaftsunternehmen zu beeinflussen.

Die Wirtschaft der Bundesrepublik Deutschland befindet sich derzeit in einer Phase des strukturellen Wandels, der seinen räumlichen Niederschlag in veränderten Raumstrukturen und Verteilungsmustern der Standorte von Produktions- und Dienstleistungsunternehmen findet. Im Vergleich zur Situation in den 80er Jahren hat sich heute das Angebot an planungsrechtlich gesicherten, verfügbaren und erschlossenen Gewerbeflächen offenbar generell verknappt, auch wenn generalisierende Aussagen schwer zu treffen sind und regional große Unterschiede bestehen.

In der gegenwärtigen Fachdiskussion wird die Notwendigkeit der Neuausweisung von Gewerbegebieten kaum noch kontrovers behandelt. Im Grundsatz besteht Einigkeit darüber, daß die zukünftige wirtschaftliche Entwicklung nur zum Teil innerhalb der bestehenden Siedlungsflächen erfolgen kann. Es sind auch weiterhin Neuausweisungen von Gewerbegebieten notwendig, um die Nachfrage nach Industrie- und Gewerbeflächen zu befriedigen. Dabei müssen jedoch Fehler einer ungeordneten Expansion des Siedlungsraumes, wie sie in der Vergangenheit vorgekommen sind, vermieden werden. Neuausweisungen und Neubau müssen unter möglichst geringer Beeinträchtigung des Naturhaushaltes geschehen, mögliche negative städtebauliche Auswirkungen der Erweiterung des Siedlungsraumes sind zu berücksichtigen und Gegenmaßnahmen rechtzeitig zu treffen.

Dies betrifft zunächst die Verbesserung der Umweltverträglichkeit und die ökologische Gestaltung von Gewerbegebieten. Grundsätzlich ist dabei zu prüfen, welche Flächen unter welchen Bedingungen überhaupt in Anspruch genommen werden können und welche Ausgleichsmaßnahmen für diese Eingriffe notwendig

---

[1] Anmerkung: Da sowohl in der Kurzbezeichnung als auch in der Langbezeichnung der Untersuchung der Begriff „Gewerbegebiete" verwandt wird, greift der Endbericht diese Formulierung auf. Dabei ist der Begriff eher im umgangssprachlichen als im planungsrechtlichen Sinne zu verstehen und kann in der Vertikalen alle Planungsebenen und in der Horizontalen sowohl gewerbliche Bauflächen als auch Industrie- und Gewerbegebiete im Sinne der Baunutzungsverordnung umfassen. Wo zur Klarstellung der planungsrechtlich exakte Begriff notwendig ist, ist dieser verwandt worden.

sind. Von Bedeutung sind aber auch die Möglichkeiten einer ökologischen Ausgestaltung der Gewerbegebiete. Dabei gilt es, ein verträgliches Nebeneinander von Industrie, Gewerbe und störempfindlichen Nutzungen herzustellen, und es wird darauf ankommen, die städtebauliche Qualität von Gewerbegebieten zu steigern. Dies gilt auch für die architektonische Ausführung von Industrie- und Gewerbegebäuden. Insgesamt kommt es jedoch in entscheidendem Maß darauf an, die Mitwirkungsbereitschaft der Investoren herzustellen.

Dafür ist zu prüfen, mit welchen Instrumenten angestrebte Gestaltungsziele durchgesetzt werden können, welche Maßnahmen notwendig sind, ökologische Gebietsqualitäten zu schaffen und zu erhalten, und wie die Abstimmung öffentlicher und privater Maßnahmen und Investitionen zu erreichen ist. Auch eine interkommunale Abstimmung bei der Ausweisung neuer Gewerbegebiete sowie die Einrichtung gemeinsamer oder gebietsübergreifender Gewerbegebiete gehört zu dem Aufgabenspektrum.

Besondere Bedeutung erlangt das Handlungsfeld Städtebau und gewerbliche Wirtschaft im Kontext des EU-Binnenmarktes. Die mit dem europäischen Markt zusammenhängenden wirtschaftlichen Effekte haben raumstrukturelle Auswirkungen sowie Veränderungen der Standortgunst und Wettbewerbsfähigkeit von Regionen, Städten und Dörfern zur Folge. Überwiegend wird angenommen, daß ohnehin bereits starke Regionen mit guter Branchenstruktur und attraktiven Freizeit- und Kulturangeboten am meisten profitieren, aber auch unter besonderen Anpassungsdruck geraten werden. Umgekehrt werden die Strukturprobleme ländlich-peripherer Räume zunehmen. Trotz regionaler Unterschiede wird erwartet, daß die Gemeinden der Bundesrepublik Deutschland eher zu den Gewinnern dieser Entwicklung gehören werden.

Den geänderten Rahmenbedingungen und verschärften Standortkonkurrenzen muß das Planungssystem der Bundesrepublik Deutschland und insbesondere das Städtebaurecht gewachsen sein.

In diesem Zusammenhang benötigen alle Beteiligten Informationen über Möglichkeiten und Probleme des Einsatzes des planerischen und rechtlichen Instrumentariums in der städtebaulichen Praxis. Dies läßt sich nicht allein durch theoretische Studien erreichen. Diesem Grundgedanken folgt der „Experimentelle Wohnungs- und Städtebau" des Bundesministeriums für Raumordnung, Bauwesen und Städtebau, dessen Ergebnisse im Themengebiet „Umweltgerechte Planung und Erschließung neuer Gewerbegebiete" hier verarbeitet werden. Wichtige Informationen haben exemplarische Umsetzungen beispielhafter städtebaulicher Vorhaben und die Analyse der dabei auftretenden Schwierigkeiten und Probleme geliefert. An konkreten Projekten wurden modellhaft vorhandene Erkenntnisse überprüft und neue Erkenntnisse gewonnen sowie der Einsatz des städtebaulichen, organisatorischen und rechtlichen Instrumentariums exemplarisch durchgespielt.[2]

[2] Vgl. hierzu ExWoSt-Informationen zum Forschungsfeld „Städtebau und Wirtschaft", Heft Nr. 1, Januar 1990.

2 Problemschwerpunkte

Grundsätzlich lassen sich in den unterschiedlichen Phasen zur Standortfindung, Planung und Realisierung von neuen Gewerbegebieten verschieden gelagerte Handlungsbedarfe und Handlungsmöglichkeiten identifizieren.

Im Bereich der Standortfindung stellt sich zunächst die Frage nach einer systematischen Erfassung der kommunalen Wirtschaftsentwicklung und ihrer zielorientierten Unterstützung durch räumlich und sachlich gestufte Planungskonzepte. Darüber hinaus ist zu klären, wie der Flächenbedarf bei der planerischen Neuausweisung von Gewerbegebieten konkret zu ermitteln ist. Hier besteht in vielen Fällen eine Wissenslücke, die eine angemessene stadtplanerische Behandlung des Themas erschwert.

Soweit aber die Betriebe bereits bekannt sind, werden den Gemeinden sehr präzise Flächenwünsche unterbreitet, die sie in der Regel nicht nachprüfen und nicht steuern können. Das betrifft insbesondere Kriterien der Flächeneignung für Betriebe, die im Hinblick auf die ökonomischen und die ökologischen Rahmenbedingungen in den Kommunen sehr unterschiedlich sind. Auch müssen Planungskonzepte unter anderem berücksichtigen, daß nicht jede Gemeinde für jeden Betrieb gleichermaßen gute Standortbedingungen aufweist, schaffen will oder schaffen kann, z.B. hinsichtlich des Gefährdungspotentials stofflicher Einträge und in bezug auf Empfindlichkeiten des jeweiligen Raumes.

Erst die Überlagerung von Standortanforderungen bekannter oder potentieller Branchen und Betriebe mit der Standorteignung der Gemeinde, die aus den natürlichen Standortvoraussetzungen und den planerischen Zielvorstellungen zu entwickeln ist, führt zu einer ökonomisch und ökologisch verträglichen Entwicklung der Gesamtgemeinde sowie zu einer tragfähigen Standortentscheidung für Gewerbegebiete und Gewerbebetriebe. Auch für diese Fragestellungen besteht im Hinblick auf die Zukunftsanforderungen von städtebaulicher und gewerblicher Entwicklung ein erheblicher Nachholbedarf.

Ähnliches gilt für die Anforderungen an Planungskonzepte für neue Gewerbegebiete. Ein wesentlicher Grund für die vorliegenden Probleme ist in der Haltung der Gemeinden zu suchen, die in der Vergangenheit der städtebaulichen Planung in Gewerbegebieten über umfangreiche Flächenausweisungen und möglichst leistungsfähige Erschließungsanlagen hinaus kaum Aufmerksamkeit gewidmet haben. Zukünftig werden aber bei Neuausweisungen und Neubauvorhaben im gewerblichen Bereich wesentliche Auswirkungen auf den Naturhaushalt ebenso zu beachten sein wie planerisch begründete Nutzungsdifferenzierungen. Hinzu kommen umweltgerechte Erschließungsformen und eine umgebungsverträgliche Gestaltung solcher Gebiete. Funktionsfähige Konzepte, wie bedarfsgerechte und mit dem Gebiet „wachsende" Erschließungsanlagen oder umweltschonende Infrastrukturkanäle, in denen die Ver- und Entsorgungseinrichtungen gebündelt werden können, liegen in Ansätzen vor.

Zur umweltgerechten Planung in Gewerbegebieten gehören auch Überlegungen, gewerbliche Nutzungen im Geschoßbau zu verwirklichen, regenerative Energiequellen zu nutzen sowie die Gestaltqualität der Gebäudearchitektur zu verbessern. Schließlich ist auch die Gestalt- und Aufenthaltsqualität in den Gewerbegebieten von zunehmender Bedeutung. Dazu gehören die Ausstattung mit beschäftigungsorientierter Infrastruktur, die Gestaltung des Arbeitsumfeldes und das Image im Hinblick auf die Arbeitsumweltqualität. Zukunftskonzepte für neue Gewerbegebiete sollen Möglichkeiten zur Begrenzung der betrieblichen Flächenbevorratung ebenso enthalten wie Vorstellungen zur Zwischennutzung betrieblicher Reserveareale und zur Mehrfachnutzung von Flächen und Gebäuden.

Bei allen Planungsüberlegungen sind ökologische Zusammenhänge und Rahmenbedingungen des Natur- und Ressourcenschutzes zu beachten, die letztlich erst zu einem positiven Ergebnis einer Umweltverträglichkeitsprüfung führen können. Es erscheint notwendig, für die speziellen Fragen von städtebaulicher und gewerblicher Entwicklung ökologische Gesamtkonzepte auch und gerade für Gewerbegebiete zu erarbeiten. Im Hinblick auf die im Vergleich zu Wohngebieten andersartigen Anforderungen wird es insbesondere darauf ankommen, gesetzlich vorgegebene Umweltqualitätsziele bei der Neuplanung und bei der Überplanung von Gewerbegebieten anzuwenden, fortzuentwickeln und wegen ihres Charakters als Verbalmaßstäbe weiter zu konkretisieren. Dieser Vorgang der schrittweisen Komplexitätsreduktion ist aus dem Bau- und Umweltrecht seit längerem bekannt. Die damit notwendige gesetzliche Fixierung der sachlichen Anforderungen der Umweltplanung kann häufig nur mit Hilfe unbestimmter Rechtsbegriffe erfolgen. Wenn die Gesetze im Grundsatz verlangen, daß mit Boden sparsam und schonend umzugehen ist, Altlasten zu kennzeichnen, wesentliche Beeinträchtigungen des Naturhaushaltes unzulässig, vermeidbare Eingriffe nicht erlaubt und unvermeidbare auszugleichen sind, so ist damit für die Praxis der Gesetzesanwendung bei Planungs- und Zulässigkeitsentscheidungen zunächst so gut wie nichts gewonnen. Erst müssen die gesetzlichen Verbalmaßstäbe in handhabbare Größen umgesetzt werden, damit Planungskonzepte mit einem Mindestmaß an vollziehbaren Aussagen durchsetzungsfähig gemacht werden können.

Im Zusammenhang mit der Realisierung von Planungskonzepten für neue Gewerbegebiete wird es zunehmend wichtiger, die Wechselwirkungen und Abhängigkeiten des Bau-, Naturschutz- und Immissionsschutzrechtes zu beachten. Dazu gehört, das Rechtsinstrumentarium auf die Möglichkeiten der Zielerreichung zu überprüfen, das heißt, zu untersuchen, mit welchen Instrumenten und welchem Erfolg sich die städtebaulichen Anforderungen durchsetzen lassen und welche Hindernisse ihnen gegebenenfalls entgegenstehen. Dies kann neben den bereits dargelegten Gesetzen die Bestimmungen untergesetzlicher Regelungen wie die der Baunutzungsverordnung betreffen, sich auf die Einsatzmöglichkeiten nicht formalisierter Instrumente beziehen, aber auch privatrechtliche Regelungen und ihr Verhältnis zu öffentlich-rechtlichen Bestimmungen aufgreifen.

Hinsichtlich der Trägerschaft fehlen insbesondere bei den Möglichkeiten privatrechtlicher Organisationsformen, der Abstimmung von öffentlichen und privaten Maßnahmen sowie den Konsequenzen aus den Eigentumsverhältnissen an Grundstücken noch Beispielfälle mit Vorbildfunktion.

Schließlich ist als wichtige Anforderung an die Umsetzung derartiger Konzepte die interkommunale Zusammenarbeit und Abstimmung der Ausweisung neuer Gewerbegebiete zu nennen. Überlegungen zur Entwicklung gemeinsamer oder gebietsübergreifender Gewerbegebiete sowie dabei eingesetzter Formen der Finanzierung und der Trägerschaft und des bodenrechtlichen Instrumentariums sind wichtige Aufgaben für die zukünftige Praxis.

Nicht zuletzt wird das Zusammenspiel von Planung und Realisierung mit den Anforderungen der Wirtschaftsförderung und öffentlicher Subventionen zu gestalten sein.

Insgesamt stellen sich bei der Bearbeitung dieser Problemschwerpunkte zahlreiche Fragen der Leistungsfähigkeit des Städtebaurechts, des Baunebenrechts, der Städtebauförderung und des Beitrages städtebaulicher Maßnahmen im Rahmen der Strukturpolitik. Wesentliche Aufgabe ist es, durch das exemplarische Durchführen entsprechender Vorhaben Vorbilder für die Praxis zu schaffen und dabei auch dem Gesetzgeber möglichen Handlungsbedarf aufzuzeigen.

Die im Forschungsfeld des „Experimentellen Wohnungs- und Städtebaus“ des Bundesministeriums für Raumordnung, Bauwesen und Städtebau im Themenfeld „Flächensparende und umweltgerechte Planung und Erschließung neuer Gewerbegebiete“ gewonnenen Erkenntnisse, welche Möglichkeiten im Hinblick auf die genannten Zukunftsaufgaben bei der Planung und Realisierung neuer Gewerbegebiete sich den Gemeinden bereits jetzt eröffnen, werden im folgenden näher dargelegt.

II Beschreibung der untersuchten Praxisfälle

Allgemeines

Im folgenden Abschnitt werden die wesentlichen Ziele und Vorgehensweisen der Praxisfälle zusammengefaßt, um die thematischen Schwerpunkte projektspezifisch zu verdeutlichen. Im weiteren Verlauf wird nur soweit erforderlich auf die einzelnen Vorhaben Bezug genommen, um Besonderheiten fallspezifisch erläutern zu können.

1 Gemeinsamer Gewerbepark Erlangen/Fürth/Nürnberg

Planerische Schwerpunkte sind die vorbereitenden Arbeiten für neue Gewerbegebiete in interkommunaler Zusammenarbeit unter Beachtung von Restriktionen durch stadtökologisch wertvolle Potentialflächen. Rechtliche Schwerpunkte sind die Anwendung der städtebaulichen Entwicklungsmaßnahme, das Aufstellen von Bebauungsplänen und Landschaftsplänen sowie die Bewältigung von Fragen des Steuerrechts und der Bodenmobilität für die von der gewerblichen Entwicklung betroffenen landwirtschaftlichen Betriebe. Fachliche Schwerpunkte sind die städtebauliche und wirtschaftliche Rahmenplanung, die Erarbeitung eines ökologischen Entwicklungskonzeptes, die Organisation der gemeinsamen Planung von drei Großstädten, die Durchführung von städtebaulichen Wettbewerben und die Integration von Fernbahntrassenplanungen der Bundesbahn in das Plankonzept.

Im Verdichtungsraum Erlangen/Fürth/Nürnberg besteht eine starke Nachfrage nach gewerblichen Bauflächen. Die zukünftige Entwicklung kann nicht vollständig innerhalb der bestehenden Siedlungsflächen der einzelnen Städte erfolgen. Neuausweisungen, die der Nachfrage gerecht werden, sind notwendig. Die drei Städte prüfen daher seit längerer Zeit, ob in ihrer Gemarkungsfläche Gewerbegebiete mit möglichst geringer Belastung des Naturhaushaltes geschaffen werden können.

Mit Hilfe umfangreicher Untersuchungen werden die geeigneten Gewerbegebiete innerhalb eines gemeindegrenzenüberschreitenden großräumigen Untersuchungsgebietes ermittelt; aus dem ursprünglich ca. 600 ha großen Untersuchungsraum werden ca. 160 ha potentiell geeigneter Gewerbefläche (brutto einschl.

interner Verkehrs- und Grünflächen) herausgefiltert, die in weiteren Abwägungsprozessen zu reduzieren und räumlich zu modifizieren sind.

Entgegen bisherigen „konventionellen" Ansätzen fließen insbesondere Aspekte der „Ökologie" und des Landschaftsschutzes, des Orts- und Landschaftsbildes sowie des sparsamen Umgangs mit Grund und Boden in die Gebietskonzeption ein. Das Projekt hat die Erarbeitung eines ökologischen Gebietsentwicklungskonzeptes zum Ziel, das die Ansiedlung von Betrieben planerisch und rechtlich vorbereitet. Hiermit und mit der im Projektverlauf hinzugekommenen Möglichkeit zur Anwendung der Entwicklungsmaßnahme nach BauGB-MaßnahmenG wird weitgehend Neuland beschritten. Im Rahmen des Projektansatzes sind Aspekte der großräumigen Verkehrsplanung und Erschließung ebenso berücksichtigt wie Fachfragen des Grundwasserschutzes, des sparsamen Umgangs mit Grund und Boden sowie die Berücksichtigung der Belange von Erholung und Freizeit und des Ortsbildes. Von großer Bedeutung sind darüber hinaus auch klimatische, energetische und technische Aspekte im Hinblick auf umweltverträgliche Bau- und Produktionsweisen und nicht zuletzt baugestalterisch-architektonische Gesichtspunkte.

Ein weiterer Kerngedanke des Projekts ist die interkommunale Abstimmung bei der Ausweisung der Gewerbefläche sowie die organisatorische Regelung einer Besiedlung in Stufen. Hierzu wurde zunächst eine Lenkungsgruppe ins Leben gerufen, die aus Vertretern der drei beteiligten Städte bestand und regelmäßig zusammentraf. Danach folgte der Abschluß einer Zweckvereinbarung und als letzter Schritt die Gründung eines Zweckverbandes.

Die Projektabwicklung liegt bei der „Geschäftsstelle des Zweckverbandes Gewerbepark Nürnberg, Fürth, Erlangen", die sich zur Erarbeitung der notwendigen Gutachten externer Berater bedient.

2 Technologiefolgenabschätzung für den Gewerbepark „Heidsiek" in Herford

Planerischer Schwerpunkt ist die Integration einer Methodik zu Technologiefolgenabschätzungen (TFA) in die städtebauliche Rahmenplanung und die spätere Bebauungsplanung für ein Gewerbegebiet. Rechtliche Schwerpunkte sind die Aufstellung von Bebauungsplänen und Landschaftsplänen, die Einarbeitung von Positiv-/Negativlisten in die Bebauungspläne sowie die Instrumentalisierung von Abfallrecht, Naturschutzrecht und Immissionsschutzrecht zur Umsetzung der Technologiefolgenabschätzung. Fachliche Schwerpunkte sind die städtebauliche Rahmenplanung, die Erarbeitung einer TFA-Methodik und die Entwicklung eines Handbuches zur umweltgerechten Gewerbeansiedlung als Informations- und Entscheidungsbasis im Vorfeld von Genehmigungen.

Der Bereich „Heidsiek“ mit einer Gesamtgröße von 164 ha ist die letzte große zusammenhängende Fläche der Stadt Herford, auf der in den nächsten Jahren neue Gewerbegebiete ausgewiesen werden können. Die Fläche liegt südlich des Stadtzentrums verkehrsgünstig an einer Umgehungsstraße in unmittelbarer Nähe zum Autobahnanschluß.

Parallel zur städtebaulichen Rahmenplanung für das Gewerbegebiet wurde eine Umwelterheblichkeitsprüfung durchgeführt. Dabei hat sich herausgestellt, daß die Realisierung der Bebauungspläne vom Neubau der Hauptkläranlage in Herford abhängt. Die Technologiefolgenabschätzung sieht auch aufgrund dieser Erfahrungen im wesentlichen die Erarbeitung von ökonomischen und ökologischen Anforderungsprofilen für neu anzusiedelnde Gewerbebetriebe vor. Im einzelnen soll sie gewährleisten, daß die Gewerbeflächen möglichst solchen Betrieben zur Verfügung gestellt werden, die in bezug auf ihre ökonomischen Perspektiven, ihr Angebot an entwicklungsfähigen Arbeitsplätzen und ihre Umweltverträglichkeit besonders qualifiziert sind.

Aufgabe der TFA ist es darüber hinaus, den kommunalen Sachbearbeitern ein fachlich erschöpfendes, aber dennoch handhabbares Instrument an die Hand zu geben, um die möglichen Umwelteffekte betrieblicher Neuansiedlungen abschätzen zu können.

In Form eines Handbuches sind umweltrelevante Faktoren typischer Produktionsverfahren dargestellt, und es wird auf den derzeitigen Stand der Technik hingewiesen. Hierbei sind die produktionsrelevanten Emissionspfade erfaßt sowie die Gefährdungspotentiale der eingesetzten Stoffe und die Umweltinanspruchnahme durch Produktionsverfahren aufgezeigt. Darüber hinaus werden, in Anlehnung an eine Produktlinienanalyse oder Ökobilanz, das Vorfeld der eigentlichen Produktion sowie die möglichen Entsorgungswege bewertet. Parallel wird die planerische und rechtliche Umsetzung dieser Erkenntnisse angestrebt.

Weitergehende Probleme wie Gemengelagen von Wohnen und Gewerbe, die Einbindung der vorhandenen Betriebe in die Neuplanung sowie die Abstimmung mit der überörtlichen Straßenplanung müssen in der Rahmenplanung und durch verbindliche Bauleitplanung gelöst werden.

Insgesamt werden für das Vorhaben Herford, neben der exemplarischen Erarbeitung eines Konzepts zur ökologisch orientierten Entwicklung eines neu auszuweisenden Gewerbegebietes, Methoden zur planerischen Beachtung und Umsetzung der gemeindlichen Forderung nach einer ökologisch optimierten Entwicklung der gewerblichen Ansiedlungsflächen im Stadtgebiet Herford zu hochwertigen Standorten erarbeitet. Die Integration der Ziele von Wirtschaftsförderung, Umweltschutz und Stadtentwicklung ist durch die planmäßige Entwicklung des neuen Gewerbegebietes zu leisten. Die vom Gewerbegebiet Heidsiek ausgehenden Ausstrahlungseffekte auf die Stadtentwicklung und den regionalen Raum werden vorstrukturiert und in die Planung integriert.

3 Ökologischer Wirtschaftspark Mainz-Süd

Planerischer Schwerpunkt sind die vorbereitenden Arbeiten für ein neues Gewerbegebiet in naturräumlich exponierter Lage am Stadtrand von Mainz auf der Basis von Empfindlichkeitsuntersuchungen. Rechtliche Schwerpunkte sind die geplante Anwendung der städtebaulichen Entwicklungsmaßnahme, das Aufstellen von Bebauungsplänen und die Anwendung der naturschutzrechtlichen Eingriffsregelung. Fachliche Schwerpunkte sind die Erarbeitung eines ökologischen Gesamtkonzeptes für das geplante Gewerbegebiet, die städtebauliche Rahmenplanung sowie die Einbeziehung von Wirtschaftlichkeitsüberlegungen in den Planungsprozeß. Eine wesentliche Grundlage der Empfindlichkeitsüberlegungen ist neben den hydrogeologischen Untersuchungen eine Thermalscannerbefliegung zur Ermittlung der klimatischen Belange. Innovativen Charakter erhält das Konzept durch den geplanten Infrastrukturkanal, in dem die Ver- und Entsorgungsleitungen gebündelt werden sollen.

Ausgangspunkt des Projekts „Ökologischer Wirtschaftspark Mainz-Süd" ist die Erarbeitung einer Planungskonzeption für ein neues, ca. 65 ha großes Gewerbe- und Industriegebiet in Mainz-Hechtsheim.

Für diese, ihrem Charakter nach als längerfristige gewerbliche Entwicklungsreserve einzuschätzende Fläche werden die geoökologischen und klimatischen Standortgegebenheiten in umfassender Weise aufgenommen und berücksichtigt. Als Ausfluß dieser Konzeption wird ein umweltverträgliches Gewerbegebietsentwicklungskonzept erarbeitet.

Wesentliches Ziel der Planung ist die Sicherung einer qualitativ hochwertigen Gebietsstruktur, bei der neben ökologischen Belangen auch ästhetisch-gestalterische Aspekte im Rahmen einer neuen Stadteingangssituation einfließen. Im Wirtschaftspark selbst soll eine hohe Arbeitsumfeldqualität geschaffen und gesichert werden.

Als Grundgedanke wird das Konzept einer koordinierten und „intelligenten" Infrastrukturplanung eingebracht. Hierzu zählen einerseits die flächensparende und umgebungsverträgliche Verkehrserschließung sowie andererseits die Bündelung der für die Ver- und Entsorgung des Gebietes erforderlichen Systeme in Form von „Medientrassen" (Infrastrukturkanal). Mit diesen sollen vor allem die Erfordernisse des Boden- und Grundwasserschutzes in Gewerbegebieten innovativ berücksichtigt werden.

Im Hinblick auf die exponierte Lage der projektierten Flächen innerhalb eines für die Trinkwasserversorgung der Gesamtstadt bedeutsamen Bereichs zählt die Bewältigung der mit der schadlosen und störsicheren Beseitigung der gewerblichen Abwässer verbundenen Probleme zu den Grundvoraussetzungen für die Realisierbarkeit des Gewerbeparks.

Insgesamt soll ein schlüssiges Konzept entwickelt werden, das die genannten Gesichtspunkte in umfassender Weise berücksichtigt und eine technisch optimale Lösung anbietet; ein weiterer wesentlicher Aspekt des Vorhabens ist die Anwendung der städtebaulichen Entwicklungsmaßnahme. In Anbetracht der derzeitigen landwirtschaftlichen Nutzung des Geländes werden zudem auch die Fachfragen des landespflegerischen Ausgleichs einschließlich seiner rechtlichen Verankerung untersucht. Da die Fläche noch nicht unter tagespolitischem Realisierungsdruck steht, ist eine fundierte und umfassende Erarbeitung von ökologischen Planungskonzepten zur Gewerbegebietsentwicklung als Vorstufe für konkrete städtebauliche Planungen möglich.

4 Industrie- und Gewerbegebiet Neutraubling

Planerische Schwerpunkte sind vorbereitende, aber auch bereits umsetzungsbezogene Arbeiten zur Realisierung eines vor allem gestalterisch anspruchsvollen Industrie- und Gewerbegebietes. Rechtlicher Schwerpunkt ist die Aufstellung von Bebauungsplänen für das Industrie- und Gewerbegebiet in Neutraubling als rahmensetzendes Instrument zur Sicherung der wesentlichen städtebaulichen, grünplanerischen und gestalterischen Anforderungen in Verbindung mit freiwilligen Beratungstätigkeiten. Fachliche Schwerpunkte sind vorgeschaltete orientierende ökologische und klimatologische Bestandserhebungen, städtebauliche Gestaltungsuntersuchungen und die darauf aufbauende Erarbeitung eines Gestaltungshandbuchs.

Die Stadt Neutraubling beabsichtigt die Ausweisung einer insgesamt ca. 115 ha großen Fläche für gewerbliche und industrielle Nutzungen. Teile dieser Fläche sind bereits heute entsprechend genutzt.

Das vorgesehene Gebiet im Südwesten der Stadt gliedert sich in drei Teilbereiche. Für den ca. 36 ha großen Kern der Fläche ist ein Bebauungsplan aufgestellt worden, dessen Umsetzung zu den wesentlichen inhaltlichen Schwerpunkten des Projektes zählt. Die im Rahmen des Vorhabens erstellten Untersuchungen sollen sich auch auf die nordöstlich und südwestlich angrenzenden Zonen erstrecken, um hierdurch Aussagen für die künftige Entwicklung ableiten und erkannten Fehlentwicklungen entgegenwirken zu können.

Ziel des Projektes ist es, den weiter stark anhaltenden gewerblichen Ansiedlungsdruck aus der Region aufzunehmen und die traditionelle Bedeutung des Ortes als wirtschaftliches Zentrum zu stärken. Dabei steht die Durchsetzung eines qualitativ hochwertigen Gebietscharakters im Vordergrund. Neben städtebaulichen und grünordnerischen Überlegungen wird der architektonischen Gestaltung des Einzelbaukörpers große Aufmerksamkeit geschenkt. Die diesbezüglichen Ziele sollen durch eine intensive Beratung potentiell Bauwilliger verdeutlicht und durchgesetzt werden.

Das geplante Baugebiet nimmt in seiner Gesamtheit ca. 30 % der bebauten Ortsfläche ein und liegt sehr exponiert am Ortsrand zur freien Landschaft. Um bei der geplanten Ansiedlung von großflächigen Industrie- und Gewerbebetrieben die vorhandenen natürlichen Standortqualitäten in geeigneter Weise berücksichtigen zu können, erstellt die Gemeinde eine umfassende, an ökologischen Kriterien orientierte Gesamtplanungskonzeption. Diese erfaßt insbesondere die Umweltauswirkungen der Neuplanungsmaßnahmen und setzt sie in eine umweltverträgliche Planungskonzeption um.

Zur rechtlichen Absicherung der Planung stellt die Stadt Bebauungspläne auf. Die gewerblichen Baugrundstücke sind größtenteils nicht in städtischem Besitz, sondern werden von Privaten an Investoren veräußert.

Als Strategie zur Umsetzung einer besonderen gestalterischen Qualität des Gebiets setzt der Vorhabensträger vor allem die Instrumente der Beratung und Betreuung von Investoren und Bauwilligen ein. Es wird bei jedem Bauantrag in intensiven Einzelgesprächen versucht, „Bewußtsein zu schaffen“ und die vorgelegten Planungen auf freiwilliger Basis soweit erforderlich im Sinne des Gesamtkonzepts zu verändern bzw. anzupassen. Grundlage der Beratungstätigkeit ist die Erarbeitung eines Gestaltungshandbuches.

An einen darüber hinausgehenden Einsatz städtebaurechtlicher Instrumente, insbesondere von Sanktionsmöglichkeiten, ist nicht gedacht. Es wird vielmehr erwartet, daß die freiwilligen Beratungen bei entsprechenden Bauvorhaben eine ausreichende Steuerungswirkung entfalten und weitergehende Rechtsinstrumente überflüssig machen.

5 Neues Gewerbegebiet Herten in Rheinfelden

Planerische Schwerpunkte des Vorhabens sind die Überprüfung von städtebaulichen Entwicklungen in industriell-gewerblich genutzten Bestandsgebieten und die Ableitung von Konsequenzen für angrenzende neue Gewerbegebiete. Rechtliche Schwerpunkte im Vorhaben sind die Änderung des Flächennutzungsplanes, die Aufstellung von Bebauungsplänen sowie der Abschluß von privatrechtlichen Vereinbarungen zur Sicherung von besonderen städtebaulichen und ökologischen Anforderungen im Rahmen von Grundstückskaufverträgen. Fachliche Schwerpunkte sind die Problemanalyse der vorangegangenen Ansiedlungspolitik, die Übertragung relevanter Erkenntnisse in die Bebauungsplanung für neue Gewerbegebiete und die Entwicklung einer offensiven Beratungsstrategie auf der Basis von ökologischen und gestalterischen Standortanforderungen.

Das Projekt Rheinfelden umfaßt drei räumliche und fachliche Schwerpunkte. Es handelt sich dabei um die Überprüfung der städtebaulichen Entwicklung in einem bereits besiedelten Gewerbegebiet unter Aspekten der Gestaltung und Nutzungsordnung, der Ableitung planerischer und baurechtlicher Konsequenzen aus den erkannten Defiziten sowie der Ausweisung eines neuen Gewerbegebietes im Anschluß an den bereits besiedelten Bereich.

Die bislang vorhandenen Gewerbeflächen im Stadtteil Herten weisen sowohl gestalterische als auch funktionale Mängel auf und sind im Hinblick auf eine geordnete städtebauliche Entwicklung kritisch zu beurteilen. Es werden daher seitens des Projektträgers in einem ersten analytisch angelegten Verfahrensschritt die erkennbaren Mängel erfaßt und umfassend bewertet.

Da der Ansiedlungsdruck – gerade auch im Vorfeld des gemeinsamen europäischen Binnenmarktes – zu Projektbeginn sehr hoch eingeschätzt wurde, ist es notwendig, weitere gewerbliche Bauflächen auszuweisen. Hierbei sollen die aus der Analyse abgeleiteten Defizite berücksichtigt und die Planung der Erweiterungsflächen so angegangen werden, daß eine qualitativ hochwertige Neubebauung entsteht. Im Rahmen der Neuplanung soll versucht werden, auch die bereits bebauten Flächen „nachzubessern", um eine qualifizierte Erneuerungsplanung durchzusetzen.

Im Zuge der Erschließungs- und Hochbauplanung für den zweiten Abschnitt wurde, aufbauend auf die Status-Quo-Analyse und eine Bestimmung der Rahmenbedingungen für die weitere Entwicklung, zunächst ein Handlungskonzept abgeleitet, in dem neben einer allgemeinen städtebaulichen Zieldefinition auch besonders tragfähige Organisationsformen und offensive Beratungsstrategien aufgezeigt werden.

In einer zweiten Erweiterungsfläche, die Gegenstand des dritten Projektschwerpunkts ist, fließen die aus den vorangegangenen Phasen gezogenen Erkenntnisse umfassend ein. Hierbei besteht die Möglichkeit, die eingesetzten Steuerungsinstrumente zu überprüfen und Aussagen bezüglich der Wirksamkeit unterschiedlicher Planungs- und Rechtsinstrumente abzuleiten.

Über die Festsetzungen des Bebauungsplans hinausgehend werden bauliche Gestaltungsanforderungen im wesentlichen über privatrechtliche Vereinbarungen geregelt. Diese werden im Rahmen der Grundstücksverhandlungen zum Bestandteil der Kaufverträge zwischen Gemeinde und Ansiedlungsinteressent gemacht und im Wege von Rückübereignungsvorschriften für den Fall der Nichtbeachtung abgesichert.

III Forschung und Praxis ökologischer Gewerbegebietsplanung

1 Stand der Forschung

Fachliche Rahmenbedingungen

Um den Forschungsstand ökologischer Gewerbegebietsplanung thematisch einordnen und fachlich eingrenzen zu können, sind eine Reihe von Rahmenbedingungen zu beachten, die von raumordnerischen Aspekten des europäischen Binnenmarktes und den geopolitischen Veränderungen in Osteuropa bis zu gestalterischen Anforderungen an ansiedlungswillige Betriebe vor Ort reichen.

In der Vergangenheit wurde den städtebaulichen, ökologischen und architektonischen Anforderungen an neuzuerschließende und neuzubesiedelnde Gewerbegebiete in der Forschung nur wenig Aufmerksamkeit geschenkt. Auch das Interesse der Kommunen in der Praxis konzentrierte sich eher auf eine möglichst zügige Vergabe der erschlossenen Flächen; das Ausmaß der Flächenverkäufe war Beleg für die Aktivitäten und den Erfolg kommunaler Wirtschaftsförderung. Zusätzliche Anforderungen an eine besondere städtebauliche oder gestalterische Qualität, die geeignet hätten sein können, die Vermarktung der Flächen zu erschweren, wurden vernachlässigt oder fallengelassen.

Zu dieser Entwicklung hat ebenfalls beigetragen, daß viele Gemeinden nicht in der Lage waren, ihre Vorstellungen gegenüber ansiedlungsinteressierten Betrieben durchzusetzen. Eine kritische Arbeitsmarktlage bringt viele Kommunen dazu, Zugeständnisse zu machen, so daß bei bedeutsamen An- oder Umsiedlungsentscheidungen auch wider besseres Wissen entweder übermäßig viel Flächen vergeben werden oder die Art der Bebauung den Betrieben überlassen wird.[1]

In der wissenschaftlichen Diskussion wird allgemein unterstellt, daß, bedingt durch die Veränderung politischer, technischer, sozialer und räumlicher Strukturen, die Notwendigkeit zur Erarbeitung differenzierter, regional und kommunal

---

[1] Vgl. hierzu Bundesminister für Raumordnung, Bauwesen und Städtebau (Hrsg.): Städtebau und Wirtschaft – Dokumentation zum Forschungsfeld im Experimentellen Wohnungs- und Städtebau, Schriftenreihe Forschung, Heft Nr. 472, Bonn 1989, S. 50.

angepaßter Entwicklungsstrategien zur Gestaltung des wirtschaftlichen Strukturwandels zunehmen wird. Die gemeindliche Ebene wird in diesem Kontext unter einem besonderen Handlungsdruck stehen, da sich im kommunalen Bereich die Auswirkungen des Strukturwandels am deutlichsten bemerkbar machen werden. Gleichzeitig sind weitere Ausdehnungen der Siedlungsflächen in vielen Gemeinden nur noch unter besonderen ökologischen und rechtlichen Voraussetzungen möglich. Zudem entsteht innerhalb der Bevölkerung häufig Widerstand gegen die Ausweisung neuer Gewerbegebiete. In dieser Situation stehen die Gemeinden, wenn auch in unterschiedlicher Ausgangslage, vor der Notwendigkeit, zukunftssichere, ökologisch und ökonomisch tragfähige Entwicklungen im Spannungsfeld „Städtebau und Wirtschaft“ einleiten zu müssen. Diese werden in Einzelfällen mit innovativen Finanzierungs- und Organisationsformen, Konzepten zur Auslastungsoptimierung von Erschließungs- und Infrastruktursystemen und Maßnahmen zur Verbesserung des Arbeitsumfeldes gekoppelt.

Vor diesem Aufgabenprofil soll nachfolgend schlaglichtartig der wissenschaftliche Diskussionsstand zu den in der ökologischen Gewerbegebietsplanung relevanten Fragestellungen beleuchtet werden.

Dies sind

- die ökonomischen Rahmenbedingungen,
- die qualitativen Anforderungen an Flächenangebote zur gewerblichen Nutzung,
- die Methoden zur Flächenbedarfsermittlung und zur Standortfindung potentieller Gewerbegebiete,
- die Instrumente kommunaler Gewerbeflächenpolitik (Planungs- und Rechtsinstrumentarien, Förderungs- und Gestaltungsinstrumentarien, Instrumente zur Durchsetzung qualitativer Anforderungen),
- die Formen der Gewerbeansiedlung,
- die ökologischen und optischen Anforderungen in Gewerbegebieten und
- die Organisationsformen.

Ökonomische Rahmenbedingungen

Zur Entwicklung des gewerblichen Flächenbedarfs der letzten Jahre gibt es wenige aussagefähige Daten. Als auslösende Faktoren für höhere Anforderungen an Gewerbegebiete in quantitativer und qualitativer Hinsicht werden in der Fachdiskussion vor allem genannt:

- die Entwicklung des EU-Binnenmarktes, die geopolitischen Veränderungen in Osteuropa und die Vereinigung der beiden deutschen Staaten,
- die Zunahme produktionsorientierter Dienstleistungen,
- die weitere Tertiärisierung der Wirtschaft,
- der Einfluß neuer Techniken und neuer Produktionstechnologien und
- der Einfluß demographischer Rahmenbedingungen.

Während die Binnenmarkteffekte hauptsächlich in der ersten Hälfte der 90er Jahre auftreten dürften, wird die Öffnung Osteuropas sich wohl erst danach auswirken.[2] Die Wechselwirkungen zwischen der technologischen Entwicklung, einzelbetrieblichen Flächenstrategien und den damit verbundenen Flächennachfragen sind Gegenstand von Untersuchungen,[3] sie lassen sich allerdings nur schwer in ihren Auswirkungen auf die regionale und kommunale Ebene übertragen. Die Bedeutung der sogenannten „weichen" Standortfaktoren wird dagegen sowohl im Hinblick auf den anhaltenden Tertiärisierungsprozeß als auch im Hinblick auf die wachsende Konkurrenz zwischen den einzelnen Standorten unterstrichen.

Auf der örtlichen Ebene sind eingeschränkte Nutzbarkeit, ungesicherte rechtliche Situation und unzureichende Qualität von Standorten im Innenbereich und dadurch ausgelöste Verlagerungsbedarfe vieler Betriebe weitere Gründe für die Ausweisung neuer Gewerbegebiete.[4]

Ein Teil der rechtlich gesicherten gewerblichen Bauflächen ist in der Realität aus spekulativen Gründen, wegen mangelnder Verkaufsbereitschaft privater Eigentümer und wegen der Flächenvorratspolitik von Unternehmen nicht verfügbar, so daß die tatsächliche Größenordnung des Bedarfs an neu auszuweisenden Flächen zwar nur schwer quantifizierbar ist, aber die grundsätzliche Notwendigkeit zur Neuausweisung nicht bestritten wird.

Qualitative Anforderungen an Gewerbestandorte

Die klassischen harten Standortfaktoren werden in der Wissenschaft (und in der Praxis) als selbstverständliche Basisanforderungen an Industrie- und Gewerbegebiete vorausgesetzt. Wenn auch in jeweils unterschiedlicher Rangfolge bei verschiedenen Quellen[5] aufgelistet, kann doch festgehalten werden, daß folgende Standortfaktoren Bedeutung haben:

- preisgünstiges Bauland bei gesicherter Verfügbarkeit und Flächenreserven,
- leistungsfähige Infrastruktur bei guter regionaler und überregionaler Verkehrsanbindung (z.B. Ver- und Entsorgungsinfrastruktur, Verkehrslage und Anschlußqualität, Datennetze),
- Marktnähe,

2 Vgl. hierzu manager magazin 3/1990, S. 207 ff.

3 So z.B. Mielke, B. u.a., Neue Fabrikkonzepte und gewerblicher Flächenbedarf, ILS-Schriften 58, Dortmund 1991.

4 Vgl. hierzu Bundesforschungsanstalt für Landeskunde und Raumordnung (Hrsg.): Gewerbliche Wirtschaft in der Städtebaupolitik, Informationen zur Raumentwicklung, Heft 5/6, 1988, S. 277 ff. und: Bundesministerium für Raumordnung, Bauwesen und Städtebau (Hrsg.): Raumordnerische Aspekte des EG-Binnenmarktes, Schriftenreihe Forschung, Heft Nr. 488, Bonn 1992.

5 Vgl. beispielsweise Konukiewitz, M., Krautzberger, M., Städtebau und Wirtschaft – ein neues Kapitel in einer neuen Beziehung, in: Informationen zur Raumentwicklung, Heft 5/6, 1988, S. 271 bis 275; ILS-Schriften 38, Ökologische Erschließungs- und Bebauungsplanung von Gewerbestandorten, Dortmund 1990, S. 13 ff.; Henze, W., u.a., Umweltschutz bei Planung und Bau von Industrie- und Gewerbeanlagen, im Auftrag des Umweltbundesamtes, Berlin 1991, S. 30 ff.

- öffentliche Förderung,
- Arbeitskräfteangebot und -qualifikation.

Für Standortentscheidungen von Unternehmen sind weitere Gesichtspunkte im Sinne von „weichen" Standortfaktoren wichtig, die jedoch erst dann Bedeutung erlangen, wenn die „harten" Standortfaktoren erfüllt sind. Über die Basisanforderungen hinaus sind diese weichen Standortfaktoren in erster Linie Anforderungen der Attraktivität sowohl des Makro- als auch des Mikrostandortes.

Auf der Ebene des **Makrostandortes** sind Standortbedingungen wie intakte Umwelt, landschaftlich reizvolle Umgebung, Wohn- und Freizeitwert, kulturelles Angebot und Bildungsmöglichkeiten sowie Imagewert einer Stadt oder Region vorrangig zu nennen.

Auf der Ebene des **Mikrostandortes** kommen Anforderungen bezüglich der Gestaltung des Gewerbegebiets und der einzelnen Gebäude, der Grünplanung und der Attraktivität des Arbeitsumfeldes, des Aufbaus von produktions- und beschäftigtenorientierter Infrastruktur (Gemeinschaftseinrichtungen, Parkierungsmöglichkeiten, Gaststätten, Einkaufsmöglichkeiten), der Verträglichkeit der gewerblichen Nutzungen untereinander, der innergebietlichen Fühlungsvorteile sowie die Nähe zu Forschungseinrichtungen und Schulungsmöglichkeiten als weitere Faktoren hinzu. Wichtig in diesem Zusammenhang ist auch, daß die Anwendung neuer Produktionstechniken besondere Anforderungen an die Ressourcen Luft, Wasser und Boden (Baugrund) stellt, die nicht jeder Standort erfüllen kann.

Zwar wird überwiegend den weichen Standortfaktoren eine wachsende Bedeutung zugemessen, jedoch kann ihr tatsächliches Gewicht gegenüber den harten Faktoren nur in begrenztem Maß nachgewiesen werden.

Methoden zur Ermittlung des Gewerbeflächenbedarfs

Die Prognose des gewerblichen Flächenbedarfs für Städte und Dörfer ist durch erhebliche Unsicherheiten gekennzeichnet, da der komplexe Prozeß der Gewerbeflächennachfrage nur schwierig zu abstrahieren ist. Der Bedarf ist unter anderem abhängig von gesamtgesellschaftlichen und kommunalen Einflußgrößen, wie z.B. von planerischen Leitbildern, der gesamtwirtschaftlichen Situation, von Produktions-, Arbeits- und Wohnverhältnissen sowie Umweltverhältnissen, der Topographie und sonstigen lokalen Restriktionen.

In der wissenschaftlichen Diskussion wird häufig gefordert, die Städte und Gemeinden sollen zur Verbesserung der Entscheidungsgrundlagen Gewerbeflächenkataster oder Immobilienatlanten erarbeiten, die zuverlässige Informationen über tatsächlich verfügbare oder potentielle Gewerbe- und Industriegebiete liefern und im Rahmen von Datenbanken gespeichert werden können. Diese Ansprüche beziehen sich auf das „Wie" der Ausweisung neuer Gewerbegebiete, das „Ob" wird hierdurch nicht behandelt.

Häufig angewandte Verfahren zur Ermittlung des Gewerbeflächenbedarfs sind insbesondere die Prognosemodelle des Instituts für Landes- und Stadtentwicklung des Landes Nordrhein-Westfalen (ILS) in den Varianten GIFPRO-Modell (1981)[6] und ILS-Modell (1987).[7]

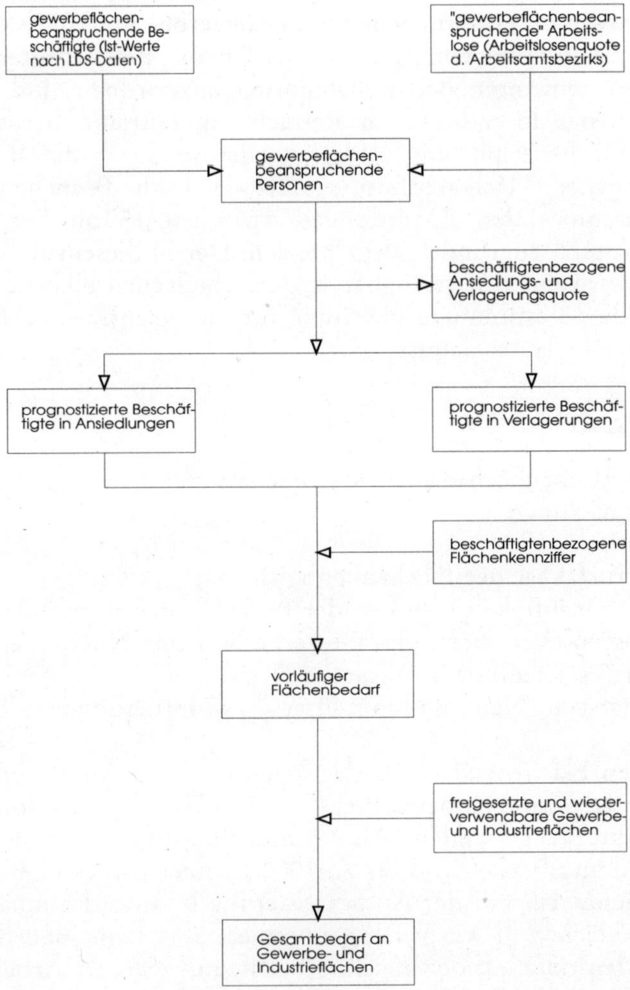

Abb. 1 Methodik der Gewerbeflächenbedarfsbestimmung nach ILS-Version[8]

6 Stark, K.-D., u.a., Flächenbedarfsberechnung für Gewerbe- und Industrieansiedlungsbereiche – GIFPRO – (Schriftenreihe Landes- und Stadtentwicklungsforschung des Landes Nordrhein-Westfalen, Bd. 04.029), Dortmund 1981.

7 Bauer, M., Bonny, H.W., Flächenbedarf von Industrie und Gewerbe – Bedarfsberechnung nach GIFPRO – (Schriftenreihe Landes- und Stadtentwicklungsforschung des Landes Nordrhein-Westfalen, Bd. 04.035), Dortmund 1987.

8 Bauer, M., Bonny, H.W., Flächenbedarf von Industrie und Gewerbe – Bedarfsberechnung nach GIFPRO – (Schriftenreihe Landes- und Stadtentwicklungsforschung des Landes Nordrhein-Westfalen, Bd. 04.035), Dortmund 1987, S. 52.

Dabei können nachfrage- und angebotsorientierte Gesamtbedarfe aus den Neugründungen, dem Ansiedlungsbedarf (interkommunal), dem Verlagerungsbedarf (intrakommunal) und dem Erweiterungsbedarf über die Bestimmung der Beschäftigten sowie deren Arbeitsplätze in Gewerbe- und Industriegebieten ermittelt werden. Mit Hilfe von Quoten werden die Beschäftigten pro Jahr bestimmt, die den genannten Bedarfskategorien zuzuordnen sind. Darüber hinaus wird die Arbeitslosenquote im Betrachtungszeitraum berücksichtigt. Die abschließende Flächenermittlung erfolgt wiederum durch die Verwendung beschäftigtenbezogener Flächenziffern, wobei je nach Branchenspektrum des Untersuchungsraumes den Ermittlungen zwischen 150 qm/Beschäftigten und 300 qm/Beschäftigten zugrunde gelegt werden. Der in diesem Rahmen ermittelte Flächenbedarf wird mit den verfügbaren Gewerbeflächen bilanziert.

Die vollständige Bestimmungsgleichung für die Nachfrage nach gewerblichen Bauflächen pro Jahr lautet damit:

$$F(j) = kp(j) \cdot \sum\sum\sum FKZ(i,j,k) \cdot (Q(i,j,k) \cdot B(i,j,k))$$

B = gewerbeflächenbeanspruchende Beschäftigte
F = Flächennachfrage
FKZ = Flächenkennziffer
kp = Korrekturfaktor der Flächenkennziffer
Q = Nachfragehäufigkeit (Quoten der Beschäftigten in mobilen Betrieben)
i = Betriebstyp (Verarbeitendes Gewerbe/Sonstige Nutzungen)
j = Regionstyp (siedlungsstrukturelle Kreistypen)
k = Mobilitätstyp (Neugründung, inter- bzw. intrakommunale Verlagerung)[9]

Teilweise werden Flächenbedarfsüberlegungen mit dem Ansatz branchenspezifischer Flächenziffern kritisch betrachtet.[10] Diesen Werten wird dort ein eher illustrativer Charakter zugestanden. Als Gründe für diese kritische Einschätzung werden Schwankungsbreiten von bis zu 1000 % innerhalb einer Branche genannt sowie die Tatsache, daß mit der Automatisierung und der Rationalisierung zwar oft zusätzliche Flächen in Anspruch genommen, aber keine neuen Arbeitsplätze geschaffen werden oder auf der gleichen Fläche mit weniger Arbeitskräften produziert wird. Die Folge ist in beiden Fällen, daß die Inanspruchnahme pro Beschäftigten steigt. Ein wesentlicher Faktor für den Flächenzuwachs wird in den Standardsteigerungen sowie in den sinkenden Ausnutzungsziffern in Gewerbegebieten gesehen.

---

9 Bauer, M., Bonny, H.W., Flächenbedarf von Industrie und Gewerbe – Bedarfsberechnung nach GIFPRO – (Schriftenreihe Landes- und Stadtentwicklungsforschung des Landes Nordrhein-Westfalen, Bd. 04.035), Dortmund 1987, S. 61.

10 Apel, D., Henckel, D., Möglichkeiten der Steuerung des Flächenverbrauchs und der Verkehrsentwicklung, Deutsches Institut für Urbanistik, Berlin 1993, S. 18.

Methoden zur Standortfindung potentieller Gewerbegebiete

Im Baugesetzbuch sind die Umweltbelange unter anderem durch das sogenannte Optimierungsgebot, wonach mit Grund und Boden möglichst sparsam und schonend umzugehen ist, gestärkt worden. Die Entscheidung für oder gegen die Berücksichtigung der relevanten Umweltbelange ist Gegenstand der kommunalen Planungshoheit, die die ermittelten Belange mit dem ihnen zukommenden Gewicht bei der Abwägung zu berücksichtigen hat. Das Erfordernis zur Ausweisung von neuen Gewerbegebieten steht häufig in einem konflikthaften Verhältnis zu ökologischen Forderungen. Neue Gewerbegebiete, die mit einer zusätzlichen Flächeninanspruchnahme einhergehen, stehen daher unter einem verstärkten Legitimationszwang.

Grundsätzlich ist bei Neuausweisungen von Gewerbegebieten zu prüfen, welche Flächen überhaupt in Anspruch genommen werden können bzw. wie erheblich die möglichen Eingriffe in Freiflächen und den Naturhaushalt sind. Die damit verbundenen planerischen Entscheidungsvorgänge sind sehr komplex und durch eine große Zahl von Randbedingungen und Kriterien gekennzeichnet. Planungsmethoden sollen daher den Planenden und Entscheidenden Hilfen und Anleitungen geben, sich in differenzierten Situationen zurecht zu finden und den Komplexitätsgrad zu reduzieren. Gefordert werden daher flexible und ergänzbare Methoden, die dazu beitragen, den Aufwand bei Lösungsfindungen zu mindern, und die trotzdem abgesicherte Aussagen ermöglichen.

Vor allem seit den 70er Jahren wurden verschiedene Planungs- und Entscheidungsmodelle entwickelt, die teilweise aus dem Bereich der Betriebswirtschaft kommen. Dazu gehören unter anderem die lineare Programmierung, die Kostennutzenanalyse, die Planungsbilanzmethode, die Kostenwirksamkeitsanalyse und die Nutzwertanalyse sowie die Nutzwertanalyse der zweiten Generation und die Ökologische Risikoanalyse.

Anwendungsbezogen wurden Elemente dieser Ansätze zu Bestimmungsmethoden des Baulandpotentials weiterentwickelt, wobei die Vorgehensweise sich als Restriktionsansatz beschreiben läßt.[11] Neben der städtebaulichen Eignung der untersuchten Flächen werden Konflikte mit Freiraumansprüchen und Umweltbelangen, wie z.B. Landwirtschaft, Wasserwirtschaft, Biotopschutz, Erholung, Landschaftsbild, Klima, Luft und Boden, thematisiert und bewertet.

Ursprüngliche Absicht war hierbei die Erarbeitung eines Beitrags zur Planungs- und Entscheidungspraxis in bezug auf die künftige Inanspruchnahme von Freiflächen für Wohnflächen. Vor dem methodischen Hintergrund der Nutzwertanalyse der zweiten Generation und der Ökologischen Risikoanalyse wurde die Vorgehensweise zwischenzeitlich zur Standortfindung potentieller Gewerbege-

[11] Vgl. hierzu z.B. Bundesminister für Raumordnung, Bauwesen und Städtebau (Hrsg.): Ermittlung des Wohnbaupotentials in Verdichtungsräumen, Schriftenreihe Forschung, Heft Nr. 461, Bonn 1988.

biete weiterentwickelt.[12] Die Methode dient der Informationsaufbereitung und Entscheidungsvorbereitung und ermittelt potentiell geeignete Flächen auf der Grundlage von Abwägungen zwischen Umweltstandards und ökonomischen Anforderungen. Der Untersuchungsprozeß gliedert sich in die Arbeitsschritte Ermittlung absoluter Restriktionen, Eignungsbewertung und Restriktionsbewertung und legt die Rahmenbedingungen der gewählten Standorte offen.

Als weitere medienübergreifende Ansätze können u. a. genannt werden:[13]

- die Entwicklung von Bodenfunktionszahl (BFZ) und Grünvolumenzahl (GVZ) als Hilfsinstrumente zur Bewertung der Bodenversiegelung auf das Stadtklima,
- die KÖH-Wert-Methode (klimatisch-ökologisch-hygienischer Wert) zur Bewertung von Flächen hinsichtlich ihrer klima- und lufthygienischen Wohlfahrtswirkung,
- der Modellansatz des klimaökologischen Leistungsvermögens (KLV) zur Gewichtung von Flächennutzungstypen und ihrer Einflüsse auf das Mikroklima sowie
- das sogenannte „Klima-Michel-Modell" (KMM), das den Wärmehaushalt des Menschen mit den atmosphärischen Bedingungen verknüpft.

Instrumente kommunaler Gewerbeflächenpolitik

Die für die Wirtschaftsentwicklung von Städten und Dörfern zentralen Entscheidungen fallen im Bereich der Infrastrukturplanung (insbesondere Verkehrswegeplanung), der Bauleitplanung (Standortvorsorge) und der Liegenschaftspolitik (Grundstücksbevorratung). Aktivitäten der Gemeinden in diesen Bereichen sind traditioneller Bestandteil der kommunalen Wirtschaftsförderungspolitik.[14]

Als Instrumente stehen der kommunalen Wirtschaftsförderung die in Tab. 1 dargestellten Förderungs-, Planungs- und Gestaltungsinstrumente zur Verfügung. Darüber hinaus wird von den Kommunen eine verbesserte Bestandspflege der ansässigen Betriebe verlangt, da betriebliche Ansiedlungen durch Neugründungen rückläufige Tendenz aufweisen. In Tab. 2 sind die Anforderungen „neuer" und „alter" Gewerbeflächenplanung einander gegenübergestellt. Die Stichworte „Querschnittsaufgabe" und „Prozeßorientierung" eignen sich besonders gut, um die wichtigen Elemente des für den Übergang von der traditionellen Wirtschaftsförderung zur neuen Gewerbepolitik bei allen öffentlichen und privaten Akteuren erforderlichen Bewußtseinswandels systematisch zu erschließen und zu beschreiben.

---

12 Vgl. hierzu Gauch, M., Hain, E., Methodische Grundlagen zur Ermittlung potentieller Gewerbeflächen im Umland größerer Städte, Werkstattbericht Nr. 16 des Lehr- und Forschungsgebiets Regional- und Landesplanung, Universität Kaiserslautern 1991.

13 Vgl. ausführlich hierzu: Steinebach, G.; Herz, S.; Jacob, A.: Ökologie in der Stadt- und Dorfplanung, „Ökologische Gesamtkonzepte als planerische Zukunftsvorsorge", Berlin 1992.

14 Vgl. Heuer, H., Instrumente kommunaler Gewerbepolitik, Stuttgart 1985, S. 54.

Tab. 1 Instrumente kommunaler Wirtschaftspolitik[15]

Finanzhilfen	▪ Subventionen (verlorene Zuschüsse) ▪ Gewährung und Vermittlung von Darlehen ▪ Übernahme von Bürgschaften
Steuer- und Tarifpolitik	▪ Erlaß und Stundung von Gemeindesteuern ▪ Gebühren- und Beitragsermäßigung ▪ Sondertarife für öffentliche Ver- und Entsorgungsleistungen ▪ Variierung der Gewerbesteuerhebesätze ▪ Besondere Steuervereinbarungen (nicht mehr zulässig)
Infrastrukturpolitik	▪ Ausbau der wirtschaftsnahen Infrastruktur (Verkehrsanbindung, kommunaler Ver- und Entsorgungsanlagen usw.) ▪ Erschließung von Gewerbeflächen ▪ Errichtung kommunaler Industrie- und Gewerbeparks bzw. Handwerkerhöfe ▪ Abräumung und Wiederherrichtung brachgefallener Gewerbeflächen ▪ Ausbau der haushaltnahen Infrastruktur (Wohn- und Freizeiteinrichtungen)
Liegenschaftspolitik	▪ Ankauf von Grundstücken (Bodenvorratspolitik) ▪ Veräußerung gemeindeeigener Gewerbeflächen ▪ Vergabe langfristiger Nutzungsrechte (Erbpacht) ▪ Verkauf von Wohnbaugebäuden an Mitarbeiter von Unternehmen
Bauleitplanung und Baugenehmigungspraxis	▪ Ausweisung von Gewerbeflächen in Flächennutzungs- und Bebauungsplänen ▪ Anpassung der bauleitplanerischen Festsetzungen (Art und Maß der baulichen Nutzung) an die artikulierten oder vermuteten Nutzungswünsche der Betriebe ▪ Vorhaben- und Erschließungsplan ▪ Planerische Standortsicherung in Gemengelagen ▪ Bearbeitung von Bauvoranfragen und Bauanträgen
Werbung und Beratung	▪ Bereitstellung von Standortinformationen (Gewerbeatlas, Fördererungsfibel) ▪ Direktwerbung bei einzelnen Unternehmen ▪ Beratung und Betreuung ortsansässiger Betriebe
Sonstige Maßnahmen	▪ Beschleunigung behördlicher Baugenehmigungsverfahren ▪ Dispenserteilung in planungs-, verkehrs-, umweltschutzrechlicher Angelegenheiten ▪ Auftragsvergabe an ortsansässige Unternehmen

[15] Nach Heuer, H., Instrumente kommunaler Gewerbepolitik, Stuttgart 1985, S. 53.

Tab. 2 Profile alter und neuer Gewerbepolitik[16]

Dimension	**Traditionelle Wirtschaftsförderung**	**Neue Gewerbepolitik**
Zielbestimmung	Ansiedlung **neuer** Betriebe (bei verlagerung aus anderen Regionen, Verlagerungen aus Nachbargemeinden oder Errichtung von Zweigwerken	Alte Betriebe pflegen, alte Standorte sichern, neue Standorte entwickeln, neue Betriebe gewinnen
Aufgabenteilung	Diskontinuierliche Einzelfallhilfe	Begleitung betrieblicher Entwicklungsprozesse
Informations-grundlagen	Situationsbezogene Informationen im Bedarfs-/Beschwerdefall.	Gewerbeflächenkataster, Betriebskartei
Organisations-prinzip	Arbeitsteilige Erledigung von Verwaltungsaufgaben durch zuständige Behörden	Koordination und Kooperation zur Überwindung der Zuständigkeitsgrenzen
Instrumenten-einsatz	Unkoordinierte, oftmals unnötig „weiche" Anwendung einzelner Instrumente.	Konzeptionell abgeleitete und abgestimmte Nutzung „harter" und „weicher" Instrumente.
Instrumentarium	„Harte" Instrumente: ■ Hebesatz ■ Baurecht ■ Grundstücksverkäufe ■ Finanzhilfen	„Weiche" Instrumente: ■ dynamischer Bestandsschutz ■ Gebietsentwicklung durch Bauberatung ■ flexible Liegenschaftspolitik ■ Aushandeln von Problemlösungen
Qualifikations-bedarf	Sachlich-fachliche Kompetenz zur zielgerichteten Erledigung öffentlicher Aufgaben (Verwaltungserfahrung, Gesetzeskenntnis, Ortskenntnis)	Ökonomische Grundausbildung und Kenntnis betrieblicher Problemlagen (Einflußfaktoren und ihre Wirkungen), Verhandlungsfähigkeit mit Unternehmern.
Regionalbezug	Aufmerksame Beobachtung einschlägiger Aktivitäten konkurrierender Nachbargemeinden	Regionalentwicklung ist kein Nullsummenspiel

[16] Vgl. Nassmacher, K.-H., Gewerbepolitik als prozeßorientierte Querschnittsaufgabe, in: Afheldt, H. u. a. (Hrsg.): Gewerbeentwicklung und Gewerbepolitik in der Großstadtregion, Beiträge zur Stadtforschung 4, Gerlingen 1987, S. 275.

Eine effiziente Wirtschaftsförderungsstrategie sollte mit unterschiedlichen Instrumenten auf die unterschiedlichen Bedürfnisse verschiedener gewerblicher Zielgruppen reagieren, um sich ändernden Ansprüchen gerecht zu werden. „Die auf auswärtige Betriebe ausgerichtete Ansiedlungspolitik bedient sich vorrangig der Instrumente Standortmarketing (Bereitstellung von Standortinformationen, Direktwerbung bei einzelnen Unternehmen) und ist stark zielgruppenorientiert.

Auf das lokale Potential an bereits existenten Unternehmen konzentriert sich die Strategie der Bestandspflege, die besonders Maßnahmen der Bauleitplanung und der Baugenehmigungspraxis sowie Beratung umfaßt."[17]

Im vorliegend zu untersuchenden Zusammenhang stellt sich damit die Frage nach dem Stand das Wissens über die wichtigsten Instrumente der Bereitstellung von Flächen für Gewerbe und Industrie. Die Aufschließung neuer Gewerbegebiete kann planungsrechtlich im wesentlichen auf folgenden Wegen erfolgen:

- durch die Aufstellung eines Bebauungsplans (§§ 1 bis 13, 30 und 31 BauGB) mit der Möglichkeit, schon vor seinem Wirksamwerden bei einem fortgeschrittenen Planungsstand Vorhaben zuzulassen (§ 33 BauGB),
- durch die Zulassung von Vorhaben innerhalb der im Zusammenhang bebauten Ortsteile (§ 34 BauGB), wobei besonders die Gemengelageregelung (Abs. 3) bedeutsam werden kann,
- durch die Zulasssung von Vorhaben im Außenbereich (§ 35 BauGB),
- durch den Erlaß einer Außenbereichs-Bausatzung (§ 4 Abs. 4 BauGB-MaßnahmenG),[18]
- durch den Erlaß einer Satzung mit Vorhaben- und Erschließungsplan (§ 7 BauGB-MaßnahmenG).[19]

Darüber hinaus ist die städtebauliche Entwicklungsmaßnahme mit ihrem weitreichenden bodenrechtlichen Regelungsmöglichkeiten als neues **kommunales** Instrument zu nennen (§ 165 BauGB).[20]

Neben diesen gesetzlich fixierten und rechtlich eindeutig begrenzten Instrumenten gilt die städtebauliche Rahmenplanung als umfassendes und flexibles Planungselement und wird als informelle Planungsebene im Baugesetzbuch als Teil der Vorbereitung einer städtebaulichen Sanierungsmaßnahme erwähnt (§ 140).

---

[17] Sternberg, R., Technologie- und Gründerzentren als Instrument kommunaler Wirtschaftsförderung, Dortmund 1988, S. 12.

[18] Vgl. Stich, R., Die umweltrechtlichen Probleme der Aufschließung von Gewerbe- und Industrieflächen, in: Wirtschaft und Verwaltung, Vierteljahresbeilage zum Gewerbearchiv 3/91, S. 142.

[19] Jäde, H.: Vorhabens- und Erschließungsplan, Kronach, München, Bonn 1993.
Für den Bereich der alten Länder wurde der Vorhaben- und Erschließungsplan mit dem Gesetz zur Erleichterung von Investitionen und der Ausweisung und Bereitstellung von Wohnbauland (Investitionserleichterungs- und Wohnbaulandgesetz) vom 22. April 1993 eingeführt.

[20] Vgl. Kratzenberg, R.: Baulandbereitstellung in der städtebaulichen Entwicklungsmaßnahme, in: Mitteilungen der Landesentwicklungsgesellschaften und Heimstätten, 3/92.

Zur Durchsetzung von ökologischen und gestalterischen Qualitäten in neuen Gewerbegebieten wird neben den „formellen“ Instrumenten wie Bebauungsplänen, Satzungen und privatrechtlichen Regelungen die Anwendung „informellen“ Instrumente wie Bauberatung und Erarbeitung von Gestaltungshandbüchern und sonstigen Anschauungsmaterialien empfohlen. Überwiegend wird in der Fachdiskussion die Meinung vertreten, daß formelle Instrumente nur erfolgreich sein können, wenn sie durch informelle Instrumente ergänzt werden, da die bloßen Rechtssatzungen allein keine positiven Entwicklungen bewirken, sondern dazu provozieren, unterlaufen zu werden, wenn nicht über zusätzliche Mittel der Nutzen dieser vermeintlichen Einschränkungen plausibel gemacht wird.[21] Den damit verbundenen „Aushandlungsprozessen“ kommt im Vorfeld der Ansiedlungen erhebliche Bedeutung zu, auch wenn der Bebauungsplan das wichtigste kommunale Steuerungsinstrument bleibt.

Formen der Gewerbeansiedlung

Neben den Aspekten sich verändernder wirtschafts- und technologiepolitischer Rahmenbedingungen und den damit verbundenen Änderungen der Standortanforderungen auf kommunaler und regionaler Ebene werden unterschiedliche Konzepte der Gewerbeansiedlung diskutiert. Zu den traditionellen Industrie- und Gewerbegebieten sind Gewerbehöfe, Gewerbeparks, Gründerzentren, Technologiezentren und Forschungsparks getreten, die sich vor allem durch die Ausprägung der Technologieorientierung und durch die sachlichen oder organisatorischen Verflechtungen der Betriebe voneinander unterscheiden. Alle diese Konzepte sollen besondere Merkmale aufweisen, die sie von herkömmlichen Gewerbegebieten unterscheiden und ihnen erlauben, ihr eigenes, möglichst unverwechselbares Image zu schaffen und sich als Standorte eigener Qualität und Attraktivität darzustellen. In der Fachliteratur bestehen zahlreiche Definitionsansätze zu den vorgenannten Begriffen. Einheitliche Definitionen wurden bisher noch nicht gefunden, so daß die unterschiedlichen Konzepte sich eher aufgrund ihrer jeweiligen charakteristischen Merkmale beschreiben lassen.

Überwiegend werden die Park- und Zentrenkonzepte als Instrumente einer auf Bestandspflege und Gründungsförderung ausgerichteten kommunalen Wirtschaftspolitik angesehen, aber auch als Instrumente der Regionalentwicklung, die mit ihrem hohen Werbe- und Imagewert zu einer Schwerpunktbildung und Attraktivitätssteigerung (auch in strukturschwachen Räumen) beitragen können.[22]

---

21 Z.B. Wachten, K., Anforderungen an die Gestaltung und Organisation neuer Gewerbegebiete, in: Umweltbundesamt (Hrsg.): Bericht zum 8. Workshop „Ökologisches Bauen“, Berlin 1989, S. 83.

22 Vgl. hierzu Hennicke, M., Tengler, H., Industrie- und Gewerbeparks als Instrument der kommunalen Wirtschaftsförderung, Stuttgart 1986.

Vorteile der Park- und Zentrenkonzeptionen werden insbesondere darin gesehen, daß sie durch ein einheitliches Planungs- und Umsetzungskonzept flexibel auf Ansiedlungswünsche reagieren, die Flächen bedarfsorientiert aufgeteilt werden sowie untereinander unverträgliche Branchenstrukturen vermieden werden können. Vielfach wird angenommen, daß bei einheitlicher Erschließung und Besiedlung durch einen Maßnahmeträger oder Investor höhere ökologische und städtebauliche Qualitäten erreicht werden können.

Ökologische und optische Anforderungen in Gewerbegebieten

Verläßliche Bestimmungen und Abgrenzungen von ökologischen und optischen Anforderungen in neuen Gewerbegebieten stehen nicht zur Verfügung. Der Umfang von Anforderungen an eine umweltgerechte und flächensparende Erschließungs- und Bebauungsplanung hängt jeweils von örtlichen spezifischen Kriterien ab. Allgemeingültige Aussagen existieren nicht, kann es auch wegen des phänomenologischen Charakters ökologischer Planung nicht geben. Allerdings sind Annäherungen an übertragbare Anforderungen in einem deskriptiven Sinne möglich.[23]

Als wichtige standortbezogene ökologische und städtebauliche Anforderungen sind vor allem zu nennen:
- Empfindlichkeitsuntersuchungen bei der Auswahl und Abgrenzung geeigneter Flächen und Definition der Nutzungsmöglichkeiten,
- Erhaltung der stadtklimatischen Qualitäten,
- Gewährleistung des Bodenschutzes,
- Gewährleistung des Wasserschutzes,
- Berücksichtigung klimatisch bedeutsamer Gebäudesituationen,
- Erhaltung der Vielfalt von Flora und Fauna,
- Erhaltung bzw. Verbesserung von Naherholungs- und Kurzzeiterholungsmöglichkeiten.

Als wichtige ökologische Anforderungen einer sparsamen, bedarfsgerechten Erschließung sind vor allem zu nennen:
- Anbindung an ein attraktives ÖPNV-Netz,
- Minimierung des verkehrlichen Erschließungsaufwandes im Baugebiet,
- Vermeidung von Mehrfacherschließungen,
- Reduzierung der Straßen- und Wegequerschnitte,
- kurze Wegstrecken für die Erschließung,
- Vermeidung von Bodenaushub und topographischen Veränderungen bei der verkehrlichen Erschließung,

[23] Die nachfolgenden Ausführungen beziehen sich auf folgende Praxisfälle und Veröffentlichungen:
- Vorhaben Mainz
- Vorhaben Neutraubling
- ILS-Schriften 38, Ökologische Erschließungs- und Bebauungsplanung von Gewerbestandorten, Dortmund 1990.

- Verzicht auf beidseitige Wegeführung an verkehrlich weniger belasteten Straßen und Anlage kombinierter Rad- und Gehwege,
- ökologisch orientierte Bepflanzungen an verkehrlichen Erschließungsmaßnahmen,
- durch mehrere Betriebe gemeinsam nutzbare Grundstückszu- und -ausfahrten,
- Wassereinsparung durch Trinkwassersubstitution,
- Renaturierung kanalisierter Bachläufe,
- Ausbau der Trennkanalisation,
- Bündelung von Leitungstrassen.[24]

Als wichtige grundstücks- und gebäudebezogene Anforderungen mit optischen Auswirkungen sind vor allem zu nennen:

- Entwicklung eines Bebauungs-, Gestaltungs- und Begrünungskonzeptes aus einer städtebaulichen Gesamtplanung heraus,
- mehrgeschossige Ausnutzung des Baugeländes bzw. verdichtetes und flächensparendes Bauen,
- Baukörperstellungen an landschaftlich weniger sensiblen Stellen,
- Gebäudeanordnung unter Berücksichtigung der Nutzbarkeit verbleibender Reserveflächen der Betriebe,
- einheitliche Baufluchten,
- Vorschriften über Baumaterialien,
- Nutzungsstrukturierungen mit Verwaltung und Dienstleistung am Firmenzugang und Produktions- und Fertigungsstätten mit abgestuftem architektonischen Anspruch im rückwärtigen Grundstücksbereich,
- Auflockerung monotoner, ungegliederter Fassaden,
- Fassadenbegrünungen.

Einzelne Definitionsansätze des Begriffes „Ökologie“ betonen sehr stark die stofflich-thermodynamischen Aspekte[25] und verstehen ökologisches Verhalten als Prozeß des Vermeidens und Verminderns von Stoffumwandlungsprozessen bei gleichzeitiger Stärkung von Ausgleichsfunktionen. Dieser Definitionsansatz soll die Verbindungen zur betrieblichen und technischen Seite des städtebaulichen Planungsprozesses erleichtern und sie mit ökonomischen und kommunalwirtschaftlichen Gesichtspunkten verknüpfen. In neuen Gewerbegebieten soll der qualitative Anspruch erhöht werden, damit beispielsweise Emissionen, die durch Energieverbrauch, durch Verkehr und Ressourcenverbrauch bedingt sind, durch Maßnahmen der Grünordnung, der Nutzung von alternativen und regenerativen Energiequellen, der Verwendung von umweltverträglichen Baustoffen und durch Zurückdrängen traditioneller Verhaltensmechanismen verringert werden können.

---

[24] Vgl. Laistner, H., Der moderne Infrastrukturkanal, Sonderdruck aus: Ingenieursblatt für Baden-Württemberg, Karlsruhe 1992.

[25] Vgl. hierzu Bringezu, S., Schütz, H., Stoffströme und Strukturwandel, Das Magazin Wissenschaftszentrum Nordrhein-Westfalen 2/1993, S. 10ff.

In der Summe handelt es sich damit bei „ökologischer Gewerbegebietsplanung" um ein Bündel von Ansprüchen, die sich aus den landschaftlichen Gegebenheiten und den funktionalen Verflechtungen heraus an den konzeptionellen Rahmen und das städtebauliche Konzept sowie an die Grünräume, die Grundstücke, die Gebäude, die Verkehrserschließung und an die sonstige leitungsgebundene Infrastruktur richten.

Darüber hinaus werden Konzepte entwickelt, die die Produktionsabläufe und die damit verbundenen Emissionsquellen in den Vordergrund der Betrachtung stellen und betriebsbezogen Technologien und Methoden anstreben, Emissionen auf ökologisch vertretbare Größen zu reduzieren und die betriebswirtschaftlichen Ziele diesen Erfordernissen anzupassen. Dieser Ansatz betont betriebswirtschaftliche und unternehmerische Anforderungen und geht über das klassische städtebauliche Instrumentarium hinaus.[26]

Formen der Trägerschaft

Angesichts der veränderten wirtschaftlichen Rahmenbedingungen sehen Wissenschaft und Praxis verstärkt die Notwendigkeit zur interkommunalen Zusammenarbeit in der Gewerbeflächenpolitik, durch die gewerbepolitische Fehlinvestitionen vermieden, die vorhandene übergemeindliche Infrastruktur besser ausgelastet und das Gewicht der kommunalen Gewerbepolitik gegenüber den Unternehmen gestärkt werden kann. Als Rechtsformen interkommunaler Kooperation werden privatrechtliche Konstruktionen wie z.B. Vereine, BGB-Gesellschaften, AGs und GmbHs genannt oder öffentlich-rechtliche Konstruktionen als kommunale Arbeitsgemeinschaften, Zweckvereinbarungen, Zweckverbände und öffentlich-rechtliche Verträge sowie Planungsverbände.[27]

Das erfolgreiche Zusammenarbeiten der Gemeinden hängt wesentlich davon ab, ob eine geeignete Rechtsform der Zusammenarbeit gefunden wird, da jede Art der Kooperation spezifische – örtliche – Eigenheiten aufweist, die bei der Wahl der denkbaren Varianten berücksichtigt werden müssen.

Neben die Forderungen nach verstärkter Einbindung der Gewerbeflächenpolitik in die Stadtentwicklung und die Forderungen nach koordinierter Einbeziehung verschiedener kommunaler Ämter und Dienststellen in diese Querschnittsaufgabe sind verstärkt Forderungen zur Auslagerung bestimmter Aufgaben in Organisationen außerhalb der kommunalen Verwaltung getreten.

---

26 Vgl. hierzu die Projektziele des Modellvorhabens Ludwigshafen-Mundenheim „Stadtökologisches Konzept zur Erneuerung des Altbauquartiers Karolina-Burger-Straße" in: Steinebach, G., Herz, S., Jacob, A., Ökologie in der Stadt- und Dorfplanung, „Ökologische Gesamtkonzepte als planerische Zukunftsvorsorge", Berlin 1992.

27 Vgl. ILS-Schriften 41, Interkommunale Zusammenarbeit, Dortmund 1990, S. 11ff.

Die Privatisierung öffentlicher Aufgaben ist in folgenden Formen möglich:[28]

- die Privatisierung des entsprechenden Aufgabenbereiches, d.h. die vollständige Übertragung auf einen privaten Investor und Betreiber;
- die Teilprivatisierung durch die Bildung gemischtwirtschaftlicher Unternehmen, bei denen sowohl öffentliche Institutionen als auch privatwirtschaftliche Wirtschaftssubjekte beteiligt sind;
- die Scheinprivatisierung durch die Bildung von privatwirtschaftlichen Wirtschaftssubjekten im rechtlichen Sinne bei hundertprozentiger Kapitalbeteiligung der öffentlichen Institutionen;
- die Finanzierung der Einrichtung durch einen privaten Investor und die Überlassung der Einrichtung an die öffentliche Institution über Leasing oder Pacht zum Betrieb durch die öffentliche Institution.

Insbesondere im angelsächsischen Raum hat sich unter dem Begriff der „Public Private Partnership" (PPP) eine Form der engen Zusammenarbeit zwischen öffentlichen und privaten Trägern herausgebildet, die als institutionalisierte Kooperationsform zwischen Kommune, Wirtschaft und sonstigen Institutionen auf spezifische lokale und regionale Probleme reagieren soll. Die damit verbundenen Vorstellungen und Konzepte sind allerdings sehr unterschiedlich und umfassen:

- Beiträge zur Entstaatlichung, also zur Verlagerung von öffentlichen Aufgaben in den privaten Bereich,
- Ansätze zur Stärkung der Gemeinwohlverantwortlichkeit des privaten Bereichs,
- Strategien zur Überwindung der Knappheit öffentlicher Kassen durch Erschließen privater finanzieller Ressourcen.[29]

PPP wird in der Literatur überwiegend nicht als isoliertes Konzept, sondern als Instrument eines Stadt- oder auch Standortmarketings beschrieben, mit der Funktion, Einzelprojekte zu realisieren. Stadtmarketing insgesamt hat gegenwärtig Konjunktur. Als Gründe hierfür werden die in den Kommunen zunehmende Wahrnehmung verschärfter Standortkonkurrenz der Städte und Dörfer durch die Erweiterung der Märkte, die zunehmende Bedeutung „weicher" Standortfaktoren und der enger werdende finanzielle Spielraum genannt.[30]

In der Fachdiskussion wird verlangt, Investoren, Grundstückseigentümer bzw. Betriebsinhaber frühzeitig und umfassend beispielsweise in die gewerblichen Planungsüberlegungen einzubinden und an Konzeptionen zur Umsetzung der Gewerbegebietsplanung zu beteiligen. Der Wandel kommunaler Politik-, Planungs- und Verwaltungsstile von einem vormals hoheitlich-hierarchischen hin zu einem kooperativ-partnerschaftlichen Steuerungsmodus soll öffentliches und privates Handeln im Hinblick auf stadtentwicklungspolitische Ziele effizienter koordinie-

---

28 Vgl. hierzu Krautter, H., Neue Wege zur privaten Finanzierung von Stadterneuerungsaufgaben, in: Mitteilungen der Landesentwicklungsgesellschaften und Heimstätten, 1/92, S. 30ff.

29 Vgl. Döhne, H.J., Walter, K., Stadterneuerung in Public Private Partnership – Modeformel oder neuer Weg?, in: Mitteilungen der Landesentwicklungsgesellschaften und Heimstätten, 1/92, S. 3ff.

30 So z.B. Kemmning, H. u.a., Stadtmarketing in der Diskussion, ILS-Schriften 58, Dortmund 1991, S. 96.

ren und damit die Chancen für eine erfolgreiche Umsetzung integrierter lokaler Entwicklungsstrategien erhöhen.[31]

2 Städtebauliche Praxis

Rechtliche Rahmenbedingungen

Während bislang Ökonomie und Ökologie als unvereinbare Gegensätze betrachtet wurden und die Planung von Gewerbegebieten meist auf eine Flächenbereitstellung für Gewerbebetriebe beschränkt war, sind heute die Gemeinden gefordert, einen Ausgleich der ökologischen und ökonomischen Belange herbeizuführen, um sich überhaupt noch eine Chance für weitere gewerbliche Entwicklungen zu erhalten. Auf der methodischen und fachlichen Ebene bedingt dies eine verstärkte Auseinandersetzung mit den städtebaulichen, ökologischen und ökonomischen Anforderungen und mit Fragen des Flächen- und Ressourcenschutzes. In rechtlicher Hinsicht nehmen die Erfordernisse zur Verknüpfung von Planungsrecht, Baurecht, Naturschutzrecht und Immissionsschutzrecht zu.

Feststellbar ist, daß viele Gemeinden versuchen, die Entscheidungsbasis für Maßnahmen im Bereich der gewerblichen Entwicklung zu verbessern, um aus einer rein reaktiven Position den Schritt zu einer zielgerichteten, vorsorgenden Gewerbeflächenplanung gehen zu können.

Die Bestimmungen des Bau- und Planungsrechts, des Naturschutzrechts und des Umweltverträglichkeitsprüfungsrechts zwingen in diesem Zusammenhang die Gemeinden zur stärkeren Legitimation der Ausweisung neuer Gewerbegebiete. Sie tragen andererseits aber auch tatsächlich zur verbesserten Berücksichtigung ökologischer Anforderungen bei.

So fordern die Hauptzielbestimmungen für die Bauleitplanung nicht mehr wie früher nur, daß die Bauleitpläne dazu beitragen sollen, eine menschenwürdige Umwelt zu sichern. Sie verlangen nunmehr darüber hinaus, daß die Bauleitpläne auch dazu beitragen sollen, die natürlichen Lebensgrundlagen zu schützen und zu entwickeln (§ 1 Abs. 5 Satz 1 BauGB). Mit diesen natürlichen Lebensgrundlagen sind Boden, Wasser, Luft, Klima, Tier- und Pflanzenwelt gemeint. Sie werden noch einmal im Rahmen der bei der Bauleitplanung insbesondere zu berücksichtigenden Belange genannt, nämlich als Belange des Umweltschutzes, des Naturschutzes und der Landschaftspflege, insbesondere des Naturhaushalts, des Wassers, der Luft und des Bodens einschließlich seiner Rohstoffvorkommen sowie des Klimas (§ 1 Abs. 5 Satz 2 Nr. 7 BauGB). In die-

31 Vgl. Kruzewicz, M., Schuchardt, W., Public-Private-Partnership – neue Formen lokaler Kooperation in industrialisierten Verdichtungsräumen, in: Der Städtetag 12/1989, S. 762.

sem Zusammenhang wird besonders hervorgehoben, daß mit Grund und Boden sparsam und schonend umgegangen werden soll (§ 1 Abs. 5 Satz 3 BauGB). Diese Belange sind mit anderen planungserheblichen Belangen gegeneinander und untereinander gerecht abzuwägen (§ 1 Abs. 6 BauGB). Dem entsprechend ist davon auszugehen, daß seit der Geltung des neuen Städtebaurechts (1. Juli 1987) die Aufstellung von Bauleitplänen für bestimmte Vorhaben nicht mehr ohne die Beachtung der Sach- und Verfahrensanforderungen möglich ist, die sich aus diesem Recht im Sinne des Erfordernisses der Umweltverträglichkeitsprüfung ergeben. Von dieser Rechtslage werden auch die höheren Verwaltungsbehörden bei der Überprüfung von Bauleitplänen im Genehmigungs- und Anzeigeverfahren (§§ 6, 11 BauGB) ausgehen, zumal sachliche Mängel der Bauleitplanung hinsichtlich der Berücksichtigung von Umweltbelangen weder unbeachtlich noch nachträglich heilbar sind (s. §§ 214, 215 BauGB).

Ökonomische Rahmenbedingungen

Als maßgebliche Einflußfaktoren für die Zukunftsperspektiven der gewerblichen Wirtschaft gelten neben den gesamtwirtschaftlichen Rahmenbedingungen die Standort- und Produktionsbedingungen der einzelnen Unternehmen sowie die spezifischen Standortbegabungen der einzelnen Gemeinden. Weitgehend akzeptiert wird auch die These, wonach die Standortkonkurrenz zunehmend regionalen Charakter haben wird.[32]

Von den Städten und Dörfern beeinflußbar sind nur Einzelaspekte zur Verbesserung der eigenen Standortqualität. Neben der Bauleitplanung gehören dazu die Systeme der technischen Erschließung in den Gewerbegebieten. Allerdings kann weder die Erschließung noch die Bebauungsplanung bedenkenlos mit ökologisch bedingten Forderungen überzogen werden: Andere Standortfaktoren haben für eine unternehmerische Nachfrage oft Priorität, so daß die Bereitschaft zum ökologischen Mehraufwand – über einen Mindestaufwand hinaus – begrenzt ist. Viele Gemeinden können also auf dem Grundstücks-Anbietermarkt nur bedingt ökologisch orientierte Planungsinhalte umsetzen, wenn sie Einfluß auf Unternehmer-Standortentscheidungen nehmen und dabei den Ansiedlungserfolg nicht gefährden wollen.[33]

Um die kommunale Unternehmensbasis zu erhalten, den ansässigen Unternehmen Entwicklungsperspektiven zu bieten und zusätzliche Ansiedlungen zu ermöglichen, versuchen viele Kommunen, sich ein eigenes Standortprofil zu verschaffen. Eine gezielte Flächenbevorratung durch die Städte und Dörfer wird in vielen Fällen als geeignetes Instrument bewertet, positiven Einfluß auf die kommunale gewerbliche Entwicklung zu nehmen, wobei die Strategie „Qualität vor

[32] Vgl. z.B. Bundesminister für Raumordnung, Bauwesen und Städtebau (Hrsg.), Raumordnerische Aspekte des EG-Binnenmarktes, Schriftenreihe Forschung, Heft 488, Bonn 1992, S. 49.

[33] Vgl. ILS-Schriften 38, Ökologische Erschließungs- und Bebauungsplanung von Gewerbestandorten, Dortmund 1990, S. 9.

Quantität" offensichtlich an Bedeutung gewinnt. Um langfristig ökonomisch und ökologisch tragfähige Ansiedlungen zu ermöglichen, versuchen viele Kommunen, sich Klarheit darüber zu verschaffen, wo spezifische Chancen und Risiken im Rahmen der wachsenden Standortkonkurrenz liegen, und dieses Wissen um die Standortbegabung als Summe aller relevanten Standortfaktoren gezielt zu vermarkten.[34]

Qualitative Anforderungen an Gewerbestandorte

Bereits der städtebauliche Bericht der Bundesregierung „Umwelt und Gewerbe in der Städtebaupolitik" (1986)[35] stellt fest, daß bei der Ausweisung neuer Gewerbegebiete sich zunehmend die Erkenntnis durchsetzt, daß gute städtebauliche Planung und Gestaltung, eine intakte Umwelt und ein als angenehm und attraktiv empfundenes Arbeitsumfeld wichtige Aktivposten auch im gemeindlichen Wettbewerb um Unternehmen und Arbeitsplätze darstellen. Dies nicht zuletzt deswegen, weil die Unternehmen selbst im eigenen und im Interesse ihrer Mitarbeiter solche Standortqualitäten nachfragen.

In der Praxis hat sich mittlerweile die Erkenntnis durchgesetzt, daß bei Standortentscheidungen von Unternehmen eine ganze Reihe von „weichen" Standortfaktoren wichtig ist, die über die klassischen Standortfaktoren hinausgehen. Auf der Ebene des Makrostandortes gehören dazu beispielsweise Wohnungsangebot, Stadtqualität, Imagewert der Stadt, kulturelles Angebot sowie Freizeit- und Naherholungsangebot.[36] Als wichtige Aktivposten in diesem Zusammenhang gelten auch historische Altstädte.[37]

Auf der Ebene des Mikrostandortes kommen neben den bereits genannten Anforderungen bezüglich der Planung und Realisierung der Gewerbegebiete Faktoren wie Dauer und Kalkulierbarkeit von Planungs- und Genehmigungsverfahren als gemeindlich beeinflußbare Größen hinzu.

Die wachsende, wenn auch schwer quantifizierbare Bedeutung dieser weichen Standortfaktoren zeigen auch die Erfahrungen der Praxisfälle Erlangen/Fürth/Nürnberg, Herford, Mainz, Neutraubling und Rheinfelden. Im Rahmen gesamtkonzeptioneller gewerblicher Neuausweisungen wird häufig das Instrument städtebaulicher Ideen- und/oder Realisierungswettbewerbe oder städtebaulicher Gutachterverfahren eingesetzt, um außer der erhöhten Öffentlichkeitswirkung einen

---

[34] Vgl. hierzu auch die Ergebnisse des Seminars Gewerbeentwicklung in der Stadt Viernheim am 14. und 15.12.1990, Dokumentation der FIRU im Auftrag der Stadt Viernheim, 1991.

[35] Vgl. hierzu Bundesminister für Raumordnung, Bauwesen und Städtebau (Hrsg.): Städtebaulicher Bericht Umwelt und Gewerbe in der Städtebaupolitik, Bonn 1986, S.122ff.

[36] Vgl. hierzu auch die Ergebnisse des Seminars Gewerbeentwicklung in der Stadt Viernheim am 14. und 15.12.1990, Dokumentation der FIRU im Auftrag der Stadt Viernheim, 1991.

[37] Vgl. hierzu Krautzberger, M., Städtebau und gewerbliche Wirtschaft „Einführung in das Expertenseminar am 20. und 21.06.1988", in: Bundesforschungsanstalt für Landeskunde und Raumordnung, Heft 31, 1988, S.42ff. Beispielhaft nennt der Autor in diesem Zusammenhang auch die Gestaltung des Frankfurter Mainufers als Faktor zur Schaffung eines unverwechselbaren Imagewertes.

breiteren Konsens und damit eine verbesserte Durchsetzungsfähigkeit zu erreichen.

Methoden zur Ermittlung des Gewerbeflächenbedarfs

Erkenntnisse über den Bestand und das Potential an Gewerbegebieten sind wesentliche Voraussetzungen für ökonomisch und ökologisch tragfähige Entscheidungen im Rahmen von gewerblichen Neuausweisungen. Eine gängige Methode in der Planungspraxis ist das Aufstellen von Gewerbeflächenkatastern, in denen qualitative und quantitative Informationen über bestehende und potentielle Gewerbegebiete auf kommunaler oder regionaler Ebene gesammelt und teilweise im Rahmen von Datenbanken gespeichert werden. Als Beispiel für eine solche Planungshilfe im regionalen Zusammenhang kann der „Immobilienatlas der Region Aachen“ genannt werden, dessen Datenbank sowohl für Ziele des Brachflächenrecycling als auch für Ziele der Gewerbeflächenneuausweisung und der Wirtschaftsförderung eingesetzt werden kann.[38]

Während Kenntnisse über den Bestand an gewerblich nutzbaren Gebieten überwiegend vorausgesetzt werden können, ist die Frage, welche Bedarfe bestehen und welche Flächenreserven vorhanden sind, häufig auf kommunaler Ebene nur sehr unbefriedigend zu beantworten. Stadtplanung und Wirtschaftsförderung arbeiten teilweise noch mit auf relativ einfache Art erhobenen Zahlenwerten aus den frühen 70er Jahren.[39] Abhängig davon, ob der Flächenbedarf eher angebots- oder nachfrageorientiert ermittelt wird, ergeben sich erhebliche Differenzen bei der Bewertung der notwendigen Flächenreserven.

Flächenbedarfsermittlungen auf unterschiedlicher methodischer Basis sind gängige Praxis im Rahmen von Neuaufstellungen oder Änderungen von Flächennutzungsplänen oder bei der Erarbeitung gesamtstädtischer und teilräumlicher wirtschaftlicher Rahmenkonzepte innerhalb der Stadtenwicklungsplanung. Neben der Anwendung von Prognosemodellen werden dabei häufig Erfahrungswerte wie „Flächen pro Arbeitsplatz“ benutzt oder der Bedarf an Gewerbeflächen wird aus Umfragen bei den Betrieben selbst ermittelt.

Bebauungspläne zur Neuausweisung von Gewerbegebieten werden aber vielfach aus Flächennutzungsplänen entwickelt, die seit längerer Zeit rechtswirksam sind und deren Erhebungsbasis Methoden zur Abschätzung des Gewerbeflächenbedarfs, differenziert nach einzelnen Betriebsarten und -anforderungen, nur unzureichend berücksichtigte.

---

38 Vgl. hierzu Aachener Gesellschaft für Innovation und Technologietransfer, Projekt „Immobilienatlas der Region Aachen“, Aachen 1989.

39 Vgl. hierzu die Ausführungen von Bullinger, D., in: Bundesforschungsanstalt für Landeskunde und Raumordnung (Hrsg.): Städtebau und gewerbliche Wirtschaft, Heft 31, 1988.

Methoden zur Standortfindung potentieller Gewerbegebiete

Im Hinblick auf die erforderliche Berücksichtigung ökologischer Belange und die gestiegene Notwendigkeit zur Ermittlung und Bewertung von Umweltempfindlichkeiten wurden im Rahmen von Voruntersuchungen für neue Gewerbegebiete in der städtebaulichen Praxis Methoden entwickelt, die aus der ökologischen Risikoanalyse und der Nutzwertanalyse der 2. Generation abgeleitet sind. Ziel ist es, die Standortfrage und die großräumige und gebietsinterne Erschließung für alle Umweltbelange zu prüfen, die Flächen mit ihren vorhandenen und potentiellen Funktionen und Restriktionen in allen Bereichen des Naturhaushaltes darzustellen und zu bewerten, um die potentiellen Gewerbeflächen bestimmen und in ein landschaftsökologisches Konzept einpassen zu können. Schwerpunkte der Untersuchungen sind häufig Stadtklima, Landschaftsökologie, Geologie und Hydrogeologie. Die entsprechenden Empfindlichkeiten werden ermittelt und bewertet. Des weiteren werden Vorrangräume des Naturhaushaltes und Restriktionen, wie z.B. Schutzgebiete, festgestellt. Aufgrund der gewonnenen Erkenntnisse werden Gebietsabgrenzungen, eventuell differenziert nach verschiedenen Empfindlichkeitszonen, bestimmt und daraus die Planungsvoraussetzungen abgeleitet.

Abb. 2 zeigt die wesentlichen methodischen Schritte zur Standortfindung potentieller Gewerbegebiete, die in den letzten Jahren in mehreren Projekten des Kommunalverbandes Ruhrgebiet entwickelt wurden. Mit Hilfe des Ablaufschemas soll eine ökologische Optimierung städtebaulicher Planungen für Gewerbegebiete erreicht werden.[40]
Andere Konzepte enthalten darüber hinaus Vorschläge und Maßnahmen zur Stabilisierung oder Sanierung der einzelnen Faktoren des Naturhaushaltes.

Hinsichtlich des Einsatzes technischer Hilfsmittel unterscheiden sich die Konzepte vor allem bei den Methoden zur Beschaffung von Grundlagedaten für klimatische und lufthygienische Aussagen. Hier umfaßt die Bandbreite der praxiserprobten Möglichkeiten beispielsweise statistische Auswertungen von Temperaturmessungen, Ballonsondierungen, Simulationsberechnungen sowie Thermalscannerbefliegungen und entsprechende Darstellungen in Klimatopkarten.

In den letzten Jahren ist in einer Reihe von Städten und Dörfern die Datenbasis zur Beurteilung der ökologischen Eignung von neuen Gewerbestandorten verbessert worden. In der folgenden Übersicht sind die wichtigsten Arbeitsmittel zusammengestellt, die im Rahmen von Standorteignungsuntersuchungen, ökologischen Fachgutachten und Umweltverträglichkeitsprüfungen Verwendung finden.

[40] Vgl. hierzu Reiß-Schmidt, S., Städtebauliche Planungskonzepte für den Umgang mit Industrieflächen, LÖLF-Mitteilungen 2/92, S. 38.

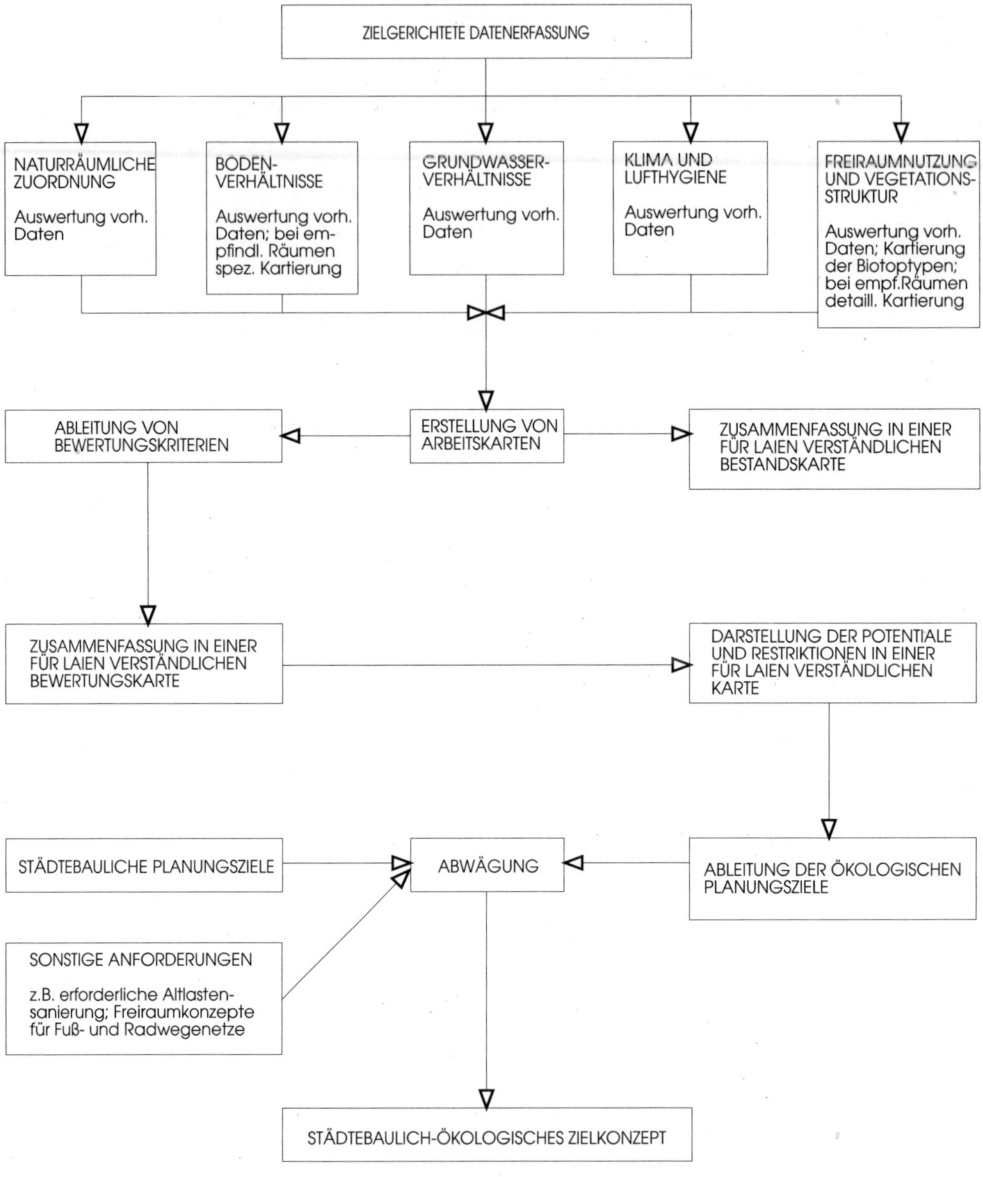

Abb. 2 Ablaufschema zur ökologischen Standortbewertung[41]

[41] Vgl. hierzu Reiß-Schmidt, S., Städtebauliche Planungskonzepte für den Umgang mit Industrieflächen, LÖLF-Mitteilungen 2/92, S. 39.

Tab. 3 Umweltrelevante Informationsgrundlagen und Arbeitsmittel zur Beurteilung von Industrie- und Gewerbestandorten[42]

Arbeitsmittel Kataster	Gegenstand des Katasters	Grundlage	Durchführende Behörden und Fachinstitutionen	Beispielstädte
Betriebs- und Anlagenkataster	Alle Industrie- und Gewerbebetriebe nach – Störgrad/Verträglichkeit – Erschließung – Flächenbeanspruchung – Beschäftigtenzahl – Branchen – Gebäude Alle in Betrieb befindlichen Anlagen – Anlagen nach § 2 der 4. BImSchV – Anlagen nach § 4 der 4. BImSchV – nicht genehmigungsbedürftige Anlagen – Anlagen, die der Störfall-VO unterliegen Kennzeichnung des jeweiligen Standes der Technik, Emissionsquellhöhen	Listen der Gewerbeaufsicht, der HWK und IHK, Betriebsbefragung, Arbeitsstättenzählung, Emissionerklärungen der Betreiber, Unterlagen der Feuerwehr/Katastrophenschutz, Ortsbesichtigungen	Staatliches Gewerbeaufsichtsamt, Stadtplanunsamt, Wirtschaftsförderungsbehörde	Hamburg, Regensburg, Wuppertal, Würzburg
Gemengelagenkataster	Erfassung der gewerblichen Nutzung in gemischt genutzten, bebauten Gebiete nach – Art der Betriebe (Wirtschaftsgruppe, Größe) – Maß der baulichen Nutzung (BGF-Anteil) – Störgrad und – Verträglichkeit mit der Umgebung – Zurordnung nach Baugebieten	Betriebskataster Gebäudeerhebung Ortsbesichtigung	Stadtplanungsamt Wirtschaftsförderungsamt Gewerbeaufsichtsamt	(Bielefeld) Düsseldorf München (Münster) Stuttgart Wuppertal

42 Henze, W., u.a., Umweltschutz bei Planung und Bau von Industrie- und Gewerbeanlagen, im Auftrag des Umweltbundesamtes, Berlin 1991, S. 40ff.

Arbeitsmittel Kataster	**Gegenstand des Katasters**	**Grundlage**	**Durchführende Behörden und Fachinstitutionen**	**Beispielstädte**
Erreichbarkeitskataster	Erreichbarkeit von Arbeitsstätten für den – Personenverkehr (öffentliche Nahverkehrssysteme) – Wirtschaftsverkehr		Stadtplanungsamt	München
Klimakataster, Klimafunktionskarte	Windrichtung und Windgeschwindigkeit; Feuchtigkeit; Temperatur; Strahlungsbilanz; relative Häufigkeit der Windrichtungen pro Jahr, Monat und Tageszeit; Temperaturverteilung während unterschiedlicher Wetterlagen (Tag/Nacht); Inversionshäufigkeit und -dauer; Abwärmemessungen bei Betrieben und Anlagen; Wärmebelastung von Luft und Wasser; räumliche Verteilung (Wärmeisochronen); Zeitreihenvergleich	Ergebnisse der Dauermessungen sowie Sondermessungen des Deutschen Wetterdienstes, Wetterstatistische Ergebnisse des Kommunalen Meßnetzes, Infrarotbefliegungen	Stadtplanungsamt, Deutscher Wetterdienst, externe Gutachter, Bezirksschornsteinfeger, örtliche Energieversorgungsunternehmen, Wasserwirtschaftsämter	Aachen, Bonn, Essen, Dortmund, Frankfurt, Ludwigshafen, München, Stolberg, Stuttgart, Wiesbaden
Abwärmekataster	Art und Menge, räumliche und zeitliche Verteilung der vorhandenen Emissionen ungenutzter Abwärme, Anlagearten, ggf. Teil des Wärmeatlas	Unterlagen der Stadtwerke bzw. EVU, Bezirksschornsteinfegerbücher, Emissionskataster	Stadtwerke, EVU, Bezirksschornsteinfeger	Oberste Landesbehörde, München, Regensburg
Abfallkataster	Art, Menge und räumliche Zuordnung des jährlichen Abfallaufkommens, Recycling-Anteile	Abfallstatistik, Fragebogenaktion, Betriebsbefragung	Fachbehörde (z.B. Stadtreinigungsamt)	Bochum, Hamburg
Altlastenkataster	Kontaminierte Standorte und Sanierungsbedürftigkeit und -fähigkeit nach Eignung für Folgenutzungen	Auswertung alter Planunterlagen, Befragung der Bevölkerung, Bodenanalysen	Staatliche Wasserwirtschaftsämter, kommunale Fachbehörde, Stadtplanungsamt	

Arbeits-mittel Kataster	Gegenstand des Katasters	Grundlage	Durchführende Behörden und Fachinstitutionen	Beispiel-städte
Ab-wasser-kataster	Standorte abwasser-einleitender Betriebe, Art und Menge der eingeleiteten Abwasser-inhaltsstoffe	Unterlagen des Ordnungsamtes, Fragebogenaktion	Fachbehörden (z. B. Stadtent-wässerungsamt)	Bochum, Hamburg
Immis-sions-kataster	Art, Umfang, räumliche und zeitliche Ausbrei-tung von Immissionen. Im Regelfall diejenigen, für die Grenzwerte (TA Luft) bestehen, im Ein-zelfall regional relevante Komponenten	Regel- und Son-dermeßprogramme, Emissionserklä-rungen der Unter-nehmen, Ausbrei-tungsrechnungen, Wetterdaten, Genehmigungs-bescheide	Staatliche Ge-werbeaufsicht; ggf. kommunale Fachbehörde in Zusammenar-beit mit der auf-stellenden Lan-desbehörde, Umweltschutz-behörden der Kreise und kreis-freien Städte	Berlin, Bremen, Dortmund, Düsseldorf, Duisburg, Frankfurt, Gießen, Hamburg, Köln, Ludwig-hafen, Mannheim, Mülheim, München, Norden-ham, Ober-hausen, Oker-Harlinge-rode, Saar-brücken, Stolberg, Wetzlar, Wiesbaden, Wilhelms-haven
Ge-ruchs-kataster	Gerüche, PAH, Benzol u.a. nach Art, Intensität, Häufigkeit und räumliche Schwerpunkte	Beschwerdestati-stik, olfaktometri-sche Messungen	Gewerbeaufsicht und Ordnungs-ämter (Beschwer-dedatei), externe Gutachter	Essen, Dortmund, Gelsen-kirchen, Köln, Mannheim, Untermain

Arbeitsmittel Kataster	**Gegenstand des Katasters**	**Grundlage**	**Durchführende Behörden und Fachinstitutionen**	**Beispielstädte**
Kataster „ökologisch wirksame Grün- und Freiflächen“	Landschaftsökologische Bestandsaufnahme und Bewertung von Siedlungsräumen, Grün- und Freiflächen	topographische Karten, Luftbilder, geomorphol. und geohydrol. Karten, Bodenkarten, Klimakarten, Vegetationskarten, Karten der naturräumlichen Gliederung, Biotopkartierung	untere Landschaftsbehörde, Stadtplanungsamt, Gartenamt, ext. Gutachter	Aachen, Augsburg, Nürnberg, Saarbrücken u. a.
Emissionskataster	Art und Menge, räumliche und zeitliche Verteilung von Emissionen aus den Quellgruppen – Industrie – Kraftwerke – Verkehr – Hausbrand und Kleingewerbe Erfassung von: – Grobstaub, Feinstaub – Schwermetalle: Pb, Cadmium, Cu, Zn – SO_2, NO_x, Kohlenwasserstoffe, CO, organischen Gasen und Dämpfen, PAH – Benzol, Toluol, Ammoniak, Äthylen, Chlorwasserstoff, Formaldehyd, VC – gasförmige, organische Fluorverbindungen gegliedert nach: – Jahresemission nach Quellgruppen (Industrie, Verkehr, Hausbrand und Kleingewerbe), Quellenhöhen – Jahresemission einzelner Schadstoffe in t/a pro km^2 – räumliche Verteilung der Emission, – Zeitreihenvergleich, – Tagesgang, z.B. bei Verkehrsemissionen	Regel- und Sondermeßprogramm, Emissionserklärungen der Anlagenbetreiber, Genehmigungsbescheide	Staatliches Gewerbeaufsichtsamt; ggf. kommunale Fachbehörde z.B. Ordnungsamt in Zusammenarbeit mit der aufstellenden Landesbehörde, Umweltschutzbehörden der Kreise und kreisfreien Städte	Aschaffenburg, Dortmund, Düsseldorf, Erlangen, Essen, Frankfurt, Fürth, Köln, Leverkusen, Ludwigshafen, Mülheim, Nürnberg, Oberhausen, Regensburg, Wiesbaden u. a.

Arbeitsmittel Kataster	Gegenstand des Katasters	Grundlage	Durchführende Behörden und Fachinstitutionen	Beispielstädte
Lärmkataster	Bestandsaufnahme aller vorhandenen und geplanten Lärmquellen, insbesondere – Verkehrsstraßen und -anlagen – Industrie- und Gewebebetriebe. Darstellung der ermittelten Schallpegel in Lärmkarten, Überschreitung der zulässigen Schallpegel in Baugebieten gem. DIN 18005, TA Lärm, VLärmSchG-Entwurf, RLS-81	Meßprogramme, Berechnungen auf der Grundlage der Verkehrsmengen (Lkw-Anteile), Beschwerdedateien	Stadtpalnungsamt, kommunale Fachbehörde, Umweltschutzämter, ggf. staatliches Gewerbeaufsichtsamt, externe Gutachter (TÜV u. a.)	Berlin, Bremen, Dortmund, Düsseldorf, Duisburg, Köln, Ludwigshafen, Mannheim, Saarbrücken, Wiesbaden, u. a.

Instrumente kommunaler Gewerbeflächenpolitik

Als Steuerungsinstrumente einer querschnitts- und prozeßorientierten Gewerbeflächenpolitik stehen den Kommunen Hilfsmittel aus dem Bereich der Finanzhilfen, der Steuer- und Tarifpolitik, der Infrastrukturpolitik, der Liegenschaftspolitik, der Bauleitplanung und Baugenehmigungspraxis sowie der Beratung zur Verfügung. Dazu gehören insbesondere

- die Gewährung sonstiger (finanzieller) Hilfs- und Fördermaßnahmen,
- die Festsetzung von Steuern (Hebesätzen), Gebühren und Beiträgen,
- der Ausbau der wirtschaftsnahen Infrastruktur,
- die kommunale Bodenvorratspolitik,
- die Ausweisung, Erschließung und Aufsiedlung von Gewerbeflächen für die Verlagerung ortsansässiger oder die Ansiedlung neuer Betriebe,
- der flächenbezogene und finanzielle Ausgleich zwischen betrieblichen Interessen und ökologischen Belangen,
- der Interessenausgleich zwischen Betrieb und örtlicher Bevölkerung bei Nutzungskonflikten,
- die Kontaktpflege zwischen Betrieben und der Verwaltung.[43]

In der ökologischen Gewerbegebietsplanung ist als wichtigstes Instrument für die Aufschließung von Gewerbeflächen die Aufstellung von Bebauungsplänen zu nennen. In der städtebaulichen Praxis werden neben den Festsetzungen des Be-

43 Vgl. ILS-Schriften 41, Interkommunale Zusammenarbeit, Dortmund 1990, S. 9.

bauungsplans häufig informelle Planungsinstrumente eingesetzt, um Gestaltungsanforderungen der Gemeinden durchzusetzen. In allen herangezogenen Praxisfällen werden ergänzende weiche Instrumente oder privatrechtliche Vereinbarungen zusätzlich zu differenzierten Bebauungsplänen eingesetzt, um Gestaltungsqualitäten zu erreichen. Die wachsende Bedeutung weicher Instrumente und privatrechtlicher Vereinbarungen zur Durchsetzung qualitativer Anforderungen läßt sich auch daran verdeutlichen, daß beispielhafte neue Gewerbegebiete wie z.B. der Technologiepark Dortmund oder das Gewerbegebiet Weilimdorf (Stuttgart) von diesen Möglichkeiten Gebrauch machen.

Die Bedeutung der Entwicklungsmaßnahme und ihre Anwendbarkeit zur Befriedigung erhöhter Bedarfe an Arbeitsstätten wird von vielen Gemeinden erkannt. Nach einer groben Schätzung des BMBau (1992) wurden zu diesem Zeitpunkt bundesweit ca. 50 Entwicklungsmaßnahmen nach neuem Recht vorbereitet. Fast die Hälfte aller Maßnahmen hat eine Mischnutzung aus Wohnen und Gewerbe zum Ziel, während etwa 20% rein gewerblichen Zielen dienen sollen.[44] Der Baulandbericht 1993 geht bereits von insgesamt über 200 in Vorbereitung befindlichen bzw. genehmigten Entwicklungsmaßnahmen aus.[45]

Formen der Gewerbeansiedlung

Die Bedeutung des Werbe- und Imagewertes eines Standortes für Unternehmen hat in den letzten Jahren dazu geführt, daß der ökologischen und gestalterischen Qualität von Gewerbegebieten mehr Aufmerksamkeit zuteil wurde. In der Folge entstanden im In- und Ausland hochwertige Gewerbeparks, die den Namen „Park“ durch besondere Anforderungen an ökologische, städtebauliche und infrastrukturelle Qualität rechtfertigen.

In der Praxis sind die Übergänge zwischen „normalen“ neuen Gewerbegebieten und Gewerbeparks, Gründer- und Technologiezentren oder Forschungsparks fließend. Dem entsprechend wird kritisiert, daß es Mode geworden sei, jedes bessere Gewerbegebiet zum Gewerbe- oder Technologiepark umzufirmieren.[46] Parkkonzepte in den verschiedenen möglichen Ausprägungen sollten jedoch eine

---

44 Vgl. Kratzenberg, R., Zweck, Voraussetzungen und Durchführung städtebaulicher Entwicklungsmaßnahmen, Kurzfassung des Vortrages anläßlich der wissenschaftlichen Arbeitstagung „Das Erfordernis der Baulandbereitstellung zwischen Ökonomie und Ökologie – Fach- und Rechtsfragen“ in Kaiserslautern am 05./06.10.1992.

45 Bundesministerium für Raumordnung, Bauwesen und Städtebau, Baulandbericht 1993, Bonn 1993, S.129.

46 So z.B. Bullinger, D., in: Bundesforschungsanstalt für Landeskunde und Raumordnung (Hrsg.): Städtebau und gewerbliche Wirtschaft, Heft 31, 1988, S.112, der weiter festhält, „. . . daß nur wenige dieser Gewerbe- und insbesondere der Technologieparks sich wesentlich von anderen Gewerbegebieten unterscheiden, indem z.B. konsequent nur Betriebe aus technologisch besonders innovativen Bereichen dort Aufnahme finden. Unter städtebaulichen Gesichtspunkten sind in den in der Bundesrepublik existierenden Gewerbe- und Technologieparks kaum wesentlich andere Strukturmerkmale anzutreffen als in den übrigen Gewerbe- und Industriebetrieben.“

Reihe von spezifischen Merkmalen aufweisen, die sie von herkömmlichen Gewerbegebieten abheben.

Umgekehrt kann aus der vielfältigen Verwendung des Begriffes Park auf die gewachsenen qualitativen Anforderungen an neue Gewerbegebiete und auf das Erfordernis nach integrierten Planungsansätzen und -konzepten in der städtebaulichen Praxis geschlossen werden.

Ökologische und optische Anforderungen in Gewerbegebieten

Nach wie vor ist erkennbar, daß realisierte Beispiele gelungener, ganzheitlicher Konzepte für neue Gewerbegebiete, bei denen ökologische Verträglichkeit, Landschaftseinbindung, Erschließung, Freiflächengestaltung, funktionelle und gestalterische Anforderungen der Städte und ökonomische Tragfähigkeit insgesamt angemessen behandelt werden, in der Bundesrepublik Deutschland kaum existieren.[47] Hinzu kommt, daß häufig mangelnde kommunale Finanzkraft und mangelnder Nachfragedruck ansiedlungswilliger Betriebe dazu beitragen, daß viele Kommunen sehr vorsichtig an ökologische, konzeptionelle und gestalterische Anforderungen im Rahmen der Ausweisung neuer Gewerbebetriebe herangehen. Die Frage, wie auf der Grundlage neuerer gesetzlicher Regelungen Gewerbegebiete qualitätsvoll und dennoch schnell geplant und erschlossen werden können und gleichzeitig die ökologischen Fragestellungen wie Natur- und Landschaftsschutzpotentiale, faunistische und floristische Grundlagenuntersuchungen, Empfindlichkeitsbeurteilungen, Stofftransporte, Stoffbelastungen und Energiekreisläufe einbezogen werden können, ist noch weitgehend unbeantwortet.

In der Praxis werden häufig Gesichtspunkte des „optischen Schmerzes“ und damit Gestaltungsaspekte einzelner Gewerbegebäude stark in den Vordergrund gerückt. Architektur und Hochbau können jedoch nur einen kleinen Ausschnitt aus dem Gesamtspektrum der Gewerbegebietsplanung abdecken. Attraktive Gewerbegebiete mit guter bis anspruchsvoller Gestaltung, die über Einzelobjekte hinausgeht, findet man bis jetzt nur in wenigen Fällen. Überwiegend betreffen sie Gebiete, die von einem Investor einheitlich erschlossen, bebaut und vermietet worden sind. Wichtige Punkte der Gestaltung neuer Gewerbegebiete, wie die Gestaltung von Erschließungssystemen und Straßen, die Gestaltung von Plätzen, Grünflächen und anderen Freiräumen sowie die Aufenthaltsqualität allgemein und die Frage nach der ästhetischen Funktion von Grünflächen und Grünpflanzungen, werden häufig unzureichend behandelt. In der Praxis abgesicherte Aussagen darüber, welche Untersuchungen, Gutachten und sonstige Ausarbeitungen zu erstellen sind, um bedarfsgerecht, ökologisch und ökonomisch zu planen, fehlen noch weitgehend.

---

47 Vgl. hierzu die Ergebnisse des Workshops „Städtebauliche Gestaltung von Gewerbegebieten“, in: ExWoSt-Informationen zum Forschungsfeld „Städtebau und Wirtschaft“ Heft Nr. 4, Juni 1991.

Umstritten ist auch die Frage der zukünftigen Bedeutung der Produktion in mehreren Stockwerken und die damit verbundenen möglichen Änderungen des gewerblichen Flächenbedarfs. Teilweise werden in der Praxis die Chancen für mehr Stockwerksproduktion als gering angesehen. Als Hemmnisse für die weitere Zunahme der Produktion in mehreren Stockwerken werden genannt:

- Der Fertigungsfluß läßt sich im Flachbau übersichtlicher organisieren.
- Präzise Fertigung erfordert eine erschütterungsfreie Aufstellung, die im Stockwerk nicht gegeben ist.
- Auch für großvolumige und schwere Teile kommt nur das Erdgeschoß in Frage.
- Geschoßbau ist teurer als Flachbau.
- Schließlich werden baurechtliche Vorschriften etwa zum Brandschutz – hier wird ein horizontaler Abschluß gefordert – als Hindernis einer Zunahme der Stockwerksproduktion angesehen.[48]

Im Unterschied hierzu weist eine Studie im Auftrag der Städte Wuppertal, Solingen und Remscheid[49] dem Geschoßbau Funktionalität und Wirtschaftlichkeit nach, da unter den dort gültigen Rahmenbedingungen Einsparungen von bis zu 50 % bei den Grundstückskosten, geringerer Flächenverbrauch und niedrigere Betriebskosten ermittelt worden sind.

Formen der Trägerschaft

Die unterschiedlichen Möglichkeiten interkommunaler Kooperation in Bereichen wie z.B. Schul- oder Ver- und Entsorgungswesen sind in der Praxis relativ weit verbreitet. Ansätze für kooperative Verfahren im städtebaulichen Bereich oder speziell im Bereich der Zusammenarbeit bei der Ausweisung neuer Gewerbegebiete sind allerdings eher noch die Ausnahme, auch wenn Untersuchungen einen größeren Bedarf an dieser Form der Gewerbepolitik erkennen lassen.

Unter den möglichen Organisationsformen interkommunaler Zusammenarbeit im Gewerbebereich sind die privatrechtliche Form der GmbH (Wirtschaftsförderungsgesellschaften, Technologiezentren) sowie die öffentlich-rechtliche Zusammenarbeit in einem Zweckverband am weitesten verbreitet.[50]

Die wachsende Bedeutung interkommunaler Kooperation und Koordination im städtebaulichen Bereich läßt sich auch daran verdeutlichen, daß als Quer-

[48] Vgl. hierzu Mielke, B. u.a., Neue Fabrikkonzepte und gewerblicher Flächenbedarf, ILS-Schriften 58, Dortmund 1991, S.16.

[49] Figge, F.W. u.a., Geschoßbau für Industrie und Gewerbe im Raum Wuppertal-Solingen-Remscheid, im Auftrag der Städte Wuppertal, Solingen, Remscheid 1991.

[50] Vgl. ILS-Schriften 41, Interkommunale Zusammenarbeit, Dortmund 1990, S.32. Der Anhang dieses Bandes enthält eine Übersicht der Fälle interkommunaler Gewerbepolitik.

schnittsthema innerhalb des Forschungsfeldes „Städtebau und Wirtschaft" die koordinierte Stadterneuerung und Stadtentwicklung am Beispiel des Zusammenschlusses von sieben Gemeinden zum Verein „Zukunftsinitiative Aachener Raum e.V." untersucht wird.[51]

Die Bandbreite möglicher und praktizierter Beispiele aus dem Bereich der Public-Private-Partnership (PPP) ist sehr weit gesteckt und reicht von der Abwasser- und Abfallentsorgung über die Energieversorgung bis hin zu städtebaulichen Entwicklungsmaßnahmen. Andere Beispiele sind etwa Gründer- und Informationszentren. Während die erstgenannten PPP-Organisationen als dauerhaft institutionalisierte Kooperationen im Infrastrukturbereich angelegt sind, werden PPP-Organisationen für städtebauliche Maßnahmen durch ihren Projektcharakter geprägt. Die am häufigsten anzutreffende Form ist die beidseitige Beteiligung an einer gemeinsamen Gesellschaft (GmbH, AG, Personengesellschaft). Praktiziert wird aber auch die Einschaltung von privaten externen Büros oder von Developern. Im Zusammenhang mit qualitativen Anforderungen an neue Gewerbegebiete wird teilweise festgestellt, daß attraktive Gewerbegebiete mit anspruchsvoller Gestaltung sich in mehreren Fällen dort befinden, wo die Gebiete von einem Investor einheitlich erschlossen, bebaut, besiedelt und vermietet worden sind (z.B. Gewerbepark Westkreuz Köln, Hansapark Düsseldorf, Technologiepark Dortmund).[52]

Kritisch angemerkt wird bei PPP-Projekten, daß sie sich in der Regel auf attraktive, d.h. vorwiegend zentral gelegene Standorte konzentrieren,[53] in denen ständig mit Flächennachfrage zu rechnen ist und in strukturschwachen Räumen Finanzierungshemmnisse bestehen, die die Risiken überwiegend bei den Gemeinden belassen.

Als mögliche Gefahren von PPP werden dort genannt:
- die zunehmende Privatisierung öffentlich relevanter Entscheidungsprozesse,
- die vielfach ungleiche Risikoverteilung,
- die zunehmende Bestimmung der Prioritäten städtischer Entwicklung durch Privatinteressen und
- die Aufgabe langfristiger Gesamtplanungen zugunsten von Einzelprojekten.

---

[51] Vgl. hierzu ExWoSt-Informationen zum Forschungsfeld „Städtebau und Wirtschaft", Heft 4, Juni 1991.

[52] So z.B. Kahnert, R. in einem Vortrag zu den Anforderungen an Planung und Gestaltung neuer Gewerbegebiete, gehalten anläßlich der 4. Fachtagung: „Stadterneuerung und Stadtumbau – mit dem Schwerpunkt der Planung und Gestaltung von Gewerbegebieten" vom 12. bis 14. März 1990 des Instituts für Städtebau und Wohnungswesen der Deutschen Akademie für Städtebau und Landesplanung in München.

[53] So z.B. Krautter, H., Neue Wege zur privaten Finanzierung von Stadterneuerungsaufgaben, in: Mitteilungen der Landesentwicklungsgesellschaften und Heimstätten, 1/92, S.34.

3 Erkenntnis- und Umsetzungsdefizite

Ökonomische Rahmenbedingungen

Auf die Veränderungen der ökonomischen Rahmenbedingungen versuchen viele Städte und Dörfer zu reagieren, indem sie im gewerblichen Bereich Ziele und Leitbilder neu definieren sowie Prioritäten ändern. Damit soll das Standortverhalten von Unternehmern beeinflußt werden. Da solche Planungen und organisatorische Konzeptionen Gegenstand gesetzlich geregelter Verfahren und der Verpflichtung zum Ausgleich gegenläufiger Interessen sind, wirken sie im allgemeinen erst mittelfristig. Erkenntnisdefizite und Untersuchungsbedarf bestehen in diesem Zusammenhang noch immer im Hinblick auf die sich überlagernden Wirkungen des europäischen Binnenmarktes, der Wiedervereinigung der beiden deutschen Staaten und der Grenzöffnung nach Osteuropa und der damit verbundenen regionalen und kommunalen Effekte.

Defizite entstehen aus einem unzureichenden Informationsfluß zwischen ansässigen und ansiedlungswilligen Betrieben, der Öffentlichkeit und der planenden Verwaltung. Unklarheit besteht häufig bezüglich der qualitativen Standortanforderungen der flächennachfragenden Betriebe.

Qualitative Anforderungen an Gewerbestandorte

Im Grundsatz gelten die obigen Ausführungen auch für die harten und weichen Standortfaktoren sowohl des Makro- als auch des Mikrostandortes. Die veränderten betrieblichen Standortanforderungen und die bestehende Konkurrenz um Ansiedlungs- und Verlagerungspotential tragen zwar zu verstärkten kommunalen oder regionalen Anstrengungen bei; dabei ist jedoch zu berücksichtigen, daß die Dauer öffentlicher und betrieblicher Planungs- und Realisierungsprozesse aus verschiedenen Gründen sehr unterschiedlich ist. Außerdem ist festzustellen, daß Verwaltungshandeln häufig reaktiv erfolgt und Städte und Dörfer häufig erst dann konkrete Maßnahmen einleiten, wenn geändertes Standortverhalten von Betrieben zu Problemen auf kommunaler Ebene geführt hat.

Gleichzeitig ist mit diesen Problemschwerpunkten eine zunehmende Komplexität und damit eine erhöhte Differenzierung kommunaler Aufgaben- und Handlungsfelder verbunden, die in bestimmten Fällen Strukturveränderungen der Verwaltung erfordern können.

Erkenntnisdefizite und Umsetzungsdefizite bestehen im Zusammenhang der Standortanforderungen vor allem nach wie vor hinsichtlich der „weichen“ Standortfaktoren, ihrer Bedeutung für unterschiedliche Gewerbebetriebe und der kommunalen Einflußmöglichkeiten in diesem Sektor, auch wenn ihre gewachsene Bedeutung allgemein anerkannt ist.

Methoden zur Ermittlung des Gewerbeflächenbedarfs

Städtebaulich ist von Bedeutung, daß zahlreiche gewerbliche Vorhaben auf der Grundlage alter Bauleitpläne ohne ausreichende Flächenbedarfsermittlungen,

Umweltschutzregelungen und ohne ausreichende Untersuchungen zur Verträglichkeit der gewerblichen Bauvorhaben untereinander genehmigt werden. Hinzu kommen auf der kommunalen Seite häufig fachliche Unsicherheiten bei der Ermittlung des Gewerbeflächenbedarfs sowie die Tatsache, daß die zeitlichen Planungshorizonte der Unternehmen und der Kommunen auseinanderfallen.

Nicht selten scheitern kommunale kleinräumige Flächenbedarfsprognosen, weil der Versuch unternommen wird, die räumlichen Konsequenzen innerbetrieblicher Einzelentscheidungen nach Zeitpunkt, Ort und Richtung zu prognostizieren.[54] Wegen der relativ komplexen Prognosetechnik werden vielfach möglichst einfache Bedarfsermittlungen bevorzugt, die teilweise dazu führen, daß Gewerbegebiete tendenziell im Überfluß ausgewiesen werden, auch wenn die tatsächliche Verfügbarkeit damit nicht hergestellt ist. So werden noch immer neue Gewerbegebiete ohne fundierte ökonomische und ökologische Grundlagenermittlung geplant.

Erkenntnisdefizite bestehen noch hinsichtlich der Methodik zur Ermittlung des Gewerbeflächenbedarfs. Inwieweit sich die komplexen Prozesse, die auf gemeindlicher Ebene zu Neuansiedlungen, Verlagerungen oder geänderten betrieblichen Flächenbedarfen führen, tatsächlich durch exakte Prognosetechnik feststellen lassen, ist bisher ungeklärt. Zumindest die Ableitung von stichhaltigen Entwicklungstrends scheint jedoch durch Modellbildung aus den zu beobachtenden Entwicklungen möglich.

In der kommunalen Praxis besteht weiterer Erkenntnisbedarf bezüglich der Anwendung unterschiedlicher Prognosemodelle, um den notwendigen Flächenbedarf bei der planerischen Neuausweisung von Gewerbegebieten ableiten zu können und Ansatzpunkte für ein qualifiziertes Flächenmanagement zu erhalten.

Methoden zur Standortfindung potentieller Gewerbegebiete

Eine Reihe von Städten und Gemeinden steht vor dem Problem, die erforderlichen Daten für die Entwicklung umweltgerechter und flächensparender neuer Gewerbegebiete erheben, aufbereiten und bewerten zu müssen. Tab. 3 zeigt zwar das Spektrum der umweltrelevanten Informationsgrundlagen, läßt aber andererseits erkennen, daß diese Daten überwiegend in Großstädten bereitgehalten werden.

Die Anwendung verbesserter Methoden zur Standortfindung geeigneter Gewerbeflächen oder von Standorteignungsprüfungen auf verschiedenen planerischen Ebenen setzt vertiefte Kenntnisse zu den sektoralen und zu den übergreifenden Umweltmedien voraus.

Im Hinblick auf die Zukunftsanforderungen von städtebaulicher und gewerblicher Entwicklung besteht Untersuchungsbedarf bezüglich der Überlagerung

[54] Vgl. Pfadt, A., Gewerbeentwicklung, Siedlungsstruktur und Landschaftsverbrauch – Plädoyer für eine ökologische Gewerbeplanung, Hamburg 1990, S. 46.

von Methoden zur Ermittlung des Gewerbeflächenbedarfs mit den Methoden zur Standortfindung potentiell geeigneter Gewerbegebiete, da erst aus dem Zusammenführen von Standortanforderungen, Flächenbedarfen und Standorteignungen tragfähige Planungskonzepte abgeleitet werden können.

Umsetzungsdefizite und somit weiterer Experimentierbedarf ist in der Anwendung und Handhabbarmachung von Modellansätzen aus dem ökologischen Bereich für die Ausweisung neuer Gewerbegebiete zu sehen. Hierzu gehört auch die Frage, wie und mit welchen technischen Hilfsmitteln landschaftsökologische, lufthygienische oder klimatische Untersuchungen durchgeführt werden, wie sie ausgewertet werden und wie sie in der Planungspraxis instrumentalisiert werden können.

Instrumente kommunaler Gewerbeflächenpolitik

Die wesentlichen Instrumentarien der kommunalen Gewerbeflächenpolitik – Bauleitplanung, Infrastrukturplanung, Grundstücksbevorratung – entfalten im allgemeinen erst eine auf längere Sicht gerichtete Wirkung. Gewinner der veränderten ökonomischen, technologischen und ökologischen Rahmenbedingungen werden die Städte und Dörfer sein, die sich durch innovative Standort- und Entscheidungsstrukturen auszeichnen und das zur Verfügung stehende Instrumentarium am geschicktesten einsetzen und kombinieren. Auswertbare Erfahrungen zur Kombination von harten und weichen Steuerungsinstrumenten zur Realisierung von Gewerbegebieten mit ökologischen und gestalterischen erhöhten Ansprüchen liegen noch nicht vor, so daß Wirkungsanalysen verfrüht wären.

Der koordinierte Einsatz dieser bei unterschiedlichen Akteuren in den Verwaltungen angesiedelten Instrumente erfordert flexible Organisationsstrukturen. Die Diskussion um kooperative, aktive, innovative Verwaltungen, die nicht eindimensional, sondern interdisziplinär und organisatorisch flexibel arbeiten, zeigt, daß die Bedeutung dieser – und verwandter – Handlungsfelder aus den Bereichen Stadtentwicklung und Umweltschutz erkannt ist[55] und auf kommunaler Seite die notwendigen organisatorischen Änderungen zumindest bekannt sind.

Erkenntnisdefizite bestehen in diesem Zusammenhang bezüglich der Verwaltungsstrukturen, die geeignet sein können, die komplexen Querschnittsaufgaben der kommunalen Gewerbeflächenpolitik unter sich verändernden Rahmenbedingungen zu bewältigen. Auf der Umsetzungsebene fehlt Wissen, ob Koppelungsmöglichkeiten harter und weicher Instrumente der Stadtplanung bestehen, um geeignete Strategien zur Durchsetzung ökologischer und gestalterischer Forderungen beispielsweise unter verschieden gelagerten eigentumsrechtlichen Voraussetzungen zu entwickeln.

Gleiches gilt auch für die Überprüfung der Eignung von kommunalen Entwicklungsmaßnahmen nach § 165 BauGB zur Schaffung von Arbeitsstätten.

---

[55] Vgl. hierzu z.B. Jaedicke, W., Kern, K., Wollmann, H., Kommunale Aktionsverwaltung in Stadterneuerung und Umweltschutz, Köln 1990.

Formen der Gewerbeansiedlung

Wie bereits beschrieben, kann aus der vielfältigen Verwendung des Begriffes Park auf die gestiegenen Anforderungen an neue Gewerbegebiete und auf die Notwendigkeit integrierter Planungsansätze in der städtebaulichen Praxis geschlossen werden. Die qualitativen Nachfrage- und Angebotsänderungen schlagen sich auch in den Gewerbestandortangeboten verschiedenster Trägergesellschaften nieder, die verstärkt Gewerbe-im-Park-Modelle anbieten,[56] um im Standortwettbewerb mithalten zu können.

Wissenslücken bestehen unter anderem darin, welche Formen der Gewerbeansiedlung in den jeweiligen gemeindespezifischen Situationen besonders geeignet sind, die Zielvorstellungen einer „ökologischen Gewerbegebietsplanung" zu unterstützen, und welche Konzepte zur bedarfsorientierten Nutzung der Gewerbegebiete beitragen können.

Ungeklärt ist auch, inwieweit Gewerbeparkkonzepte mit besonders hohen qualitativen Anforderungen geeignete Strategien für Regionen sein können, die unter Imageproblemen leiden.

Ökologische und optische Anforderungen in Gewerbegebieten

Neben strukturellen, wirtschaftlich-materiellen und rechtlichen Rahmenbedingungen werden als Hemmnisse einer stärkeren Berücksichtigung von Umweltbelangen bei der Planung von Gewerbegebieten unter anderem als relevant genannt:[57]

- Informationsdefizite in den Betrieben, z.B. bei umweltrechtlichen Erfordernissen und Förderungsmöglichkeiten,
- Kenntnisdefizite bei den Architekten in bauökologischen Fragen,
- der statische Charakter des Bau- und Planungsrechts bezüglich der Umsetzung stadtökologischer Forderungen sowie Vollzugsdefizite und großzügige Dispensregelungen in der Baugenehmigungspraxis und
- die beherrschende Stellung von Anbietern standardisierter Gebäudetypen auf dem Gewerbebaumarkt.

Wenngleich in den Städten und Dörfern die Anforderungen an die umweltgerechte Planung und Erschließung neuer Gewerbegebiete unterschiedlich definiert werden und die ökonomische Ausgangsbasis der Kommunen erheblich differiert, fällt auf, daß häufig Kommunen mit größeren wirtschaftlichen Nöten höhere Anforderungen an die Qualität wagen als die, die wirtschaftlich stabiler scheinen. Offensichtlich ist Mut zum Risiko für einige Kommunen die einzige Chance, wenn sie wirtschaftlich „mit dem Rücken zur Wand stehen" und nicht aus dem Überfluß von Ansiedlungsbegehren schöpfen können.[58]

---

[56] Vgl. Henze, W. u.a., Umweltschutz bei Planung und Bau von Industrie- und Gewerbeanlagen, im Auftrag des Umweltbundesamtes, Berlin 1991, S.16.

[57] Vgl. hierzu Henze, W. u.a., Umweltschutz bei Planung und Bau von Industrie- und Gewerbeanlagen, im Auftrag des Umweltbundesamtes, Berlin 1991, S.35ff.

[58] Vgl. Wachten, K., Anforderungen an die Gestaltung und Organisation neuer Gewerbegebiete, in: Umweltbundesamt (Hrsg.): Bericht zum 8. Workshop „Ökologisches Bauen", Berlin 1989, S.61.

Erkenntnisdefizite bestehen im Zusammenhang mit den ökologischen und optischen Anforderungen in Gewerbegebieten im Hinblick auf die Definition von Umweltstandards, die Definition angestrebter Ziele und ihre Operationalisierung. Da es bislang relativ wenig gesicherte Aussagen dazu gibt, welche Untersuchungen, Gutachten und sonstigen Ausarbeitungen zu erstellen sind, um Gewerbegebiete ökologisch zu planen, ist es eine wichtige Aufgabe, mögliche Herangehensweisen zu untersuchen und unterschiedliche Handlungsansätze zu praktizieren und dann zu vergleichen. Auch die weithin umstrittene Frage der zukünftigen Bedeutung der Produktion im „Stockwerk" kann in diesem Kontext unter dem Aspekt des flächensparenden Bauens behandelt und neu bewertet werden.

Trotz teilweise noch fehlender ökologischer Grundlagen muß in der Praxis die Übertragbarkeit bestehender Erkenntnisse überprüft werden, um aus solchen Vorhaben konkrete Handlungshilfen für künftige Planungen ableiten zu können. Die Frage, mit welchen Instrumenten die angestrebten ökologischen und gestalterischen Ziele durchgesetzt werden können, welche Maßnahmen notwendig sind, Gebietsqualitäten zu schaffen, und wie die dazu notwendige Abstimmung öffentlicher und privater Maßnahmen und Investitionen erreichbar ist, ist ebenfalls in Praxisfällen zu testen.

Formen der Trägerschaft

Als Haupthindernis bei interkommunalen Kooperationen ist die zwischengemeindliche Konkurrenz um Industrie- und Gewerbebetriebe und damit um Steuereinnahmen und Arbeitsplätze zu nennen. Weitere Probleme sind mögliche Einschränkungen der Einflußmöglichkeiten von Gemeinden, zusätzlicher organisatorischer Aufwand durch komplexere Entscheidungsprozesse, politische Probleme wegen unterschiedlicher lokaler oder politischer Konstellationen sowie Befürchtungen wegen Zuteilungen des Steueraufkommens und Regelungsproblemen bezüglich der Kostenaufteilung.[59]

An attraktiven Standorten werden öffentlich-private Partnerschaften häufig bereits betrieben und können Erfolge aufweisen. Insgesamt werden PPP-Konzepte von der kommunalen Seite jedoch nicht vorbehaltlos positiv bewertet. Speziell im Bereich von Immobilienentwicklungen trifft die öffentliche Hand häufig auf Partner, die über ein ungleich höheres Know-how vor allem im Steuerrecht verfügen und diesen Wissensvorsprung nutzen. So wird der öffentlichen Seite empfohlen, sich vertraglich ausreichende Eingriffsrechte zu sichern oder bei gemeinsamen Gesellschaften eine Mehrheitsbeteiligung zu erwerben.

Über die Erforschung der planerisch-ökologischen Aspekte der Ausweisung neuer Gewerbegebiete hinaus scheint es notwendig, Erkenntnisdefizite über die finanziellen, organisatorischen und gesellschaftlichen Folgen neuer Kooperationsformen der öffentlich-privaten Zusammenarbeit abzubauen. Die unterschiedlichen Erfahrungen von Städten und Dörfern mit verschiedenen Konzepten des

[59] Vgl. hierzu ausführlich ILS-Schriften 41, Interkommunale Zusammenarbeit, Dortmund 1990, S. 10.

PPP können hierbei ausgewertet werden und Stärke-Schwächen-Analysen in spezifischen Anwendungssituationen, bezogen auf die Ausweisung neuer Gewerbegebiete, abgeleitet werden. Das gleiche gilt für die möglichen Organisationsformen interkommunaler Zusammenarbeit bei der Neuausweisung gemeinsamer Gewerbegebiete.

Wissenslücken bestehen hinsichtlich der Eignung von Marketingkonzepten im Rahmen der Ausweisung neuer Gewerbegebiete. Unterschiedliche Modelle der öffentlich-privaten Zusammenarbeit und unterschiedliche PPP-Organisationsansätze werden derzeit praktiziert, um eine inhaltliche und zeitliche Synchronisierung zwischen öffentlichen und privaten Maßnahmen zu erreichen. Mit Hilfe von Wirkungsanalysen können Effektivität und Auswirkungen der unterschiedlichen Formen der Trägerschaft überprüft und mit traditionellen Verfahren verglichen werden.

IV Offene Fragen und Handlungsbedarf

1 Anforderungen an die Planung neuer Gewerbegebiete

Die „ökologische Gewerbegebietsplanung" stellt in den verschiedenen Phasen der Standortfindung, der funktionalen, umweltgerechten und städtebaulich-gestalterischen Planung der rechtlichen Umsetzung und der physischen Realisierung sehr unterschiedliche Anforderungen an die beteiligten Akteure. Für die Ermittlung, Überprüfung und Aufbereitung der grundlegenden Merkmale planerischer Konzepte zur Bewältigung der Zukunftsaufgaben der wirtschaftlichen Entwicklung in den Städten und Dörfern sind eine Reihe von Rahmenbedingungen zu beachten, die Auswirkungen auf Nachfrage, Angebot und Qualität gewerblicher Standorte haben. Vor allem sind Städtebau und wirtschaftsfördernde Maßnahmen zukünftig stärker aufeinander abzustimmen, um Standorte zu sichern und zu entwickeln. Dabei sind vor allem die folgenden Ziele anzustreben:

- Standorte für Industrie und Gewerbe sind mit **städtebaulichen Maßnahmen** zu entwickeln, zu erhalten und für Investitionen attraktiv zu machen,
- vorhandene bzw. verborgene **städtebauliche Qualitäten** von Industrie- und Gewerbestandorten sind zu sichern und zu entwickeln,
- gegenseitige Beeinträchtigung **städtebaulicher und ökonomischer Ziele** müssen abgebaut bzw. neutralisiert werden,
- bei den Nutzern von industriell-gewerblichen Standorten ist die **Bereitschaft zur Herstellung städtebaulicher Qualitäten** zu wecken und zu fördern,
- zwischen den notwendigen öffentlichen und privaten Maßnahmen zur Realisierung der angestrebten städtebaulichen Ziele ist eine **inhaltliche und zeitliche Abstimmung** (Synchronisierung) vorzunehmen.

Aufgrund der sich durch den EU-Binnenmarkt wandelnden ökonomischen Rahmenbedingungen, durch die geopolitischen Veränderungen in Osteuropa und die Vereinigung der beiden deutschen Staaten ändern sich Standortbedingungen auf regionaler und kommunaler Ebene. Die qualitativen Anforderungen an neue Gewerbegebiete werden bestimmt durch ein gestiegenes Umweltbewußtsein von Öffentlichkeit, Politik, Verwaltungen und Betrieben. Dabei konfligieren betriebliche Engpässe mit der Absicht, Freiräume zu schützen. Die damit auftretenden Zielkonflikte müssen im Rahmen von politischen Abwägungsprozessen entschieden werden.

Das Erfordernis nach bedarfsgerechter, langfristig orientierter, aber gleichzeitig schnell realisierbarer, qualitativ hochwertiger Gewerbegebietsplanung hat dazu geführt, die „Stätten der Arbeit“ in das öffentliche Bewußtsein zurückzuholen und die kommunale Wirtschaftsentwicklung sowie die Gewerbeflächenpolitik in stadtentwicklungsplanerische Strategieüberlegungen einzubeziehen.

In den verschiedenen Phasen „ökologischer Gewerbegebietsplanung“ sind von den Verantwortlichen insbesondere die nachfolgenden Gesichtspunkte zu beachten und aufzubereiten. Im Rahmen von grundsätzlichen Strategieüberlegungen zur wirtschaftsstrukturellen Entwicklung eines Makrostandortes betrifft dies Aspekte einer vorsorgenden Gewerbeflächenplanung innerhalb gesamtstädtischer Entwicklungs- und Organisationskonzepte.

Gesamtstädtischer Zusammenhang

Hier sind vorhandene planerische Konzepte der kommunalen Wirtschaftsentwicklung zur Ausweisung neuer Gewerbegebiete in Richtung zukunftsorientierter Ansätze weiterzuentwickeln. Dies sollte die Überprüfung vorhandener Strategien und Konzepte zur kommunalen Wirtschaftsentwicklung einschließen und die Frage beantworten, inwieweit durch gesamtstädtische Planungsansätze Verknüpfungen zu Aspekten wie Stadtattraktivität sowie Arbeits- und Freizeitwert möglich sind, die zielgerichtet für die gewerbliche Entwicklung mobilisiert werden können. Dies betrifft auch die Ermittlung der spezifischen Standortbegabung der Städte und Dörfer im interkommunalen und regionalen Vergleich und die damit verbundenen Entwicklungspotentiale.

Flächenbedarfsermittlung und Standortfindung

Ziel von Flächenbedarfsermittlungen ist die Beantwortung der Frage, in welchem Umfang über die bereits gewerblich genutzten Flächen hinaus Bedarfe existieren und wie Flächendefizite gedeckt werden können. Im Rahmen notwendiger Neuausweisungen soll eine ungeordnete Expansion des Siedlungsraumes vermieden werden.

Mit Hilfe ökologischer und städtebaulicher Bewertungen sollen Standort und Erschließungsvarianten auf ihre Eignung überprüft werden. Aus einem großen Untersuchungsgebiet werden aufgrund der gewonnenen Erkenntnisse differenzierte Gebietsabgrenzungen vorgenommen und daraus Planungsvoraussetzungen abgeleitet. In der Regel sind hierzu fachliche Aussagen zu den Bereichen Landschaftsökologie, Klima, Hydrogeologie, Geologie, Vegetation sowie zu Fragen der Erholungsnutzung und der landwirtschaftlichen Nutzung erforderlich. Die Umweltauswirkungen der neuen Gewerbegebiete sollten sowohl medial als auch medienübergreifend ermittelt werden. Auf der Basis dieser Untersuchungen kann festgestellt werden, welche vorhandenen Biotopstrukturen als wertvoll zu beurteilen sind und welche planerischen Maßnahmen zu ihrer Erhaltung oder Stabilisierung zu ergreifen sind.

Die Überlagerung von Methoden zur Flächenbedarfsermittlung und von Verfahren zur Standortfindung neuer Gewerbegebiete ist dabei ein wesentlicher Arbeitsschritt im Rahmen der erforderlichen Abwägungsentscheidungen bezüglich der städtebaulichen, ökologischen und wirtschaftsbezogenen Potentiale möglicher Standorte.

Nutzungs-, Gestaltungs- und Erschließungskonzepte

Im Zuge der weiteren sach-inhaltlichen Differenzierung sollten die Planungsvorstellungen für ökologische Gewerbegebiete in Nutzungs-, Gestaltungs- und Erschließungskonzepte münden und Aussagen zum Flächen- und Ressourcenschutz, bezogen auf technische, bauliche und grundstücksbezogene Maßnahmen, beinhalten.

Wichtige Fragen in diesem Kontext betreffen

- Ansätze flächensparender und bedarfsgerechter Erschließung,
- Vorstellungen zur Gestaltung und Nutzung öffentlicher Räume und privater Freiflächen,
- flächensparende Nutzungsvorstellungen wie z. B. Geschoßbauweisen,
- Überlegungen zur Nutzung regenerativer Energiequellen,
- Anforderungen an die Gestaltqualität der Gebäude und der Erschließungsanlagen,
- die Ausstattung mit beschäftigungsorientierter Infrastruktur und
- die Anforderungen an die Aufenthaltsqualität und die Arbeitsumweltqualität im Gewerbegebiet.

Innerhalb der Nutzungskonzeption sind unter anderem weitergehende Untersuchungen zur Zuordnung unterschiedlich empfindlicher gewerblicher Nutzungen erforderlich, um mögliche Unverträglichkeiten auszuschließen.

Gegenstand weiterreichender ökologischer Gewerbekonzepte sind Überlegungen im Hinblick auf den anlagenbezogenen Umgang mit Stoffen, Materialien und Ressourcen. Dazu gehören unter anderem Aussagen zur Organisation der in das Gewerbegebiet einfließenden Stoff-, Energie- und Wasserströme in der Form von Mehrfachnutzungen, Kreisläufen oder Rohstoff- und Energiekaskaden.

Rechtliche Umsetzung

Im Rahmen der rechtlichen Umsetzung der Planungskonzepte wird ein wichtiger Gesichtspunkt die Kombination des bauplanungs-, bauordnungs- und baunebenrechtlichen Instrumentariums mit privatrechtlichen Regelungen und weiteren Instrumenten zur Durchsetzung städtebaulicher Qualitäten in den neuen Gewerbegebieten sein. Ebenso werden fachgesetzliche Regelungen beispielsweise des Immissionsschutz-, Wasser-, Abfall- oder Energiewirtschaftsrechts im Zusammenhang mit neuen gewerblichen Ansiedlungs- und Betriebsformen relevant sein. Insbesondere trifft dies für das Verhältnis der naturschutzrechtlichen Eingriffsregelung zur Bauleitplanung der Städte und Dörfer, vor allem zur Aufstellung von Bebauungsplänen, zu.

Inwieweit das Instrumentarium der städtebaulichen Entwicklungsmaßnahme einen Beitrag zur Bereitstellung von gewerblichem Bauland leisten kann, wird im einzelnen noch zu untersuchen sein. Dazu gehört auch der Anspruch, daß die Gemeinden mit dem Entwicklungsrecht ihre städtebaulichen Ziele im Zusammenhang mit der Ausweisung neuer Gewerbegebiete konzeptionell geschlossener und rascher verwirklichen können als über die herkömmlichen Verfahren des allgemeinen Städtebaurechts. Auch sind die Möglichkeiten näher zu untersuchen, ob die Differenz von Ankaufspreis und Verkaufspreis der Grundstücke die Kosten von Grunderwerb, Infrastruktur, ökologischer Entwicklung und Kapitalkosten zu decken vermag.

Technische Realisierung

Da es sich bei der Realisierung neuer Gewerbegebiete weithin um bauliche Maßnahmen handelt, ist im Zuge der Konkretisierung der Planungsvorstellungen eine vertiefte Auseinandersetzung mit den medialen und medienübergreifenden Umweltauswirkungen im Sinne von qualitativen und quantitativen Veränderungen im Gebiet notwendig. Im Unterschied zu den im Rahmen der Standorteignungsprüfung zu ermittelnden Daten, die das „Ob" der gewerblichen Nutzung bestimmter Flächen beurteilen, werden hier Kriterien zu bewerten sein, die sich bei gegebener Standorteignung mit konkreten technischen Bausteinen zur Umsetzung des Anspruchs „umweltgerecht" beschäftigen. In diesem Zusammenhang gewinnen auch betriebsbezogene Untersuchungen zum Umgang mit Stoffen, Materialien und Ressourcen an Bedeutung. Zu den wesentlichen Aspekten gehören hierbei
- die Auswirkungen auf den Wasserhaushalt, insbesondere durch stoffliche Einträge und ihre Wirkung hinsichtlich des Gefährdungspotentials,
- die Auswirkungen auf Energieverbrauch sowie Luftschadstoffemissionen und -immissionen,
- die Auswirkungen auf das Stadtklima,
- die Auswirkungen auf das Abfallaufkommen,
- die Auswirkungen auf Geräuschemissionen und -immissionen,
- die Auswirkungen auf wildlebende Tiere, auf Pflanzen, auf den Boden und auf das Landschaftsbild.

Aus diesen Untersuchungen ergeben sich Konsequenzen für technische Folgeplanungen in den Bereichen Hochbau (Gestaltung, Konstruktion, Bauphysik), Erschließung und verkehrstechnische Anbindung, Energie- und Wärmeversorgung, Wasserversorgung und Wassergebrauch, Abwasserwirtschaft und Abfallwirtschaft.

Trägerschafts- und Organisationsmodelle

Viele Neuausweisungen von Gewerbegebieten werden nur noch auf gemeindegebietsübergreifender Basis möglich sein, so daß bereits im Stadium der Standortfindung Abstimmungsprozesse bezüglich der unterschiedlichen Standortqualitäten der einzelnen Gemeinden stattfinden müssen.

Interkommunale Kooperation ermöglicht in diesem Zusammenhang die Befriedigung regionaler Bedarfe und erhöht die Auslastung der vorhandenen kommunalen und übergemeindlichen Infrastruktur. Auch wenn die Kooperation benachbarter Gemeinden im Rahmen der Gewerbeflächenplanung aus verschiedenen Gründen schwierig ist, müssen die Städte und Dörfer sich künftig verstärkt mit Modellen interkommunaler Gewerbeflächenpolitik auseinandersetzen.

Partnerschaftliche Kooperationen zwischen öffentlichen und privaten Trägern haben zunehmende Bedeutung vor dem Hintergrund, daß öffentliche Maßnahmen im gewerblichen Bereich ohne Akzeptanz und Mitarbeit der betroffenen Privaten in der Regel nicht den erwünschten Erfolg haben können. Die Diskussion von neuen Wegen der öffentlich-privaten Zusammenarbeit bei der Erschließung neuer Gewerbegebiete muß im Zusammenhang mit der Projektierung ökologischer Gewerbegebietskonzepte und der Koordinierung der dazu erforderlichen Maßnahmen und Abstimmungen verstärkt geführt werden.

Im Rahmen von Konzepten des Stadtmarketings werden Ansätze diskutiert, die über projektbezogene Zusammenarbeit hinaus Koordinationsformen der Stadtentwicklungspolitik verlangen, in denen Akteure aus Verwaltung, Politik, Wirtschaft, Wissenschaft und öffentlichen Interessengruppen in innovativer Form öffentliche und private Interessen aufeinander abstimmen können.[1]

2 Schwierigkeiten bei der Durchsetzung ökologischer und gestalterischer Anforderungen in der Praxis

Die städtebauliche Praxis zeigt ein sehr uneinheitliches Bild bei der Formulierung und Durchsetzung von ökologischen und gestalterischen Anforderungen an die Planung neuer Gewerbegebiete. Während einerseits festzustellen ist, daß der Typus des Gewerbeparks – zumindest bezüglich der Namensgebung – zum „Planungsstandard“ bei der Neuausweisung von Gewerbegebieten wird, ist andererseits nach wie vor zu registrieren, daß städtebauliche Planung in Gewerbegebieten kaum über Flächenausweisung und Herstellung der notwendigen Erschließung hinausreicht.

Bei gleichen ordnungspolitischen Rahmen bestehen zwischen den Städten und Dörfern vielfältige ökonomische, ökologische, politische, soziale oder technologische Unterschiede, die die Sichtweise vom Spannungsfeld Stadtplanung und Gewerbe mitbestimmen. Die Abstimmung des städtebaulichen Instrumentariums mit den Maßnahmebereichen der Gewerbeflächenpolitik ist sehr unterschiedlich ausgeprägt.

---

1 Vgl. hierzu ausführlich Köster, A., Schmidt, K., Stadtmarketing, in: RaumPlanung Nr. 58, S. 139.

Erkennbar sind Differenzen zwischen Städten und Dörfern in den Verdichtungsräumen, in denen Klarheit darüber besteht, daß die letzten gewerblichen Reserveflächen nur unter bestimmten qualitativen Kriterien vergeben werden dürfen, und solchen in peripheren Räumen, die unter völlig anderen ökologischen und ökonomischen Voraussetzungen planen. Während in Wachstumsregionen Kommunen in der Lage sind, aufgrund der Nachfrage nach Gewerbegrundstükken höhere qualitative Anforderungen durchzusetzen, schrumpft in anderen Regionen die wirtschaftliche Basis und mit diesen ökonomischen Veränderungen in vielen Fällen die Bereitschaft, städtebaulich anspruchsvolle Ziele bei der Ausweisung neuer Gewerbegebiete auch durchzusetzen.

2.1 Planerische Probleme

Häufig fehlen auf der kommunalen Ebene ausreichende Informationen über die quantitativen und qualitativen Größen des Bedarfs und der Nachfrage nach gewerblichen Bauflächen. Planungsrechtlich gesichert und erschlossen ist in der Regel nur ein Teil der in den Flächennutzungsplänen dargestellten gewerblichen Bauflächen. Die tatsächliche Verfügbarkeit ist eingeschränkt durch Eigeninteressen der Grundstückseigentümer, durch technische Beschränkungen, infrastrukturelle Defizite oder durch Widerstände der Bevölkerung gegen die Besiedlung von Flächen.

Um jedoch Betrieben längerfristige Investitionssicherheit geben zu können, müssen auf der Basis von detaillierten Untersuchungen Bebauungspläne aufgestellt werden, die nicht durch ad-hoc-Entscheidungen überflüssig gemacht oder ersetzt werden können. Die Vorbereitungsarbeiten zur Aufstellung planerisch fundierter Konzepte sind zeitaufwendig und kostenintensiv, da Bestandsaufnahmen der vorhandenen und der zukünftig angestrebten Umwelt- und Gestaltqualität notwendig sind, die in einen von der Kommune politisch getragenen und verantworteten Rahmen für die ökologische Bebauungs- und Erschließungsplanung des Gewerbestandortes münden.

Die hierzu erforderliche Vorgehensweise bedarf der medienübergreifenden Auseinandersetzung mit Boden, Wasser, Klima, Luft und landschaftsökologischen Aspekten. Unter diesen Gesichtspunkten kommt innerhalb der komplexen Planvorbereitungsphase der städtebaulichen Rahmenplanung als kommunale Selbstbindung eine besondere Bedeutung zu.

Häufig fehlen in Städten und Dörfern personelle und technische Ressourcen zur Beobachtung und Bewertung des Strukturwandels der gewerblichen Wirtschaft und den damit verbundenen Änderungen der Nachfrage nach Flächengrößen, Flächenqualitäten und Infrastruktureinrichtungen, die für die städtebauliche Planung relevant sind.

Sinnvoll sind in diesem Zusammenhang Gewerbeflächenkataster und Beobachtungssysteme zur Analyse des Gewerbeflächenbedarfs, eine Erfassung der freien

Gewerbeflächen und der Aufbau eines entsprechenden Informationssystems z.B. als Grundstücksdateien.

Unsicherheiten bestehen bei der Abschätzung potentieller Umweltauswirkungen neuer Gewerbegebiete, da in der Praxis häufig bei der Neuausweisung Nutzungsart und Umwelteigenschaft der Betriebe noch nicht bekannt sind. Die produktionsbedingten Emissionspfade, die Gefährdungspotentiale durch die eingesetzten Stoffe und die Umweltinanspruchnahme durch die Produktionsverfahren können noch nicht abgeschätzt werden.

Die Städte und Dörfer sollten sich in diesem Zusammenhang über ihre eigenen Entwicklungsmöglichkeiten Klarheit verschaffen und verstärkt das Potential verwaltungsexterner Einrichtungen und Institutionen nutzen. Die angespannte Haushaltssituation vieler Kommunen und fehlende spezifische Förderprogramme rufen jedoch haushaltstechnische und finanzierungstechnische Probleme hervor, die dazu führen können, daß für notwendige Untersuchungen und externe Vorgaben wenig Mittel zur Verfügung stehen.

2.2 Rechtliche Probleme

Der städtebauliche Bericht der Bundesregierung „Umwelt und Gewerbe in der Städtebaupolitik" stellte bereits 1986 fest, daß Planungsrecht, Umweltrecht und Naturschutzrecht zahlreiche Möglichkeiten bieten, eine menschenwürdige Umwelt zu sichern, dies von den Gemeinden in der Vergangenheit jedoch nicht ausgeschöpft wurde, weil mit der Anwendung der Instrumentarien Unsicherheiten verbunden sind.[2] Diese Beobachtung kann als nach wie vor gültig für den Bereich der Neuausweisung von Gewerbegebieten betrachtet werden, wenn auch mit sehr unterschiedlicher Ausprägung. Zustand und Erscheinungsbild vieler, auch neuerer Gewerbegebiete sprechen jedenfalls für diese Annahme.

Wichtigstes planungsrechtliches Instrument zur Ausweisung neuer Gewerbegebiete ist der Bebauungsplan nach § 9 BauGB mit seinen differenzierten Festsetzungsmöglichkeiten des Abs. 1 Ziff. 1 bis 26. Allerdings ist es schwierig, allein mit den Festsetzungen eines Bebauungsplans städtebaulich erwünschte Planungskonzepte durchzusetzen, ohne daß ergänzende Instrumente herangezogen werden. Dazu gehören weitere kommunale Satzungen nach Bundes- und Landesrecht, privatrechtliche Vereinbarungen oder weiche „Instrumente", wie Gestaltungshandbücher und Bauberatung, mit denen auch Inhalte definiert und umgesetzt werden können, die nicht Regelungsgegenstand der Bauleitplanung sind. Teilweise laufen jedoch auch diese Ansätze ins Leere, wenn von den Gemeinden z.B. keine aktive Bodenvorratspolitik betrieben wird, die die Anwen-

2 Vgl. hierzu Bundesminister für Raumordnung, Bauwesen und Städtebau (Hrsg.): Städtebaulicher Bericht Umwelt und Gewerbe in der Städtebaupolitik, Bonn 1986, S.21.

dung zivilrechtlicher Verträge zuläßt, um Bauherren zu verpflichten, Vorhaben entsprechend kommunalen Zielsetzungen zu gestalten.

Baugenehmigungen in Gewerbegebieten werden häufig auf der Grundlage älterer Bebauungspläne erteilt, bei denen im Rahmen der Abwägung ökologische und gestalterische Kriterien anders gewichtet worden sind. Änderungsverfahren für bestehende Gewerbegebiete sind selten, da die Gemeinden häufig langwierige „nachträgliche" Verfahren scheuen oder Entschädigungsforderungen fürchten. Neue Instrumente wie die städtebauliche Entwicklungsmaßnahme nach § 165 ff. BauGB sind noch wenig eingeübt und stoßen kommunalpolitisch häufig auf Widerstand, so daß aus der gemeindlichen Praxis verstärkt Arbeitshilfen oder Leitfäden zu dieser Themenstellung gefordert werden.

Als weiteres planungsrechtliches Instrument zur Aufschließung neuer Gewerbegebiete steht seit 1993 der Vorhaben- und Erschließungsplan zur Verfügung.

Die Satzung über den Vorhaben- und Erschließungsplan regelt die Zulässigkeit von Bauvorhaben in ihrem Geltungsbereich planungsrechtlich abschließend, wobei sie nur erlassen werden darf, um neues Baurecht zu schaffen, also Vorhaben zuzulassen, die nach der zuvor bestehenden Rechtslage nicht zulässig wären. Die Satzung darf nur erlassen werden, wenn ein Vorhabenträger zur Durchführung des Vorhabens bereit und in der Lage ist und sich zur Durchführung innerhalb einer bestimmten Frist und zur gänzlichen oder teilweisen Übernahme der Planungs- und Erschließungskosten verpflichtet.[3]

Die Anforderungen an den Vorhaben- und Erschließungsplan entsprechen im wesentlichen denjenigen an einen Bebauungsplan. Dies betrifft insbesondere den Erforderlichkeitsgrundsatz, das landesplanerische Anpassungsgebot, das Abwägungsgebot sowie das Entwicklungsgebot. Während die Bebauungsplanung üblicherweise Angebotsplanung ist, liegt die Besonderheit des Vorhaben- und Erschließungsplans in seiner Realisierungsabhängigkeit.[4] Der Vorhabenträger übernimmt die Verpflichtung zur Durchführung des Vorhabens. Er muß also Rechts- und Pflichtensubjekt sein können, was für natürliche und juristische Personen (z.B. GmbH, AG) unproblematisch ist. Vorhabenträger kann aber auch eine juristische Person des Privatrechts sein, die ganz oder teilweise im Eigentum einer Körperschaft des öffentlichen Rechts, etwa eines Landes oder eines Kreises, aber auch einer Gemeinde steht. Eine Körperschaft des öffentlichen Rechts kommt ebenfalls in Betracht. Höchst zweifelhaft ist hingegen, ob auch die jeweilige Gemeinde selbst Vorhabenträger sein kann.[5]

Der Vorhaben- und Erschließungsplan – 1990 durch § 55 BauZVO in der damaligen DDR eingeführt – wurde durch § 246a Abs. 1 Satz 1 Nr. 6 BauGB für

---

3 Vgl. Jäde, H., Vorhabens- und Erschließungsplan, Kronach, München, Bonn 1993, S. 13.

4 Vgl. Jäde, H., Vorhabens- und Erschließungsplan, Kronach, München, Bonn 1993, S. 14.

5 Pietzcker, J., Der Vorhaben- und Erschließungsplan (Kommunalrecht –Kommunalverwaltung; Bd. 12), Baden-Baden 1993, S. 19.

das Beitrittsgebiet des Einigungsvertrags fortgeschrieben und ist durch das Investitionserleichterungs- und Wohnbaulandgesetz in § 7 BauGB-MaßnahmenG für das gesamte Bundesgebiet übernommen worden.

In den neuen Ländern spielt der Vorhaben- und Erschließungsplan eine wichtige Rolle bei der Ausweisung neuer Gewerbegebiete.[6] Für die Kernstädte gilt dies zwar weniger, aber in den Kommunen verdichteter, hochverdichteter und ländlicher Kreise beträgt der prozentuale Anteil der mittels Vorhaben- und Erschließungsplan erschlossenen Gewerbegebiete bis zu 36 % der insgesamt in förmlichen Planungsverfahren rechtlich gesicherten Gewerbegebiete.

Da der Vorhaben- und Erschließungsplan jedoch vom Grundsatz her auf Einzelvorhaben zugeschnitten ist, kommt er bei der Ausweisung größerer, komplexer Gewerbegebiete als Instrument nur in Frage, wenn ein Gewerbegebiet als Gesamtvorhaben von einem Vorhabenträger als wirtschaftlich-funktionale Einheit als Ganzes geplant, gebaut und finanziert wird.[7]

Der Vorhaben- und Erschließungsplan kann sich bei klar begrenzten und überschaubaren Vorhaben eines bestimmten Investors, die kurzfristig realisiert werden sollen, anbieten. Bei komplexen, langwierigen städtebaulichen Planungen gehen seine Vorteile verloren.[8]

Inwieweit der Vorhaben- und Erschließungsplan ein praktikables Instrument ökologischer Gewerbegebietsplanung sein kann, ist noch offen. Grundsätzlich ist dies wohl möglich, wenn ein Gewerbegebiet als funktionale Einheit von einem Vorhabenträger realisiert werden soll. Keine Erfahrungen liegen zu den denkbaren Fallkonstruktionen vor, in denen ein Vorhaben- und Erschließungsplan einen rechtskräftigen Bebauungsplan aufheben oder ändern soll oder auf der Basis eines städtebaulichen Rahmenplans Baurecht für ein Gewerbegebiet mit Hilfe eines Vorhaben- und Erschließungsplans angestrebt wird. Insbesondere im letzten Fall dürfte es schwer fallen, den Vorhabenträger zur Einhaltung eines kommunal gewünschten städtebaulichen Konzeptes zu verpflichten.

2.3 Institutionelle Probleme

Innerhalb der Kommunalverwaltungen bestehen häufig Organisations- und Koordinationsprobleme bei den vorbereitenden Arbeiten im Zuge der Ausweisung neuer Gewerbegebiete. Dabei ist vielfach erforderlich, etablierte Zuständigkeiten zu ändern, um verwaltungsintern bestehende konkurrierende Nutzungsvorstellungen unterschiedlicher Fachämter zu einem Interessenausgleich führen zu können.

---

6 Vgl. hierzu Difu, Kommunale Wirtschaftsförderung in Ostdeutschland – Kurzauswertung der Difu-Umfrage, Berlin 1994, S. 22–25.

7 Vgl. hierzu Jäde, H., Vorhabens- und Erschließungsplan, Kronach, München, Bonn 1993, S. 20.

8 Vgl. hierzu Menzel, P., Deutsch, M., Krautter, H., Das Praxishandbuch der Bauleitplanung, Kissing 1995, Teil 7/2, S. 3.

Neben diesem verwaltungsinternen Interessenausgleich sind komplexe Aushandlungsprozesse auf politischer Ebene und in der Öffentlichkeit erforderlich, um Akzeptanz zur Frage des „Ob" und des „Wie" zur Ausweisung neuer Gewerbegebiete zu erreichen.

In diesem Zusammenhang sind an die Bereitschaft und Fähigkeit der Verwaltungen, Informationen und Gutachten – auch aus dem Wissenschaftsbereich – einzuholen und zu nutzen, hohe Anforderungen gestellt.[9] Angesichts wachsender Haushaltsprobleme vieler Städte und Dörfer bestehen jedoch Tendenzen, über Normalanforderungen hinausreichende Planungen, die in der Planvorbereitungsphase finanziellen Mehraufwand verursachen können, zu reduzieren. Darüber hinaus bestehen Vollzugsprobleme bei der planungskonformen Umsetzung von Bauvorhaben in neuen Gewerbegebieten, die mit fehlenden Verwaltungskapazitäten erklärt werden können.

Aus ökonomischen und politischen Gründen sind andererseits die Gemeinden häufig bereit, die Ansprüche an ökologische oder gestalterische Kriterien zu reduzieren, um Konflikten mit ansiedlungswilligen Betrieben aus dem Weg zu gehen. In vielen Fällen trägt hierzu die bestehende Konkurrenzsituation der Gemeinden um Gewerbebetriebe bei, die mit Erwartungen an Gewerbesteuereinnahmen als wichtige originäre kommunale Einnahmequelle verbunden ist.[10]

3 Offene Fragen

Aus den vorgenannten Hypothesen zum Handlungsbedarf, den Praxisproblemen und den Anmerkungen zu den Erkenntnis- und Umsetzungsdefiziten lassen sich die wesentlichen offenen Fragen der ökologischen Planung von Gewerbegebieten auflisten. Grundsätzliche offene Fragen folgen aus der Aufgabenstellung, Städtebau und wirtschaftsfördernde Maßnahmen stärker aufeinander abzustimmen, um gewerbliche Standorte sichern und entwickeln zu können.

---

9 Vgl. hierzu Jaedicke, W., Kern, K., Wollmann, H., Kommunale Aktionsverwaltung in Stadterneuerung und Umweltschutz, Köln 1990, S. 21.

10 Vgl. hierzu Staender, L., Nordalm, V., Pro Gewerbe – Contra Wohnen, Zur Frage der Nutzungskonkurrenzen in der kommunalen Bodenpolitik, in: Grundstücksmarkt und Grundstückswert, Heft 4, Juli 1992, S. 181 ff. Hier wird unter anderem dargelegt, daß die Ansiedlung von Gewerbebetrieben nicht automatisch zu einer verbesserten Einnahmesituation der Gemeinden führt. Als optimal zur Sicherung kommunaler Einnahmequellen wird eine Mischstrategie betrachtet, die koordiniert mit Arbeitsplatzausweitung die Bindung von Einwohnern durch Ausweisung von Wohnbauland verfolgt. Die Zuordnung von Wohnen und Arbeiten mit dem Ziel ressourcenschonenden Städtebaus (z. B. Vermeidung von Verkehr) wird als Aufgabe dargestellt, die im Rahmen dieser koordinierten Strategie lösbar erscheint. Nach Auffassung der Autoren ist die Harmonisierung der vorhandenen Flächenansprüche das Gebot der Stunde, wobei die Einbindung der ökologischen Komponente in diesen Prozeß politisch den größeren Sprengstoff beinhalten wird.

Für die ökologische Gewerbegebietsplanung sind folgende offene Fragen von besonderer Bedeutung:

- Reichen die bestehenden städtebaulichen Regelungen aus, um Gewerbegebiete mit ökologischen und gestalterischen Ansprüchen planen und realisieren zu können? Stehen dem bestimmte Regelungen entgegen und besteht Ergänzungs-, Veränderungs- oder Nachbesserungsbedarf am städtebaulichen Instrumentarium?
- Reichen die vorhandenen Regelungen des städtebaulichen Instrumentariums zur Planung und Realisierung anspruchsvoller Gewerbegebiete aus bzw. kann ihre Effektivität verbessert werden, wenn bei ihrer Anwendung neue Organisations- und Trägerformen, wie z.B. interkommunale Kooperationen oder partnerschaftliche Kooperationen zwischen öffentlichen und privaten Trägern, zum Einsatz kommen?
- Welche Finanzmittel übergeordneter Programme werden bei der Umsetzung der Maßnahmen für welche Ziele eingesetzt und auf welche Weise werden sie innerhalb der jeweiligen Konzepte koordiniert? Ergänzen sie sich dabei oder schließen sie sich gegenseitig aus?
- Auf welche Weise werden die Betroffenen bzw. Adressaten an Konzeption und Umsetzung der Projekte beteiligt und welche Instrumente werden eingesetzt, um sowohl die Mitwirkungsbereitschaft privater Maßnahmenträger zu erzeugen bzw. zu erhöhen als auch ihre Einordnung in übergeordnete städtebauliche Zielsetzungen zu erreichen?
- Welche Instrumente und Organisationsformen sind geeignet sind, eine Abstimmung und Kooperation privater und öffentlicher Maßnahmenträger zu erreichen?

Die zentralen Fragestellungen an die Praxisfälle lauten:

- Welchen Beitrag können städtebauliche Maßnahmen zur wirtschaftlichen Entwicklung leisten und wo müssen diese Maßnahmen ansetzen?
- Inwieweit ist es möglich, mit städtebaulichen Maßnahmen die wirtschaftliche Entwicklung auf bestimmte Standorte zu lenken?
- Welche unterschiedlichen Schwerpunkte und Kombinationen beim Einsatz städtebaulicher Mittel und Instrumente müssen unter den verschiedenen Situationen der Schrumpfung, der Bestandssicherung und der Expansion gesetzt werden?
- Inwieweit kann mit städtebaulichen Maßnahmen der „geordnete Rückzug" des Gewerbes unterstützt werden?
- Welches sind die zentralen Engpässe bei der Umsetzung städtebaulicher Konzepte im Bereich der gewerblichen Wirtschaft?
- Inwieweit lassen sich Strategien, Instrumente und Organisationsformen aus anderen Tätigkeitsfeldern des Städtebaus auf den Problembereich „Städtebau und Wirtschaft" übertragen?
- Inwieweit besteht Bereitschaft bei den Adressaten bzw. Betroffenen, sich an der Realisierung städtebaulicher Maßnamen zu beteiligen (Mitwirkungsbereitschaft)?

– Inwieweit sind zur Problemlösung neue Organisationsformen – sowohl innerhalb der Verwaltungsorganisation als auch durch Zusammenarbeit mit privaten Akteuren – notwendig (Formen des Zusammenwirkens)?

Die Erkenntnisse aus den fünf Praxisfällen werden im folgenden auf der Grundlage der bis Ende 1994 vorliegenden Aussagen der beteiligten Gemeinden querschnitthaft ausgewertet, beurteilt und dargelegt. In Verbindung mit ergänzenden Aussagen aus der relevanten Fachliteratur und sonstigen Fallstudien werden, soweit möglich, Handlungshinweise formuliert.

Neben den allgemeinen Forschungsleitfragen können mit Hilfe der unterschiedlich strukturierten Praxisfälle spezifische Fragestellungen untersucht werden, wobei grundsätzlich zwischen Vorhaben in der Planungsphase (Erlangen/Fürth/Nürnberg, Herford, Mainz) und Vorhaben in der Realisierungsphase (Neutraubling, Rheinfelden) unterschieden wurde.

Die Vorhaben der Planungsphase stellen vor der Ausweisung eines oder mehrerer neuer Gewerbegebiete eine umfangreiche, auf ökologischen Entwicklungsgrundsätzen aufbauende Planungsleistung in den Vordergrund. Neben Betrachtungen des gesamtstädtischen Standortgefüges sowie mehr oder minder dichten Bestandsaufnahmen der örtlichen Situation ist die Erarbeitung flächensparender und umweltschonender Konzepte Schwerpunktthema. Allen Praxisfällen aus der Planungsphase ist gemeinsam, daß sie aufgrund des langen Planungsbedarfs im vorgegebenen Beobachtungszeitraum nicht oder nur in geringem Umfang in eine Umsetzung und „Testphase" eintreten könnten.

Die Vorhaben der Realisierungsphase bieten zum Ausgangszeitpunkt zumindest in Ansätzen fertige Gebietsentwicklungskonzepte an. Die baurechtliche, finanzielle, organisatorische und investive Umsetzung wird hieran angeschlossen. Den Vorhaben dieser Phase ist gemeinsam, daß innerhalb des vorgegebenen Beobachtungszeitraumes im Sinne einer echten „Erfolgskontrolle" die Steuerungswirkung der vorgegebenen Planung überprüfbar war.

Die verschiedenen Vorhaben decken in ihrer Gesamtheit alle Schritte der Planung und Umsetzung „ökologischer Gewerbegebietsplanung" ab, auch wenn kein Praxisfall während der Laufzeit der Beobachtung einen kompletten Handlungsansatz – von der Standortfindung bis zur Bauphase – beinhaltet.

V Erkenntnisse aus Forschung und Praxisfällen

1 Inhaltlicher Anspruch der Praxisfälle

Wie bereits dargelegt, unterscheiden sich die Vorhaben im wesentlichen hinsichtlich des Umsetzungsstands. Während es sich bei den Vorhaben Erlangen/Fürth/Nürnberg, Herford und Mainz um Projekte in der Planungsphase handelt, deren inhaltliches Schwergewicht auf der Grundlagenermittlung zur Standortfindung, den Gesichtspunkten der Standortempfindlichkeiten, der Eignung für bestimmte gewerbliche Nutzergruppen und den Ausgleichsmaßnahmen sowie den organisatorischen Belangen liegt, sind die Projekte der Realisierungsphase, also Neutraubling und Rheinfelden, bereits in den baulichen Umsetzungsprozeß eingetreten. Deren inhaltlicher Anspruch unterscheidet sich insofern erheblich von den zuvor genannten Projekten.

Sowohl beim gemeinsamen Gewerbepark im fränkischen Städtedreieck Erlangen-Fürth-Nürnberg als auch beim ökologischen Wirtschaftspark Mainz-Süd wird der Gedanke verfolgt, daß gewerbliche Bauflächen aufgrund der meist erheblichen Umweltauswirkungen nur noch auf der Grundlage weitreichender Voruntersuchungen ausgewiesen werden können. Dem Gesichtspunkt der Standortfindung, bei dem unterschiedliche Einzelgesichtspunkte zu berücksichtigen sind, wird besondere Bedeutung beigemessen. Auf einer breiten Datenbasis werden anschließend Restriktionen formuliert und besonders empfindliche Bereiche für eine Besiedlung ausgeschlossen. Für die verbleibenden Gebiete werden strenge – städtebauliche und ökologische – Anforderungen formuliert. Darüber hinaus werden notwendige Ausgleichsmaßnahmen in qualitativer und quantitativer Hinsicht festgestellt und von Anfang an in die planerischen Überlegungen einbezogen.

Die Herforder Vorgehensweise beinhaltet zwar Elemente, die auch in den anderen Praxisfällen untersucht wurden oder zur Planungsmethodik gehörten, sie entwickelt jedoch andererseits einen eigenständigen Lösungsansatz zur umweltgerechten und flächensparenden Erschließung und Gestaltung eines neuen Gewerbegebietes.

Die Frage der generellen Standortfindung spielt in Herford keine Rolle, da das Planungsgebiet, das zur Zeit im wesentlichen landwirtschaftlich, teilweise aber bereits industriell-gewerblich genutzt wird, im Flächennutzungsplan als gewerbliche Baufläche dargestellt ist und das letzte großflächig zusammenhängende Gewerbepotential der Stadt darstellt. Die stadtplanerischen, ökologischen und ökonomischen Anforderungen an die Betriebe, die diese letzten räumlichen Reserven der Stadt in Anspruch nehmen, werden qualitativ hoch angesiedelt, um eine möglichst große Anzahl von Arbeitsplätzen zu sichern und Betriebe anzusiedeln, die umweltschonende Betriebsweisen praktizieren und umweltverträgliche Produkte herstellen. Grundsätzliche Strategieüberlegungen zur kommunalen Wirtschaftsförderung sind damit Bestandteil des Projektes.

Die Lücke zwischen bereits definiertem Standort und dem Anforderungsprofil an die anzusiedelnden Betriebe soll durch die „Technologieabfolgenabschätzung“ und die Formulierung von „Umweltqualitätszielen“ der Stadt Herford geschlossen werden. Die Grundlagenermittlung – Entwicklung stadtökologischer Kriterien, Berücksichtigung der naturräumlichen Potentiale – beschränkt sich demgemäß auf die vorhandenen Flächen und deren Umgebung.

In Neutraubling und Rheinfelden ist der inhaltliche Anspruch pragmatischer. Da es sich in beiden Fällen um teilweise bereits gewerblich genutzte Flächen handelt und aktueller Ansiedlungsdruck besteht, zielen beide Vorhaben auf eine positive Beeinflussung des laufenden Planungs- und Bauprozesses und auf Nachbesserungen des Bestandes sowie eine Aufbereitung der in der Vergangenheit eingetretenen Fehlentwicklungen, um positive Impulse zur weiteren gewerblichen Entwicklung geben zu können.

Die Grundlagenermittlungen sind in beiden Fällen auf die vorhandenen Flächen und die unmittelbare Umgebung beschränkt, da der Gesichtspunkt der Standortfindung keine Rolle mehr spielt. In Rheinfelden ist ein mehrstufiges Verfahren geplant, wobei das eigentliche Planungs- und Handlungskonzept auf der Grundlage einer Stärke-Schwächen-Analyse abgeschlossener und derzeit in der Umsetzung befindlicher gewerblicher Vorhaben aufbaut. Der Neutraublinger Ansatz ist von seiner Grundkonzeption her ähnlich. Schwerpunkt ist eine Beratungsstrategie, die auf Einzelgespräche aufbauend alle potentiellen Investoren und Bauwilligen auf freiwilliger Basis zu einer qualitativ hochwertigen Ausführung ihrer Vorhaben bewegen soll.

Mit Hilfe einer Querschnittsauswertung der fünf Praxisfälle erfolgt in den anschließenden Kapiteln eine vergleichende Beschreibung der für eine ökologische Gewerbegebietsplanung relevanten Sachthemen. Ihre Inhalte und Strukturen variieren mit den Projektschwerpunkten in den Vorhaben und sind daher jeweils vorhabensspezifisch.

2 Planerische Umsetzung

Die planerische Umsetzung der Zielsetzungen der fünf Praxisfälle ist schon deshalb sehr unterschiedlich, weil es sich um drei Projekte innerhalb der Planungsphase und um zwei der Realisierungsphase handelt. Während die Schwerpunkte beim gemeinsamen Gewerbepark der Städte Erlangen, Fürth und Nürnberg, dem

Gewerbepark Heidsiek in Herford und dem ökologischen Gewerbepark Mainz-Süd in der Projektvorbereitung und der Projektplanung liegen, steht in den Gewerbegebieten von Neutraubling und Rheinfelden die bauliche Realisierung der Planung deutlich im Vordergrund. Die planerische Umsetzung bezieht sich daher in diesen beiden Vorhaben vornehmlich auf die Anwendung von Rechtsinstrumenten, wie z.B. der Bebauungsplanung und ergänzender Verfahren und Regelungen, weniger auf planungssystematische Überlegungen.

In den drei Vorhaben der Planungsphase stehen dagegen Grundlagenuntersuchungen und vorbereitete Arbeitsschritte im Vordergrund. Rechtsverbindliche Festsetzungen sowie die Ausarbeitung ausführungsreifer Pläne schließen allerdings unmittelbar an oder sind durch Grundsatzbeschlüsse bereits in die Wege geleitet worden.

2.1 Planungsmethodik

In den Vorhaben der Planungsphase wurden sehr umfassende planungsmethodisch komplexe Vorgehensweisen gewählt, die die Entscheidung über eine Ausweisung neuer Gewerbegebiete auf einer breiten Erkenntnisbasis absichern sollen.

In einem schrittweisen Prozeß der Grundlagenermittlung werden zunächst die Voraussetzungen für die geplante Erschließung und Aufsiedlung von Gewerbeflächen überprüft, Empfindlichkeiten der Flächen näher untersucht und Ausgleichsmöglichkeiten für die entstehenden Eingriffe in Natur und Landschaft analysiert. Auf der Grundlage von Standortuntersuchungen oder von Verfahren zur Abschätzung der Umweltgefährdungen bestimmter Produktionsverfahren wird die eigentliche Planung der Gewerbeparks sowie der notwendigen Ausgleichsflächen betrieben. Ziel dieser Vorgehensweise ist es, die verschiedenen Fachplanungen so zu optimieren, daß die unvermeidbaren negativen Auswirkungen der Vorhaben auf ein Mindestmaß beschränkt und durch entsprechende Maßnahmen an anderer Stelle zumindest kompensiert werden können. Nach Möglichkeit soll in der Summe sogar ein „ökologischer Nettogewinn" entstehen. Hierzu werden neben den Ausgleichsflächen, die in der Regel außerhalb der Gewerbeflächen liegen, auch Maßnahmenpakete innerhalb der Baugebiete durchgeführt.

Die planungsmethodischen Ansätze umfassen dabei sowohl die Grundlagenarbeit und die Untersuchung möglicher Rechtsinstrumentarien als auch Detailplanung von Erschließungsanlagen, Ver- und Entsorgungseinrichtungen und die Gestaltungsanforderungen an einzelne Bauwerke.

In den Vorhaben der Realisierungsphase ist der methodische Ansatz weniger komplex. Da es sich hierbei um Projekte handelt, die, auf bereits erschlossenen und teilweise besiedelten Arealen aufbauend, die Steuerung einer schon angelaufenen Entwicklung beabsichtigen, werden verschiedene Arbeitsschritte im Rahmen der Grundlagenermittlung nicht durchgeführt. So sind beispielsweise keine Untersuchungen hinsichtlich der Standorteignung, der Umweltempfindlichkeit der Gebiete in größerem räumlichen Zusammenhang oder der Ausgleichsmöglichkeiten außerhalb der Bauflächen vorgesehen.

Der planungsmethodische Ansatz geht von den durch die vorhandenen gewerblich-industriellen Flächen geschaffenen Zwangspunkten aus und konzentriert sich im wesentlichen auf die sich im Zuge der Konkretisierung der Bauvorhaben ergebenden Einflußmöglichkeiten in planerischer und rechtlicher Hinsicht.

Durch intensive Beratungs- und Aufklärungsarbeit soll „Bewußtsein geschaffen“ und ein positives Klima zwischen den Kommunen und Planern einerseits und den Bauträgern und Investoren andererseits hergestellt werden. Während der Neutraublinger Ansatz vornehmlich auf dem Freiwilligkeitsprinzip beruht und Bauberatung in den Vordergrund stellt, sind in Rheinfelden privatrechtliche Vereinbarungen über die Gestaltung der Flächen und Gebäude Kern des Vorgehens. Im Falle einer Nicht-Beachtung der getroffenen Vereinbarungen wird eine Rückveräußerungsklausel wirksam, um der Stadt auch in Zukunft Einflußmöglichkeiten in bezug auf die Gestaltung des Gebiets zu sichern.

Vergleicht man die planungsmethodische Herangehensweise in den Praxisfällen, so zeigt sich eine weitgehende Analogie der beiden Projekte in Erlangen/Fürth/Nürnberg und Mainz, die von der Standortfindung bis hin zur Bauausführung reicht.

Das Vorhaben Herford erweitert die planungsmethodische Herangehensweise um die Erarbeitung von Entscheidungskriterien für die Betriebsauswahl im Rahmen der kommunalen Gewerbegebietsplanung. Der methodische Ansatz der Vorhaben aus der Realisierungsphase ist pragmatischer und konzentriert sich vornehmlich auf die positive Beeinflussung des laufenden Besiedlungsprozesses. Beide Projekte sehen jedoch vor, auf der Grundlage einer kritischen Beobachtung der momentanen Entwicklung Rückschlüsse für geplante weitere Bauabschnitte zu ziehen und eventuelle Fehlentwicklungen durch eine Modifizierung der Planungsmethodik in Zukunft zu vermeiden.

2.2 Grundlagenarbeit

In bezug auf die wesentlichen Inhalte der Grundlagenermittlung kann kein Muster-Untersuchungsraster empfohlen werden, da es „das neue Gewerbegebiet“ nicht gibt. Auswahl und Eignung der Bestandteile der Grundlagenarbeit hängen vielmehr von den konkreten Voraussetzungen des Einzelfalls ab. Aufgrund des phänomenologischen Charakters der Planung von Gewerbegebieten läßt sich ein einheitliches Leitbild für Methoden, Verfahren und Inhalte der Grundlagenarbeit zwar nur mit Einschränkungen umschreiben; im folgenden sollen jedoch Hinweise dazu gegeben werden.

Der Umfang der Grundlagenarbeit hängt zunächst davon ab, ob es sich bei den Projekten um Vorhaben der Planungs- oder Realisierungsphase in Sinne von Planungen auf der „grünen Wiese“ oder von Bestandsüberplanungen handelt. Im

Falle der Neuplanung sind andere – weitergehende – Grundlagenermittlungen notwendig – und möglich – als im Falle der Beeinflussung laufender Besiedlungsprozesse auf bereits festgesetzten Flächen. Darüber hinaus werden Umfang und Methodik der Grundlagenarbeit von der vorhandenen Datenlage auf kommunaler Ebene beeinflußt, so daß die jeweilige örtliche Ausgangssituation zu großen Unterschieden führt.

Weiterhin bestimmen die naturräumlichen Gegebenheiten, die stadtstrukturellen Voraussetzungen und die mit der Ausweisung neuer Gewerbegebiete verbundenen ökonomischen Zielsetzungen den Rahmen der notwendigen Grundlagenarbeit.

Hauptsächlich in den Projekten der Planungsphase werden weitreichende Untersuchungen initiiert, um langfristig tragfähige Konzepte für die neuen Gewerbegebiete ableiten zu können. In der Summe beschäftigen sich die Grundlagenarbeiten dabei mit

- den ökonomischen Rahmenbedingungen und dem Versuch, kommunal umsetzbare Ziele aus gesamtwirtschaftlichen Gegebenheiten abzuleiten,
- den qualifizierten Anforderungen an neue Gewerbegebiete und der Bedeutung der „weichen“ Standortfaktoren vor allem auf der Ebene des Mikrostandortes,
- der Ermittlung des Gewerbeflächenbedarfs,
- der Untersuchung potentiell geeigneter gewerblicher Standorte und den planerischen Konsequenzen bei einer endgültigen Gebietsabgrenzung,
- den Rechtsinstrumentarien, Förderungsinstrumentarien und den Instrumenten zur Durchsetzung ökologischer Anforderungen,
- den Formen der Gewerbeansiedlung, wobei verschiedene Parkkonzepte im Vordergrund stehen,
- den ökologischen und optischen Anforderungen an die neuen Gewerbegebiete auf rechtlich verbindlicher oder informeller Planungsebene,
- den Trägerschafts- und Organisationsformen im Zuge der Realisierungsphase.

Abhängig von den spezifischen kommunalen Problemstellungen setzen die Praxisfälle bei bestimmten Instrumenten der Grundlagenermittlung Schwerpunkte während der Projektlaufzeit. Kein Vorhaben umfaßt in diesem Zeitraum alle genannten Untersuchungsebenen. Das Spektrum der Grundlagenermittlung ist breit gefächert.

Im Rahmen der Gewerbegebietsausweisung zielen die Vorhaben aus der Planungsphase auf einen möglichst schonenden Umgang mit allen Ressourcen. Dies bezieht sich sowohl auf flächensparende Konzepte als auch auf Rohstoff- und Energieeinsparungsmaßnahmen und auf die Vermeidung von Schadstoffeinträgen. Obwohl die Vorhaben im Detail unterschiedliche Herangehensweisen zeigen, läßt sich feststellen, daß intensive Grundlagenarbeit als Voraussetzung zur Ausweisung neuer Gewerbegebiete im Vordergrund steht. Unter anderem soll sichergestellt werden, daß die Maßnahmen keine Verschlechterung der Umweltsituation bewirken, sondern neue, umweltverträgliche und zukunftssichere Arbeitsplätze schaffen. Die wichtigsten Elemente der Grundlagenarbeit betreffen Fragen der Standorteignung und der Konsequenzen für Teilflächen des Untersuchungsraumes.

Da in den Projekten der Realisierungsphase keine grundsätzlichen Standortfragen angeschnitten werden, liegen die Untersuchungsschwerpunkte dort vor allem auf der Definition der optischen Anforderungen bei Ansiedlungen, den dafür notwendigen Durchsetzungsinstrumentarien sowie verbesserten Organisationsformen der Wirtschaftsförderung.

2.2.1 Ökonomische Rahmenbedingungen

Um verwertbare Erkenntnisse über zukunftsorientierte Gesamtkonzepte zur Stärkung der wirtschaftlichen Entwicklung der Städte zu erhalten und mit Hilfe attraktiver Gestaltungs- und Organisationskonzepte eine ausreichende Flexibilität der Planungskonzepte zu sichern und die Anpassungsfähigkeit der Gesamtkonzeption im Falle von Bedarfsänderungen zu gewährleisten, setzen sich die Vorhaben in unterschiedlicher Intensität mit den jeweiligen ökonomischen Rahmenbedingungen auseinander. Vor allem in den Projekten der Planungsphase verfügen die Gemeinden bereits über ökonomische Grundlagendaten in Form von wirtschaftswissenschaftlichen Vorgutachten oder kommunalen Wirtschaftsprogrammen und strategischen Grundsätzen, deren Aussagen aufgegriffen und in die jeweiligen Vorhaben integriert werden. Die Intensität der Auseinandersetzung mit wirtschaftsstrukturellen Fragen ist in den Praxisfällen ebenso unterschiedlich wie die daraus gezogenen Schlüsse bezüglich des zukünftigen Branchenmixes in den neuen Gewerbegebieten.

In den Vorhaben der Planungsphase werden teilweise als Projektbestandteile wirtschaftliche Rahmenkonzepte erarbeitet, die konkrete Nutzungskonzepte für Teilflächen einschließen und auf der Grundlage von Dichtewerten realistische Annahmen über das Nachfragepotential treffen sollen.

In den Vorhaben der Realisierungsphase ist die Untersuchung der ökonomischen Rahmenbedingungen nicht so weitgehend wie bei den Projekten der Planungsphase. Während in einem Fall die Gemeinde, wohl wegen des bestehenden Ansiedlungsdrucks, auf die im Bewilligungsbescheid vorgesehene Marktanalyse verzichtete, wird im anderen Beispiel versucht, aus Stärke-Schwäche-Analysen des laufenden Ansiedlungsprozesses detailliertere Zielkonzeptionen für die weitere Akquisition abzuleiten.

2.2.2 Qualitative Anforderungen an Gewerbestandorte

Sowohl die Vorhaben der Planungsphase als auch der Realisierungsphase versuchen, im Rahmen der Grundlagenermittlung, Erkenntnisse zur Verbesserung der „weichen" Standortfaktoren auf der Ebene des Mikrostandortes zu gewinnen und die kommunalen Einflußmöglichkeiten auf diesem Sektor entsprechend auszuloten. Das Spektrum der Untersuchungsaspekte umfaßt dabei insbesondere Anforderungen bezüglich der Gestaltung der Gewerbegebiete und der einzelnen Gebäude, der Grünplanung sowie der Attraktivität des Arbeitsumfeldes und des Aufbaus von produktions- und beschäftigtenorientierter Infrastruktur. Ökologische Aspekte der Gewerbegebietsplanung sollen im weiteren Umsetzungsprozeß von den Vorhaben der Planungsphase bewußt als Bestandteil von Akquisitions- und Marketingstrategien eingesetzt werden. In einzelnen Vorhaben werden im Projektfortgang Gutachterverfahren oder städtebauliche Wettbewerbe durchgeführt, die weitere Vertiefungen oder Präzisierungen liefern sollen und zugleich als Instrument der Öffentlichkeitsarbeit dienen. Ein Beispiel hierfür ist der städtebauliche Ideenwettbewerb „Neue Mitte" Technologiepark Erlangen-Fürth-Nürnberg, der im Juli 1994 abgeschlossen wurde.

Die „harten" Standortfaktoren spielen insbesondere bei den Vorhaben der Planungsphase insoweit eine Rolle, als die Gemeinden im Rahmen von Grundlagenermittlungen die Aspekte der Leistungsfähigkeit von Verkehrsanschlüssen und sonstigen Infrastruktureinrichtungen untersuchen.

2.2.3 Methoden zur Ermittlung des Gewerbeflächenbedarfs

Als Bestandteil des Forschungsvorhabens werden Ermittlungen des Gewerbeflächenbedarfs nur in einem Praxisfall durchgeführt. Grundlage der Bedarfsermittlung ist die Methodik der Gewerbeflächenbedarfsermittlung in der ILS-Version.[1] In verschiedenen Varianten werden die fixen Determinantenwerte des ILS-Modells den spezifischen Bedingungen der Region angepaßt. Die Rechenergebnisse werden als Grundlagen in der weiteren Umsetzung zugrunde gelegt und dienen planungsmethodisch als Instrument zum Nachweis des erhöhten Bedarfs an hochwertigen Gewerbeflächen.

In den anderen Vorhaben der Planungsphase werden keine expliziten Verfahren zur Flächenbedarfsermittlung durchgeführt. Die Gemeinden stützen sich in diesen Fällen auf bereits vorliegende Untersuchungen und Planungen, in denen die Notwendigkeit zur Ausweisung weiterer Gewerbegebiete nachgewiesen wird (Gewerbeflächenentwicklungsplanung).

In den Vorhaben der Realisierungsphase wurden die bereits bestehenden Gewerbegebiete ohne Flächenbedarfsermittlungen ausgewiesen. Zur Neukonzipierung einer Wirtschaftsförderungsstrategie wird in einem dieser Vorhaben versucht, umfassendere Datengrundlagen im gewerblichen Bereich zu schaffen. Hierzu werden aktuelle Betriebsbefragungen auf regionaler und örtlicher Ebene ausgewertet, um die Entscheidungsbasis im Rahmen der geplanten Erweiterung des Gewerbegebietes durch die Aufnahme qualitativer und quantitativer Kenngrößen zu verbessern.

---

1 Vgl. hierzu Kap. III.1.

1. Preis:

Architektur + Design
Reichardt Architekten, Essen

Preisgerichtsbeurteilung:
Beherrschendes und ordnendes Element der Arbeit ist ein bogenförmiger Grün- und Freiraum, der die drei bestehenden Ortskerne in sinnvoller Weise miteinander verknüpft. Dieses Landschaftsband ist frei von motorisiertem Verkehr und stellt eine sinnvolle rad- und fußläufige Verbindung zu dem Gros der neuen Gewerbeflächen dar.
Für das bestehende Gewerbegebiet werden allenfalls behutsame Weiterentwicklungsvorschläge gemacht (Renaturierungsflächen und Parkpaletten). Es bleibt eine weitgehend sich selbst überlassene, zentrale Fläche, die durch Neubaugebiete im Osten und Westen ergänzt wird.
Die Lage der „neuen Mitte" entlang der aufgeständerten S-Bahn ist gut nachvollziehbar. Die Gebäude profitieren von der Zuordnung zu dem Landschaftsband der Teichkette und den Haupterschließungen. Sie geraten im südlichen Teil allerdings in eine Randsituation.
Die Neubauflächen zwischen Autobahn und Landschaftsband sind richtig. Sie nützen einen sonst wenig attraktiven Freiraum und liegen teilweise im Einzugsbereich der S-Bahn-Station. Die dort vorgeschlagenen Wohnnutzungen sind aus der Situation heraus entwickelt (Zuordnung zu dem Landschaftsband bzw. zu Steinach). Begrüßt wird der Landschaftskorridor, der Steinach zur freien Landschaft hin offen hält.
Die behutsame Ergänzung des bestehenden Gewerbes in der Schmalau und die im Osten anschließenden Neubaugebiete sind der Situation angemessen. Die vorgeschlagenen Mischstrukturen am östlichen Ortsrand verdienen Beachtung.
Die Erschließung ist wohltuend zurückhaltend und flächensparend, in Teilbereichen allerdings auch unterdimensioniert. Die Zufahrt von der Autobahn entspricht im Kreuzungsbereich mit dem Landschaftsband in ihrem Erscheinungsbild und ihrem Erlebniswert nicht der städtebaulichen Situation. Die in dem Landschaftsband angeordneten überdeckten Parkhügel stellen einen interessanten Lösungsansatz dar. Weitere Parkplätze in Paletten mit grünen Dächern ergänzen sinnvoll das Parkraumkonzept.
Die Typisierung in den einzelnen Bauquartieren ist für ein individuelles Gewerbegebiet durchaus realistisch. Die Einfügung der Bauquartiere in die Landschaft und die Gestaltung der Ortsränder verlangt hohe gestalterische Qualitäten.
Die Arbeit dürfte im wirtschaftlichen Bereich liegen. Sie ist in mehreren Bauabschnitten realisierbar.

Technologiezentrum

Parkseite Bahnhof

S-Bahnhof Ebene Bahnsteig

Querschnitt Parkhügel

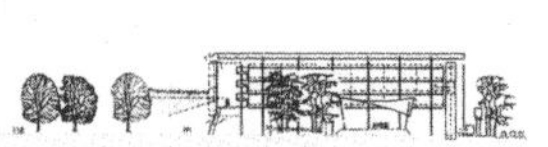

Querschnitt Technologiezentrum

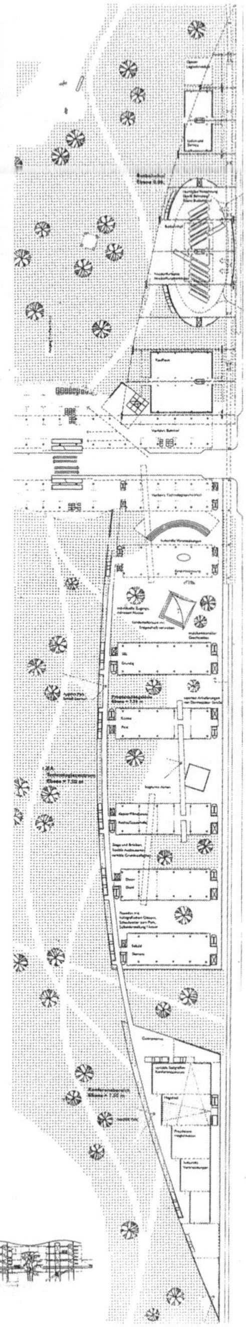

Technologiezentrum

Städtebaulicher Entwurf M. 1:10.000
Zentraler Bereich M. 1:2.500

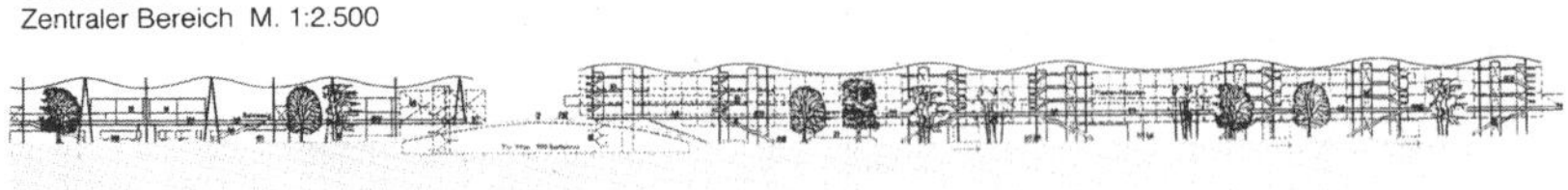

Ansicht Parkseite

Abb. 3 1. Preis städtebaulicher Wettbewerb „Neue Mitte" Technologiepark Erlangen-Fürth-Nürnberg

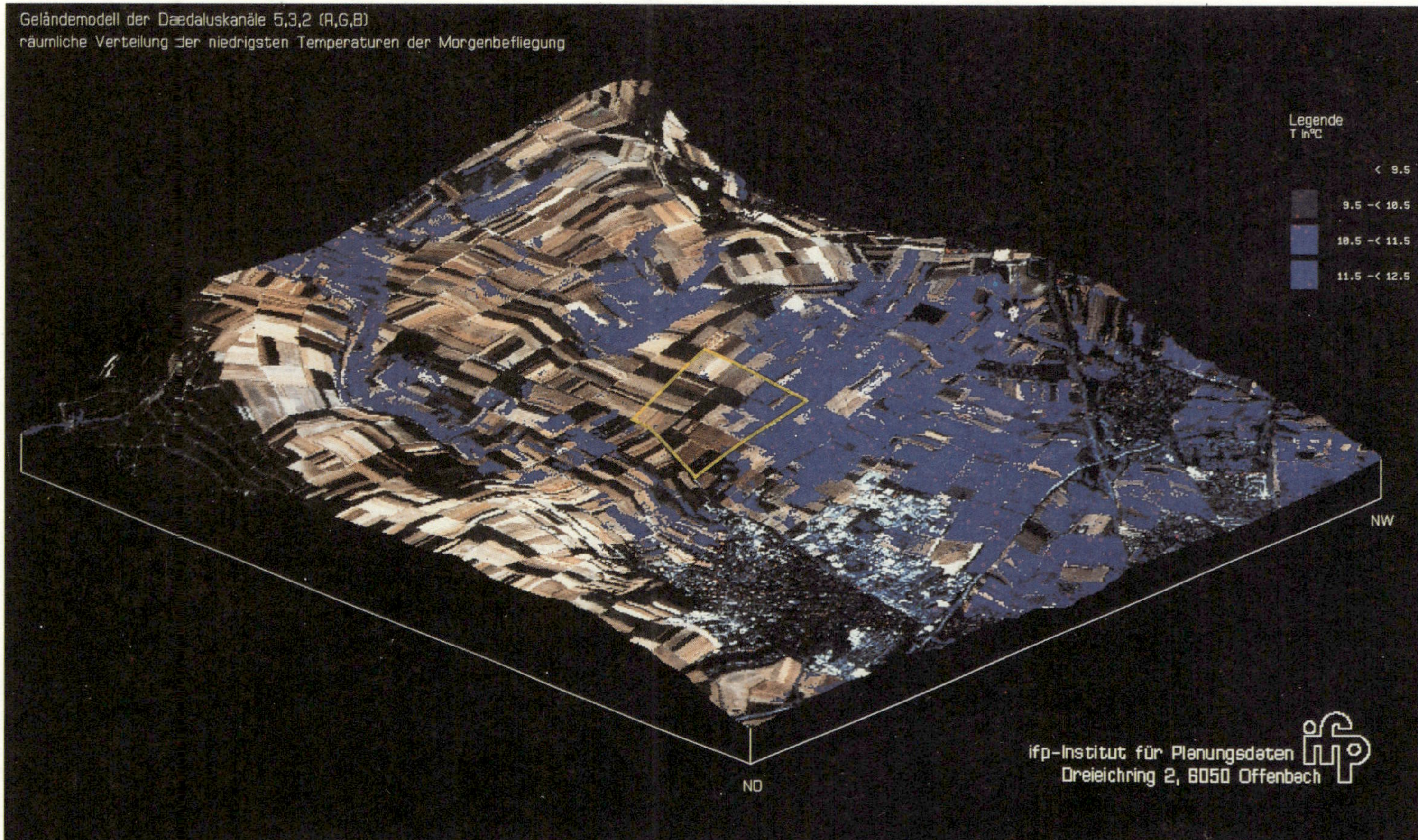
Geländemodell der Daedaluskanäle 5,3,2 (R,G,B)
räumliche Verteilung der niedrigsten Temperaturen der Morgenbefliegung
Legende
T in°C
< 9.5
9.5 -< 10.5
10.5 -< 11.5
11.5 -< 12.5
NW
NO
ifp-Institut für Planungsdaten
Dreieichring 2, 6050 Offenbach

Farbabb. 2 Thermalscannerbefliegung Mainz-Süd, Geländemodell der Morgenbefliegung

2.2.4 Methoden zur Standortfindung potentieller Gewerbegebiete

In den Vorhaben der Planungsphase werden sehr detaillierte Voruntersuchungen, Bestandserhebungen und Analysen durchgeführt, bevor die neuen Gewerbegebiete endgültig abgegrenzt werden. Dies trifft in der Hauptsache für die Vorhaben in Erlangen/ Fürth/Nürnberg und Mainz zu. Im Falle des bereits feststehenden, im Flächennutzungsplan als gewerbliche Baufläche dargestellten Bereichs in Herford betreffen die Grundlagenermittlungen weniger die Gebietsabgrenzungen als vielmehr die umweltrelevanten Entscheidungskriterien bei der Betriebsauswahl im Zusammenhang der kommunalen Gewerbegebietsplanung und damit die Frage nach den Bedingungen, unter denen eine gewerbliche Nutzung erfolgen kann.

Die Untersuchungsansätze liefern Aussagen zu potentiell geeigneten Siedlungsflächen, zu erforderlichen Ausgleichsmaßnahmen in quantitativer und qualitativer Differenzierung, zu ökologischen Entwicklungsflächen und zu Restriktionsbereichen.

Trotz vieler Gemeinsamkeiten in der planerischen Vorgehensweise zeigen die Erhebungsmethoden in den Vorhaben der Planungsphase unterschiedliche Ansätze, die nachfolgend dargestellt und miteinander verglichen werden. Im Mittelpunkt der Grundlagenarbeiten im Vorhaben Erlangen/Fürth/Nürnberg steht ein **„ökologisches Entwicklungsgutachten“** zur Darstellung und Bewertung der vorhandenen natürlichen Standortfaktoren sowie der potentiellen Entwicklungsmöglichkeiten. Kernpunkt der Grundlagenerhebungen in Mainz ist eine **Thermalscanner-Befliegung**, deren klimatologische Ergebnisse mit anderen umweltbezogenen Untersuchungen überlagert werden. Die besondere Vorgehensweise bei der Einbindung der Technologiefolgenabschätzung in die Gewerbegebietsplanung wird eigenständig abgehandelt.

2.2.4.1 Ökologisches Entwicklungsgutachten

Bei der Planung des gemeinsamen Gewerbeparks Erlangen/Fürth/Nürnberg werden in umfassender Weise ökologische Belange und umweltbezogene Restriktionen berücksichtigt. Grundsätzlich wird dabei geprüft, welche Flächen überhaupt in Anspruch genommen werden können und wie erheblich die möglichen Eingriffe in den Naturhaushalt und das Landschaftsbild sind.

Die Entwicklung eines ökologischen Maßnahmenkonzeptes mit Vorschlägen für ein Biotopverbundsystem und für die Sanierung und Stabilisierung der einzelnen Faktoren des Naturhaushaltes, insbesondere für das Grundwasser, die Tier- und Pflanzenwelt und das Landschaftsbild, ist Ziel des ökologischen Entwicklungskonzeptes.

Dargestellt werden Maßnahmen für die

- Sanierung der natürlichen Grundlagen Boden, Grundwasser, Oberflächengewässer,
- Stabilisierung und Neuschaffung von Lebensräumen für Tier- und Pflanzengemeinschaften (Biotopverbund),

- Verbesserung des Landschaftsbildes durch Anreicherung der Landschaft mit Vegetationselementen und durch allgemeine Gestaltungs- und Ordnungsmaßnahmen.

Wesentliche Aufgaben des ökologischen Grundlagengutachtens sind die Überprüfung der Standortfrage und der großräumigen Erschließung unter Berücksichtigung aller Umweltbelange, die Darstellung und Bewertung der Flächen mit ihren vorhandenen und potentiellen Funktionen in allen Bereichen des Naturhaushalts, die Abgrenzung von Flächen für eine mögliche gewerbliche Nutzung und die Ausarbeitung eines landschaftsökologischen Konzeptes für die Sicherung, Sanierung und Entwicklung der natürlichen Grundlagen von Flora und Fauna und des Erholungswertes im Städtedreieck Erlangen, Fürth, Nürnberg.

Das Gutachten weist Räume aus, in denen eine bauliche Nutzung nicht oder nur in geringem Maße mit den Anforderungen zur Pflege und Entwicklung des Naturhaushaltes in Konflikt gerät.

Die aus landschaftsökologischer Sicht für gewerbliche Nutzungen geeigneten Gebiete ergeben sich durch Herausfiltern von Restriktionsflächen (Tabuflächen) und Vorrangräumen (u. U. disponibel) aus dem großflächigen Umgriff der Machbarkeitsstudie. Restriktionsflächen sind in diesem Zusammenhang vor allem Landschaftsschutzgebiete, landschaftliche Vorbehaltsgebiete des Regionalplans, Naturschutzgebiete, schützenswerte Landschaftsteile sowie Feucht- und Trokkengebiete der Biotopkartierungen. Durch Untersuchungen zu Geologie und Morphologie, zum Boden, zum Wasserhaushalt und den Fließgewässern, zum Klima, zur Vegetation, zur Fauna, zum Landschaftsbild und zur Erholungsnutzung werden Vorrangräume definiert, die nicht baulich genutzt werden sollen. Dem ökologischen Entwicklungskonzept liegen Leitlinien zu den Bereichen Pflanzen- und Tierwelt, Grund- und Oberflächengewässer, Boden, Luft und Klima sowie Landschaftsbild und Erholung zugrunde, die in der Umsetzung Veränderungen in der bäuerlichen Erwerbsstruktur im Untersuchungsgebiet zur Folge haben werden.

Ergebnis des Gutachtens ist ein ökologisches Entwicklungskonzept, das sowohl Vorrangräume für die Stabilisierung, Sanierung und Entwicklung des Naturhaushalts und des Landschaftsgefüges als auch Leitlinien und Ziele für die Anreicherung der Kulturlandschaft mit Vegetationselementen und Tierlebensräumen, die Sanierung der natürlichen Grundlagen Boden, Oberflächengewässer, Grundwasser, ein standortangepaßtes Nutzungskonzept für Gewerbe und Landwirtschaft sowie Gestaltungsaussagen enthält und konkrete Maßnahmenpakete hierzu vorschlägt.

Das Gutachten baut auf einer sehr umfangreichen Erhebung der Standortfaktoren vor Ort auf und liefert Aussagen zu den unterschiedlichen natürlichen Faktoren. Schwerpunkt der Analyse sind die Bodenqualitäten und die sich hieraus ergebenden potentiellen Eignungen für bestimmte Nutzungsarten. Außerdem werden die hydrologischen Gegebenheiten, die Pflanzen- und Tierwelt sowie das Landschaftsbild in die Untersuchungen einbezogen. Die Aussagen zum Lokalklima sind Ausfluß der vorangegangenen Betrachtungen und werden z. B. aus den großklimatischen Gegebenheiten, den Wärmespeicher- und Abstrahlungseigenschaften der Böden in Verbindung mit deren Bewuchs, der Reliefform, der Bebauung, dem Versiegelungsgrad und ähnlichen Faktoren hergeleitet. Das Gutachten bezieht auch bereits vorhandene Grundlagendaten, wie z.B. eine Simulationsberechnung des Deutschen Wetterdienstes für das Stadtgebiet von Erlangen, ein und zieht hieraus Rückschlüsse in bezug auf kaltluftproduzierende Flächen, auf Flächen mit einer bestimmten Vorbelastung sowie mögliche Entwicklungspotentiale. Auch Daten zur Schadstoffbelastung werden berücksichtigt. Es liegt jedoch keine eigene, flächendeckende Klimauntersuchung vor, die es erlaubt, beispielsweise mit Hilfe von Computer-Simulationsprogrammen die Auswirkungen potentieller Besiedlungsvorhaben zu überprüfen.

2.2.4.2 Thermalscanner-Befliegung

Im Vorhaben Mainz wird eine andere Methodik für die Grundlagenerhebungen gewählt. Schwerpunkt ist hier eine Thermalscanner-Befliegung. Grundlage der stadtklimatischen Untersuchung sind in diesem besonderen Anwendungsfall einer Thermalscanner-Befliegung bereits vorhandene Untersuchungen zum Stadtklima in Mainz. Vorliegende Befliegungsergebnisse aus dem Jahre 1988 werden für den Untersuchungsbereich aufbereitet und verdichtet. Im einzelnen werden Karten der Oberflächenstrahlungstemperaturen der Morgen-, Mittag- und Abendbefliegung erstellt sowie Temperaturdifferenzkarten zwischen Abend- und Morgenbefliegung errechnet und eine synthetische Thermotypenkarte erstellt. Gleichzeitig mit den Thermalscanner-Befliegungen werden in verschiedenen Meßstationen terrestrische Messungen durchgeführt, die die meteorologischen Größen Windrichtung, Windgeschwindigkeit, Lufttemperatur und Luftfeuchte untersuchen.

Ziel der stadtklimatischen Untersuchungen ist die Kartierung und Bewertung des durch die verschiedenen Oberflächenstrahlungstemperaturen geprägten Mikroklimas im Untersuchungsbereich. Dabei werden auch die potentiellen klimatischen und lufthygienischen Auswirkungen des neuen Gewerbegebietes auf das Stadtgebiet untersucht. Oberflächenstrahlungstemperaturen sind eine sehr bedeutende Kenngröße für den Energie- und Temperaturhaushalt von Stadt und Landschaft.

In Abhängigkeit von Anordnung, Farbe, Struktur, Wärmeleitfähigkeit und -kapazität der versiegelten und durch Baukörper geprägten Oberflächen heizen sich die verschiedenen Materialien unterschiedlich stark auf und prägen über ihr Temperaturverhalten und über ihre Wärmeabstrahlung den städtischen Temperaturhaushalt und das Stadtklima. Positiven klimahygienischen Einfluß üben Vegetationselemente vor allem über die Energiebildung durch Verdunstungsprozesse aus, durch die sehr viel Energie gebunden wird, die dann nicht mehr zur Aufheizung zur Verfügung steht.

Das Temperaturverhalten und der Temperaturverlauf der unterschiedlichsten Oberflächenstrukturen können in den Thermalbefliegungen detailliert dokumentiert werden. Damit können mit dem Ziel der Verbesserung des Stadtklimas direkte ortsbezogene, stadtplanerische Analysen erstellt, Empfehlungen ausgesprochen und Festsetzungen für die Bauleitplanung abgeleitet werden.

Die stark differierenden Oberflächenstrahlungstemperaturen der Befliegungen sind auf das unterschiedliche Erwärmungs- und Abkühlungsverhalten der einzelnen Flächentypen zurückzuführen. So stellt sich die Rangfolge der nächtlichen Abkühlung von gering bis stark in der Reihenfolge Wasser, Wald, Straße, Wiese dar. Dementsprechend erweisen sich auch in der Abend- und Morgenbefliegung offene versickerungsfähige Flächen wie Wiesen, Rasen- und Ackerflächen, insbesondere bei dichter Vegetationsdecke, als relativ kühl. Aufgrund ihrer hohen nächtlichen Abkühlung können solche Flächen, die in weiten Bereichen im Süden der Stadt Mainz vorzufinden sind, als sogenannte Kaltluftproduzenten angesehen werden.

Da diese Flächen generell auch den über sie hinweggleitenden Luftmassen nur wenig Reibungswiderstand entgegensetzen, leiten sie die nächtlich entstehende Kaltluft bei entsprechendem Relief talwärts ab. Voraussetzung hierfür ist allerdings, daß keine Hindernisse, wie hohe querriegelartige Bepflanzungen und Baukörper, den Kaltluftabfluß blockieren.

Im Gegensatz dazu heizen sich Baukörper aller Art in Abhängigkeit von Farbe, Baumaterial, Baukörperstruktur u.ä. unterschiedlich stark auf. Sehr hohe Oberflächenstrahlungstemperaturen finden sich darüber hinaus in den durch hohen Überbauungs- und Versiegelungsgrad und minimalen Grünanteil geprägten Gewerbe- und Industriegebieten.

Die Thermotypenkarte oder Klimatopkarte verschafft einen raschen und detaillierten Überblick über existente oder durch bestehende Bauvorhaben zu erwartende klimarelevante Problembereiche innerhalb der Stadt und ihrer Umgebung. Gleichzeitig gibt sie Hinweise darauf, was bei einer Planung zu beachten ist bzw. wo Maßnahmen zur Verbesserung des Stadtklimas ansetzen könnten. In der Stadtplanung ist die Verwendung von Thermalbildern äußerst hilfreich, da Informationen über die thermische Struktur im Untersuchungsgebiet ermittelt werden können, wie beispielsweise klimatische Besonderheiten oder aber die Wirkung von Grüngürteln.

Des weiteren können solche Untersuchungen Aufschluß darüber geben, inwieweit Klimafaktoren wie Relief, reale Flächennutzung etc. die Klimaelemente Lufttemperatur, Feuchte oder das Windfeld verändern bzw. in welchen Wechselbeziehungen Klimaelemente und die sie beeinflussenden Klimafaktoren stehen. Der Vorteil der Thermalbilder gegenüber anderen Messungen ist, daß alle Strahlungs- bzw. Temperaturwerte eines Untersuchungsgebietes flächendeckend vorliegen und, wenn sie näherungsweise zum gleichen Termin aufgenommen wurden, gut untereinander vergleichbar sind.

Für den großräumigen Untersuchungsbereich werden anhand der Temperaturdifferenzkarten und digitalen Höhenmodelle des Gebiets Aussagen hinsichtlich der gesamtklimatischen Situation, der Kaltluftentstehungsgebiete und der Ventilationsbahnen abgeleitet. Hieraus werden Konsequenzen für die Standorteignung bestimmter Bereiche aus klimatologischen Gesichtspunkten gezogen. Die Ergebnisse dieses Untersuchungsschritts werden mit Aussagen zu anderen thematischen Teilbereichen, die separat untersucht wurden, überlagert. Hier fließen beispielsweise die Aussagen der hydro-geologischen Analysen sowie des ökologischen Gutachtens, das sich hauptsächlich auf die natürlichen Standortfaktoren wie Fauna/Flora, Böden u.ä. bezieht, ein, so daß Empfindlichkeitsaussagen unter verschiedenen Blickwinkeln möglich sind.

Die Ergebnisse der Studie werden in Kartendarstellungen zusammengefaßt, die Restriktionen und Entwicklungspotentiale umfassen und die Gesamteignung des Gebiets für die Ausweisung von Gewerbe- und Industrieflächen sowie die Bereiche für Ausgleichsmaßnahmen konkretisieren.

Grundsätzlich wird für das Untersuchungsgebiet festgehalten, daß Teilbereiche – darunter auch Kaltluftentstehungsräume – für gewerbliche Vorhaben in Anspruch genommen werden können, sofern das dadurch entfallende Klimapotential der Fläche durch Verstärken der Kaltluftproduktion in Nachbarbereichen ausgeglichen werden kann. Als Maßnahme hierzu wird die Erhöhung der bioklimatisch wirksamen Kaltluftproduktion durch Bewaldung einzelner Flächen genannt.

Aus der Analyse werden u.a. folgende Aussagen und Planungsempfehlungen zu den klimaökologischen Empfindlichkeiten im Untersuchungsraum abgeleitet:

- Für die Bereiche der ermittelten Luftventilationsbahnen werden Überbauungen grundsätzlich ausgeschlossen.
- In den Bereichen zonenmäßig ausgeprägter Talwinde ist eine unter klimaökologischen und klimahygienischen Bedingungen modifizierte Gewerbegebietsnutzung denkbar.
- Ein in Süd-Nord-Richtung verlaufender Haupttalzug wird als Kaltluftventilationsbahn aufgrund seiner hohen Empfindlichkeit von Bebauung freigehalten.
- Bei der Ausweisung und der Gestaltung des neuen Gewerbegebiets hat die Berücksichtigung klimaökologischer Belange bei der exakten Abgrenzung und vor allem bei der Gliederung und Gestaltung der im Bebauungsplan festzusetzenden Bebauungsstrukturen zu erfolgen.

Zusammenfassend läßt sich feststellen, daß die beiden Vorhaben in Erlangen/Fürth/ Nürnberg und Mainz gemäß ihrer Schwerpunktsetzung umfangreiche Grundlagenarbeit geleistet haben, die als vorbildlich für die Standortfindung gewerblich-industrieller Baugebiete sowie die Bestimmung der erforderlichen Ausgleichsflächen gelten kann. Beide Untersuchungen sind äußerst komplex und bieten in der Überlagerung verschiedener Fachaussagen die Möglichkeit, Gebietsempfindlichkeiten im Hinblick auf die unterschiedlichen Bereiche, wie z.B. Grundwasser, Klima, Vegetation etc., umfassend zu beurteilen. Auf dieser Basis sind auch qualitative und quantitative Aussagen zu Ausgleichsmaßnahmen möglich, die zum Ziel haben, die negativen Auswirkungen der Flächenansiedlungen zu minimieren und nach Möglichkeit einen „ökologischen Nettogewinn" herbeizuführen.

Für die Planung „neuer Gewerbegebiete", die noch nicht durch konkrete örtliche Vorgaben „festgeschrieben" sind, sollten nach derzeitigem Kenntnisstand weitreichende Voruntersuchungen nach dem Muster der in Erlangen/Fürth/Nürnberg oder Mainz erarbeiteten ökologischen Studien zum Standard werden. Technische Hilfsmittel – etwa der Einsatz von Thermalscanner-Verfahren zur Klimauntersuchung – können dabei erhebliche zeitliche Vorteile bringen und zu wirtschaftlich vertretbaren Lösungen beitragen, weil die Detailarbeit (z. B. aufwendige landschaftsökologische Untersuchungen) auf die Bereiche beschränkt werden kann, die nicht bereits zuvor durch das „Grobraster“ der Klimauntersuchung als für die Besiedlung ungeeignet klassifiziert worden sind.

Grundsätzlich ist festzuhalten, daß auf der Grundlage von großräumigen Temperatur-Befliegungen mit Hilfe von Thermalscannern und entsprechenden (auf PC-Basis lauffähigen) Computer-Programmen die Möglichkeit besteht, direkte planerische Aussagen herzuleiten und konkrete Konsequenzen für den Städtebau zu ziehen. Die gewonnenen Daten können direkt und flexibel innerhalb der Planung genutzt, aktualisiert und an neue Fragestellungen angepaßt werden. Mit Hilfe von Simulationsprogrammen können in diesen Fällen die Auswirkungen potentieller Besiedlungsvorhaben überprüft werden.

2.2.4.3 Technologiefolgenabschätzung

Hauptelement der Grundlagenarbeit im Praxisfall Herford ist die Erarbeitung einer **Technologiefolgenabschätzung (TFA)**, die in die städtebauliche Rahmenplanung integriert werden soll. Ziel von Technologiefolgenabschätzungen ist ein Informationsinstrument zu schaffen, das es ermöglicht, ansiedlungswillige Unternehmen bereits frühzeitig auf ihre Umweltrelevanz hin zu überprüfen. Dazu wird ein Handbuch in Form einer praxistauglichen Arbeitshilfe entwickelt, das auf einen Griff branchenbezogene, knappe, aber dennoch umfassende Informationen zu einzelnen Branchen liefern kann. Begleitend zu dieser Handbuchentwicklung mit dem Ziel der stärkeren Berücksichtigung stadtökologischer Belange bei ansiedlungswilligen Betrieben sollen die Ergebnisse in die städtebauliche Rahmenplanung und die Bauleitplanung einfließen. Das neue Gewerbegebiet in Herford stellt eine erste Testfläche für die Anwendbarkeit und Praxistauglichkeit dieses umweltplanerischen Instruments dar. Der methodische Ansatz ist insoweit flexibel angelegt, als die Arbeitshilfe unabhängig vom konkreten Beispielfall übertragbar sein soll.

Im Rahmen der kommunalen Gewerbegebietsplanung sollen die Ergebnisse der TFA als Entscheidungshilfe herangezogen werden, um die Umweltverträglichkeit ansiedlungswilliger Betriebe oder auch bestehender Betriebe einschätzen zu können. Hierzu wird anhand der Beurteilung branchentypischer Fertigungstechniken eine Umweltbewertung von Betrieben durchgeführt.

Ein erster Schritt zur Entwicklung dieser Arbeitshilfe ist die Aufstellung von Positiv-/Negativlisten. Dabei wirf vorhandenes Bewertungsmaterial aus der Umweltschutzpraxis (z. B. Abstandserlaß NRW) zur Identifizierung von störenden Betrieben (Negativliste) herangezogen. Eine Positivliste im Sinne von umweltpolitisch erwünschten Betrieben wird aus der Zielsetzung einer ökologischen Gewerbeplanung abgeleitet, die sowohl Umweltaspekte als auch Argumente der Wirtschaftsförderung berücksichtigt (z.B. Schaffung von Arbeitsplätzen). Die Arbeitshilfe besteht für diesen Arbeitsschwerpunkt aus einer Sammlung von Daten, die Branchentypen hinsichtlich ihrer Umweltverträglichkeit sowie ihre Einordnung in das Umwelt- und Planungsrecht katalogisiert. Im Rahmen der nachfolgenden Einzelfallberatungen der Betriebe hinsichtlich einer umweltorientierten Unternehmensführung sowie erforderlicher betrieblicher Maßnahmen im Rahmen der Neuansiedlung im Gewerbepark Heidsiek wurden die Erkenntnisse der TFA in die Ansiedlungspraxis umgesetzt.

Die mittlerweile vorliegende Technologiefolgenabschätzung setzt sich im Ergebnis aus zwei Teilen zusammen, dem Planungshandbuch, das der eigentlichen Technologiefolgenabschätzung entspricht, und dem Branchenbuch.

Das Planungshandbuch untersucht die Gestaltungs- und Erschließungsvarianten eines Gebietes in den Bereichen Erschließungsanlagen und der Grundstücksausnutzung, Möglichkeiten der Dach- und Fassadenbegrünung, Abfall, Immissionsschutz und anderem. Eingegangen wird in den jeweiligen Bereichen auf stadtökologische Grundlagen, Gestaltungshinweise, rechtliche Möglichkeiten zur Qualitätssicherung, Anreizinstrumente, Beispiele und Anwendung im Planungsgebiet Herford Heidsiek.

Der zweite Teil der Technologiefolgenabschätzung – das Branchenbuch – gliedert sich in fünf Abschnitte:

- Grundlagen des Handbuchs mit gesetzlichen Regelungen und Erläuterungen der Untersuchungskriterien, Bewertung der Umweltrelevanz etc.,
- einer Checkliste zur umweltschonenden Gewerbeansiedlung,
- Kurzfassungen der Datenblätter aller Branchen, für die die Untersuchungskriterien erhoben werden,
- eine Matrix, die die Untersuchungskriterien der Branchen bewertet,
- eine ausführliche Darstellung aller Branchen in Form einer Langfassung.

Die Technologiefolgenabschätzung macht abschließend Aussagen für die in den unterschiedlichen Gebietsklassen der Rahmenplanung (eingeschränktes Gewerbegebiet, Gewerbegebiet, Industriegebiet) möglichen Branchen.

Das Handbuch soll als Arbeitshilfe im Vorfeld der Besiedlung von Gewerbegebieten dienen. Weiterhin kann es jedoch auch Informationen zur Nachbesserung von Produktionsverfahren bei bereits ansässigen Betrieben liefern. Die zuständigen Behörden können, nachdem eine Anlage genehmigt oder in Betrieb genommen worden ist, im Rahmen der immissionsschutzrechtlichen Bestimmungen nachträgliche Anordnungen erlassen, die ein Unternehmen beispielsweise dazu anhalten, den aktuellen Stand der Technik im Betrieb umzusetzen. Hier besteht häufig ein Informationsdefizit auf seiten der Verwaltung, das durch die TFA ausgeglichen werden kann.

Um das Handbuch für Zwecke der Betriebsansiedlung anwendbar und benutzerfreundlich zu gestalten, werden die Unternehmen nach verschiedenen Kategorien klassifiziert:

- Unternehmen mit einem hohen Umweltbelastungspotential, z.B. hinsichtlich Flächenverbrauch, Emissionsverhalten, Unfallrisiko,
- „normale" Unternehmen,
- Unternehmen, die ihre baulichen Anlagen nach ökologischen Gesichtspunkten konzipieren (z.B. Grasdächer, Flächenentsiegelungen),
- Unternehmen, die ihre technischen Anlagen hinsichtlich ihres Emissionsverhaltens optimieren (z.B. bessere Rauchgasreinigungsanlagen als gesetzlich vorgeschrieben),
- Unternehmen, die ihre Produktionsabläufe ökologisch orientiert planen – z.B. Kreislaufwirtschaft/Vermeidung, Anschluß an Gewerbemüllsortierungsanlage (Verwertung),
- Unternehmen, die umweltverträgliche Produkte herstellen,
- Unternehmen, die mehrere der o.g. Kriterien/Anforderungen erfüllen.

Mit Hilfe dieser Unterscheidung werden die Grundlagen dafür geschaffen, den Gedanken der Umweltvorsorge bereits auf der Ebene der Betriebe einzubringen. Als besonderes Problem stellt sich dabei heraus, daß betriebliche Umweltvorsorge und städtebauliche Anforderungen in der Bauleitplanung, vor allem auch der Bebauungsplanung, zur umweltgerechten Planung und Erschließung von Gewerbegebieten zeitlich und inhaltlich nicht aufeinander abgestimmt sind und vielfach auch kaum miteinander abgestimmt werden können.

Als umweltrelevante Einflußgrößen werden folgende betriebliche Bereiche identifiziert:

☐ Input
  - weniger Rohstoffe, Ressourcenschonung,
  - effektiver Energieeinsatz, Energiesparkonzept,
  - Vermeidung von Gefahrstoffen.

☐ Produktion
  - Installierung von Kreislaufprozessen zur Minimierung von Inputs und (non-products) Outputs (Vermeidungsgebot),
  - Untersuchungen der Sozialverträglichkeit neuer Technologien.

☐ Output
  - Abfälle aller Art (d.h. feste, flüssige, gasförmige) müssen so weit wie möglich durch die Produktionssteuerung vermieden werden,
  - für die Reststoffe sind Verwertungsstrategien zu entwickeln,
  - die Produkte sind unter dem Aspekt der Auswirkungen auf Menschen und Natur während ihres Gebrauchs und nach ihrer Entsorgung zu bewerten.

Im weiteren dient das Instrument der TFA dazu, bei der Erstellung von Bebauungsplänen mit Hilfe von Produktionslinienanalysen Branchen und Betriebe zu identifizieren, die ihre Produktion auf umwelt- und sozialverträgliche Weise durchführen. Eine abschließende Einschätzung der TFA bezüglich ihrer Leistungsfähigkeit für die städtebauliche Planung steht zwar noch aus, allerdings sind verschiedene Branchentypen hinsichtlich ihrer Einordnung in das Umwelt- und Planungsrecht bereits katalogisiert. Die Übersicht in Tab. 4 zeigt beispielhaft die Ergebnisse der TFA zur Einschätzung der Umweltrelevanz von Spritzgußwerken der kunststoffverarbeitenden Industrie.

Tab. 4 Einschätzung der Umweltrelevanz von Metallbe- und -verarbeitung: Maschinenbau (leicht und schwer)[2]

Einschätzung der Umweltrelevanz	Nr. 026
Klasse 2–3 (mittlere bis hohe Belastung)	**Metallbe- und verarbeitung:** **Maschinenbau (leicht und schwer)**

WZ- Nummern, Branchennennungen
242 Maschinenbau

I. Branchenbeschreibung:
Die Unternehmen des Maschinenbaus weisen keine einheitlichen Produktionsstrukturen auf. Die Betriebe sind durch eine eng ausgelegte Spezialisierung auf ein in der Regel spezifisches Produkt geprägt. Es werden sowohl Einzelelemente als auch Maschinen und Aggregate gefertigt. Im allgemeinen überwiegt die Einzelteil- oder Kleinserienfertigung, in einigen Fällen auch die Serienfertigung (Kleinteile). Die Prozeesse werden in größerem Umfang automatisiert (CNC-Technologien).
Eingesetzt werden die folgenden Bearbeitungverfahren:
Trenn- und Fügeverfahren, Beschichten, Stoffeigenschaftsänderungen, Oberflächenbehandlungen.

II. Planungs- und strukturrelevante Kriterien

1. Planungsrelevante Kriterien
Im Abstandserlaß NW werden Abstände von 200 m (Maschinenfabriken) bis 300 m (schwerer Maschinenbau) als Abstand zur Wohnbebauung vorgegeben.
Durchschnittliche Flächenbedarfsgrößen werden mit 80 m^2 Betriebsflächen pro Beschäftigten oder 200 m^2 Bruttobaufläche pro Beschäftigten angegeben. In einigen Betrieben des Schwermaschinenbaus kann mit Drei-Schicht-Betrieb gerechnet werden. Aufgrund des Schichtbetriebes kann mit erhöhtem Verkehrsaufkommen auch zu Nachtzeiten gerechnet werden. Geschoßbauweise ist im leichten Maschinenbau möglich.

2. Strukturrelevante Kriterien
1985 gab es im Gebiet der alten Bundesländer 5254 Maschinenbau-Betriebe mit 969260 Beschäftigten. Während ein Drittel aller Beschäftigten in Großbetrieben mit mehr als 1000 Beschäftigten arbeiteten und immerhin 38,9 % in Betrieben zwischen 200 und 1000 Beschäftigten, waren nur 28,9 % der Beschäftigten in Klein- und Mittelbetrieben vorzufinden. Insgesamt ist der Maschinenbau sehr arbeitsintensiv, die große Vielfalt und der hohe Fertigungsgrad der Erzeugnisse tragen hierzu bei und behindern häufig eine Großserienfertigung. In Nordrhein-Westfalen liegt der Schwerpunkt nach Umsatz bei der Herstellung von Fördermitteln, Hütten- und Walzwerkseinrichtungen, der Herstellung von Textil- und Nähmaschinen sowie Bau-, Baustoff- u. a. Maschinen.

[2] Modellvorhaben Herford, Handbuch zur umweltgerechten Gewerbeansiedlung.

III. Produktionsbezogene Bewertungsgrundlagen:

1. Emissionspfad Luft

Die Herstellungsprozesse des Maschinenbaus sind mit der Emission von Luftbelastungen verbunden. Die Betriebe der **spanenden Metallbearbeitung** erzeugen bei Bohr-, Schleif- und Fräsvorgängen Staubemissionen. Aus Bädern zur **Oberflächenbehandlung** wie z.B. Beizen, galvanische Bäder, Härtereibäder, Feuermetallisierungen können größere Mengen gasförmiger Schadstoffe entweichen. Die Abluft der Galvanikbetriebe enthält häufig Cyanide, gerade bei offen betriebenen Bädern muß mit erheblichen Verlusten bei der Badlösung gerechnet werden. Hinzu kommt die Emission von Reinigungsmitteln aus den Vorbehandlungsprozessen, so z.B. Alkalien aus der Heißentfettung. Aus **Beizereien** werden Abluftströme mit geruchsintensiven Säuredämpfen sowie nitrosen Gasen bei Verwendung von Salpetersäure emittiert. Hier ist ein Emissionsgrenzwert von 760 mg/m^3 zur Vorsorge vor schädlichen Umwelteinwirkungen nach TA Luft einzuhalten. Bei **Anodisierbetrieben** fällt keine stark belastete Abluft an. Bei **Brünnierbetrieben** ist vor allem mit der Emission von Stickstoffverbindungen, sauren Oxiden und Peroxiden zu rechnen. Zur Entfettung werden häufig organische Lösemittel oder chlorierte Kohlenwasserstoffe eingesetzt, die sich in der Abluft wiederfinden. Beim galvanischen **Verzinken/Verzinnen** entstehen bei den Vorbehandlungen und den Metallisierprozessen Emissionen an gasförmigen anorganischen Chlorverbindungen und Staub. Zur Erfassung und Behandlung der Zinkbad-Abluft hat sich die weitestgehende Einhausung und der Einsatz von Gewerbefiltern durchgesetzt. Bei **Härtereien** sind die Abluftströme der Härtereiöfen, der Metall-, Schmelz- und ölhaltigen Bäder sowie die Carbonier-, Nitrier- und Beizbäder emissionsbedeutend. Betriebe des Maschinenbaus sind nach BImSchG nicht genehmigungspflichtig, jedoch können je nach Größe eine Vielzahl von genehmigungspflichtigen Anlagen vorhanden sein (Oberflächenbehandlungsanlagen, Lackierereien, Walzanlagen, Gießereien, Hammerwerke oder Fallhämmeranlagen).

2. Emissionspfad Abwasser

Die Abwässer weisen die folgenden problematischen Bestandteile oder Qualitäten auf:

Säuren, Laugen, (Schwer-)Metalle, Cyanide, Mineralöle, Lösemittel, halogenierte Kohlenwasserstoffe, Peroxide, Nitrit, saure oder alkalische pH-Werte. Bei einer Vielzahl von Behandlungsverfahren, die z.T. im Maschinenbau eingesetzt werden, sind größere Abwassermengen zu erwarten. Abwässer folgender Herkunftsbereiche sind entsprechend der Rahmen-Abwasser-VwV nur nach vorheriger Behandlung unter Berücksichtigung des Stands der Technik in die Kanalisation oder die Gewässer abzuleiten: Galvanik, Beizerei, Anodisierbetrieb, Brünniererei, Feuerverzinkerei, Härterei, Emallierbetrieb, Mechanische Werkstätten, Gleitschleiferei, Lackierbetrieb.
Galvanikbetriebe können abwasserfrei geführt werden, wobei ein aufkonzentrierter schwermetallhaltiger Schlamm als Sonderabfall entsorgt werden muß.
Beizereiabwässer enthalten Schwermetalle sowie Säuren. Sie werden nach der Metallfällung in Kammerfilterpressen entwässert und der anfallende Schlamm entsorgt (Deponie). Es lassen sich nach dem Stand der Technik durch den Einsatz von Ionenaustauschern und Kreislaufsystemen für die Abwässer die Abfallmengen und abzuleitenden Abwässer reduzieren.

Bei **Anodierprozessen** werden die ölhaltigen Abwässer abgetrennt und die übrigen Abwässer in Gegenstrom-Mehrkammersystemen gereinigt. Brünnierereiabwässer sind bezüglich der Chromat- und Nitratgehalte zu behandeln. Bei der mechanischen Bearbeitung von Metallen fallen als abwasserrelevante Ströme die Kühlschmiermittel an, die als Verschmutzungen Metallspäne, Schmutzpartikel, Zersetzungsprodukte sowie Mikroorganismen enthalten. Zur Aufbereitung eignen sich die folgenden Verfahren:
- Rücknahme und separate Aufbereitung kleiner Mengen durch Händler,
- Phasentrennung und Abfiltrieren der festen Bestandteile,
- chemische, adsorptive Verfahren an Kieselsäure, Ultrafiltration bei kleineren Chargen,
- mechanische und thermische Verfahren bei größeren Mengen.

3. Emissionspfad Abfall/Abfallwirtschaft

Die Unternehmen des Maschinenbaus erzeugten 1997 pro Betrieb ca. 445 t an Abfällen, davon ca. 5% (20,6 t) an Sonderabfällen. Es fielen in 1978 vorwiegend Abfälle (14%), Mineralöle, Ölschlämme (5,7%) und Hausmüllähnliche Abfälle (22,7%). Die anfallenden Abfallstoffe einzelner Betriebe sind eng an die eingesetzten Bearbeitungsverfahren geknüpft. Abgesehen von Rückständen aus Entfettungs- und Oberflächenreinigungsanlagen ist das Spektrum ansonsten betriebsspezifisch. Nicht jeder Betrieb führt Oberflächenbehandlungen wie Galvanisieren, Brünnieren oder Anodisieren durch. Bei den meisten Verfahren der Metallbearbeitung sind Badlösungen, Schlämme und bei der Badreinigung anfallende Reinigungslösungen oder deren Aufarbeitungsprodukte für das Abfallspektrum prägend. Typisch ist weiterhin, daß nur geringe Mengen an hausmüllähnlichen Abfällen auftreten, die Masse der Abfälle gehört zu den entsorgungspflichtigen Sonderabfällen. Dies liegt sowohl am (Schwer-)Metallgehalt als auch an einem großen Anteil anderer umweltgefährdender Stoffe.

4. Energieintensität der Produktion

Der Maschinenbau gehört nicht zu den energieintensiven Wirtschaftszweigen. Die Betriebe verbrauchten im Mittel 16443,4 MWh an Energie. 40% werden als Gas, 29% als Strom und 25% als Öl eingesetzt. Der Strom wird in erster Linie zur Kraftbedarfsdeckung eingesetzt, die Brennstoffe vorwiegend für Schmelzprozesse und Wärmebehandlungsverfahren. Einsparungsmöglichkeiten bieten sich bei den Raumwärmesystemen, den Antriebsaggregaten sowie den Öfenanlagen an.

5. Lärmemissionen

Die Betriebe des Maschinenbaus sind u.U. als lärmintensiv einzuschätzen, auch wenn der größte Teil der Arbeiten in Hallen durchgeführt wird. Als Emissionsquellen lassen sich folgende Bereiche der Produktion ausmachen: Warenlager (oft auch Freiflächen), spanende Metallbearbeitung, Umformverfahren wie Pressen, Biegen etc., Prüfstände für Motoren und Maschinen, mechanische Fertigung. In Abhängigkeit von der Größe der zu bearbeitenden Teile stellen hydraulisch betriebene Stanzeinrichtungen eine erhebliche Lärmquelle dar. Es können Spitzenpegel von über 104 dB(A) errreicht werden, die innerhalb der Hallen auf 95 dB(A) gesenkt werden können. Bei Schlossereien, Drehereien und Stanzereien sind verfahrens- und apparatetechnisch umfangreiche Lärmemissionen zu erwarten (90 dB(A) nach außen dringende Schallleistung). Insbesondere Lüftungsanlagen sowie geöffnete Hallentore und -fenster tragen unter Umständen zur Lärmbelastung bei.

IV. Stoffbezogene Kriterien

1. Einsatzstoffe
Metalle, Kunststoff

2. Hilfsstoffe
Chemikalien zur Oberflächenbehandlung, Schmierstoffe;
Zur Wärmeabfuhr bei Maschinen und Aggregaten werden in der Regel Kühlschmiermittel (KSS) eingesetzt. Sie erlauben hohe Verarbeitungsgeschwindigkeiten und Vorschübe bei Bohr- und Schneidvorgängen, die ohne Flüssigphasenkühlung nicht möglich sind. Alternativ werden mit Erfolg spanende Verfahren ohne den Einsatz von Kühlschmierstoffen eingesetzt (Mercedes-Benz). In der Bundesrepublik wurden 1992 ca. 1 Mio. t Schmierstoffe eingesetzt, auf die Metallbe- und verarbeitung entfielen dabei ca. 88000 t, dies entspricht etwa 7,2 % des Verbrauchs. Kühlschmierstoffe enthalten bis zu 25 Inhaltsstoffe. Für verschiedene Bestandteile existieren Grenzwerte wie MAK-Werte, TRK (Technische Richtkonzentrationen) sowie Empfehlungen der Berufsgenossenschaft bezüglich der maximalen Konzentrationen in der Luft, im Wasser oder im Kühlschmierstoff. Weiterhin sind gesundheitsgefährdende Stoffe ganz verboten und dürfen nicht eingesetzt werden.

3. Produkt
Maschinen und Apparate. In Nordrhein-Westfalen werden vorwiegend hergestellt: Fördermittel, Hütten- und Walzwerkseinrichtungen, Textil- und Nähmaschinen sowie Bau-, Baustoff- u.a. Maschinen.

V. Störfallrelevanz
Bei Unternehmen des Maschinenbaus liegt u.U. ein Wassergefährdungspotential vor. Der Umgang mit Kühlschmierstoffen, Beschichtungsbädern, Lackierstoffen und Betriebsmitteln (Schmieröle, Treibstoffe) bedingt potentielle Boden- und Grundwasserbelastungen.
Als Hauptursache lassen sich abgelagerte oder unsachgemäß zwischengelagerte Gebinde der betreffenden Stoffe ausmachen (Lagerbereiche, Produktion, Rohrleitungsanlagen)

VI. Beurteilung
Die Betriebe des Maschinenbaus werden in Abhängigkeit von der Größe in die **Kategorien 2–3 (mittlere bis hohe Belastung)** eingruppiert. Insbesondere Lärmemissionen tragen hier zur Einordnung in die Kategorie 3 bei. Daneben finden sich bei verschiedenen Bearbeitungsgängen erhebliche Schadstoffbelastungen der Abluft, so bei Gießereien, Walzwerken (Warmwalzen) und der Galvanik. Bei kleineren Betrieben liegt eine eher geringe Umweltrelevanz vor. Maschinenbaubetriebe sind nicht besonders energieintensiv, im Branchenvergleich fallen nicht überdurchschnittliche Abfallmengen an, die Sonderabfallmenge liegt mit 5 % über dem Durchschnitt. Die Abwässer der Maschinenbaubetriebe müssen aufgrund der Gehalte an Kohlenwasserstoffen und sonstigen Schadstoffen einer intensiven Reinigung unterzogen werden.
Die folgenden Maßnahmen verbessern die Umweltverträglichkeit:

Abluft:
Erfassung und Filterung von Abluftströmen aus den Oberflächenbehandlungsanlagen, weitestmöglicher Einsatz von trockenen Spanverfahren und Verzicht auf Kühlschmiermittel, Erfassung und Behandlung von Abluftströmen aus Schweißerei und Lötereien, Ablufterfassungseinrichtungen bei mechanischen Oberflächenbehandlungen (z.B. Sandstrahlen), Umweltfreundliche Lackiersysteme (Wasserbasis) realisieren.

Abwasser:
Spülsysteme: Abtropfzeit ausreichend lang wählen, Dreifach-Kaskadenspülung,
Entfettungssysteme: Emulsionsspaltung (KW-Abtrennung, Filterung), Verzicht auf chlorierte Kohlenwasserstoffe,
Chrom: Bindung in stark sauren Ionenaustauschern,
AOX: Bindung an Aktivkohle oder Adsorber-Harze,
Metalle allgemein: Elektrolyse (Schlammvermeidung), Ultrafiltration, Fällung als Hydroxyd mit anschließender Schlammentwässerung und Wiederaufbereitung, Fällung als Sulfide (Restsulfid muß entfernt werden).

Energieverbrauch:
- Brenner- und Ofenoptimierung,
- Ofenabdichtung und Abwärmenutzung,
- leistungsabhängige Motorenregelung, Reibungsminderung

Lämschutz:
- Weitgehende Einhausung lärmintensiver Aggregate

Während die Untersuchungen in Erlangen/Fürth/Nürnberg und Mainz darauf zielen, umweltverträgliche Gewerbestandorte zu ermitteln, beurteilt die Technologiefolgenabschätzung in Herford für räumlich bereits festgelegte Gewerbegebiete die Umweltauswirkungen von Betriebsansiedlungen.

Da sich die Vorhaben der Realisierungsphase nicht schwerpunktmäßig mit der Grundlagenermittlung zur Standortfindung beschäftigen müssen, sind die Untersuchungsansätze weniger zeit- und kostenaufwendig. Mit den angestellten Untersuchungen sollen vor allem Fehlentwicklungen aufgedeckt werden. Im Sinne einer „Reparaturplanung“ wird versucht, den bereits festgeschriebene Standort so zu gestalten, daß die Flächenzuordnungen, die grünplanerischen Maßnahmen innerhalb des Gewerbegebiets, die Erschließung und anderes mehr zu einer umweltverträglichen Besiedlung des Gebiets führen. Die zu einem früheren Zeitpunkt getroffenen Standortwahl wird nicht überprüft. Die Vorgehensweisen der beiden Praxisfälle dieser Planungsstufe verfolgen trotz einiger Gemeinsamkeiten unterschiedliche Intentionen.

In Neutraubling sieht die Planungskonzeption eine Auseinandersetzung mit dem Bestand im bereits teilweise besiedelten Plangebiet vor. Außerdem soll durch Untersuchungen zu den Themenbereichen „Klima“, „Ökologie“ und „Energie“

versucht werden, erkennbare Fehlentwicklungen zu analysieren und Möglichkeiten zur Gegensteuerung aufzuzeigen.

Die Grundlagenarbeit in Rheinfelden ist in ihrem Ansatz pragmatischer. Sie beschränkt sich im wesentlichen auf eine städtebauliche Bestandsaufnahme und die Analyse von räumlichen Konflikten und ökologischen Defiziten. Vertiefende Grundlagenermittlungen in Form von bestimmten Fachgutachten werden nicht erstellt. Die Erhebungen beschränken sich auf einfache städtebauliche Kartierungen und die Analyse von funktionalen und gestalterischen Mängeln und Konflikten.

Die planerischen Verfahren in Neutraubling und Rheinfelden basieren ausschließlich auf klassischen Methoden. Standorteignungsuntersuchungen, Entwicklungspotentialerhebungen und Ausgleichsflächenbestimmung wurden nicht eigens durchgeführt. Die Projekte zeigen in bezug auf die umweltgerechte Erschließung und Gestaltung Ansätze, die über dem Anspruch „normaler" Gewerbegebiete liegen. Sie können jedoch mit Blick auf den durch die Besiedlung verursachten Eingriff in Natur und Landschaft und dessen Minimierung nur noch Nachbesserung betreiben, da alternative Standortentscheidungen nicht mehr möglich sind. Ausgleichsmaßnahmen sind deshalb innerhalb der Gebiete selbst oder in deren unmittelbarer Umgebung vorgesehen. Die bisherigen Ergebnisse sind für die Praxis auch deshalb von Bedeutung, da gezeigt werden kann, daß auch ältere, qualitativ weniger anspruchsvolle Gewerbegebietskonzepte im ökologischen Anspruch, auch unter Berücksichtigung des ökonomisch Machbaren, nachgebessert werden können.

2.2.5 Instrumente kommunaler Gewerbeflächenpolitik

In allen Praxisfällen haben die Gemeinden erkannt, daß die Planung neuer Gewerbegebiete als Querschnittsaufgabe zu betrachten ist und die dazu erforderliche Steuerung des Planungsprozesses entsprechender Grundlagenermittlungen und umsetzungsorientierter Verwaltungsstrukturen bedarf. Die Grundlagenarbeit in den Praxisfällen setzt sich in der Summe mit allen wesentlichen Instrumenten kommunaler Gewerbeflächenpolitik auseinander und umfaßt hauptsächlich die Überprüfung der bauplanungsrechtlichen Möglichkeiten und die Verknüpfungsmöglichkeiten mit anderen Rechtsbereichen, wie beispielsweise dem Privatrecht, oder mit weichen Instrumentarien zur Durchsetzung der gewünschten städtebaulichen Qualitäten. Weitere wichtige Ebenen der Grundlagenermittlung sind die notwendige Infrastrukturplanung, die Möglichkeiten kommunaler Grundstücksbevorratung sowie Förderungs- und Finanzierungsstrategien im Rahmen der Realisierung der Gewerbegebietsplanungen. Im Ergebnis liefern diese Bestandteile der Grundlagenarbeit die inhaltlichen Voraussetzungen für die nachfolgenden Kapitel „Rechtliche Umsetzung", „Technische Umsetzung", „Trägerschafts- und Organisationsformen", „Kosten" und „Finanzierungsinstrumente", so daß eine Würdigung der wesentlichen Inhalte in den entsprechenden Abschnitten erfolgt.

2.2.6 Formen der Gewerbeansiedlung

Als Indiz dafür, daß die ökologischen und gestalterischen Qualitätsanforderungen an neue Gewerbegebiete in den letzten Jahren gestiegen sind, kann die Tatsache gewertet werden, daß die Vorhaben der Planungsphase ihre Konzepte „Gewerbepark“ oder „Wirtschaftspark“ nennen, während die Vorhaben der Realisierungsphase „Gewerbe- oder Industriegebiete“ überplanen oder erweitern. In den Vorhaben der Planungsphase werden in wirtschaftlichen Rahmenuntersuchungen oder in grundsätzlichen Strategieüberlegungen Notwendigkeit und besondere Merkmale der Parkkonzepte in unterschiedlicher Untersuchungsschärfe herausgearbeitet. In allen Fällen sollen die zukünftigen Gewerbeparks ihren Nutzern eine hochwertige Arbeitsumgebung bieten und sich durch eine funktionale Vielgestaltigkeit auszeichnen.

In einem Praxisfall wird detailliert untersucht, welche Formen der Gewerbeansiedlung besonders geeignet sind, die kommunalen Wirtschaftsförderungsstrategien zu unterstützen, und welche Konzepte zur bedarfsorientierten Verwendung der Gewerbegebiete beitragen können. Ergebnis des Gutachtens ist dabei die Erarbeitung alternativer Parkkonzeptionen für den Gesamtumfang des Gewerbegebiets. Innerhalb verschiedener Szenarien werden für Teilräume die planerischen Anforderungen dargelegt, die in den verschiedenen Realisierungsstufen zu berücksichtigen sind. Dabei handelt es sich beispielsweise um Angaben über geeignete Branchen, erforderliche Folgeeinrichtungen, Baudichten und qualitative Ausstattungsmerkmale des Gebiets. Für die unterschiedlichen Szenarien werden darüber hinaus alternative Organisationskonzepte erarbeitet.

Aus der Analyse der wirtschaftsstrukturellen Schwächen und der Entwicklungspotentiale der Untersuchungsregion werden unterschiedliche Besiedlungsstrategien für Teilräume des neuen Gewerbegebietes abgeleitet und bewertet. Für die daraus resultierenden unterschiedlichen thematischen Schwerpunkte Technologiepark, Dienstleistungspark, Produktionspark und Handwerkspark wird ein Gewerbeparkprojekt mit architektonisch hochwertiger Qualität und landschaftsgestalterischen Qualitäten formuliert und nach Nutzungsart, Größenstruktur und Gestaltung differenziert dargestellt.

In einem anderen Praxisfall wird die Bedeutung eines Technologiezentrums für die kommunale Wirtschaftsentwicklung und für die Umsetzung der Innovationsideen im neuen Gewerbegebiet hervorgehoben. Gerade die Konzentration von verschiedenen Unternehmen, Transfereinrichtungen und Beratungsstellen im Technologiezentrum soll Synergieeffekte ermöglichen und Wissenstransfer sicherstellen. Im Zusammenhang mit der angestrebten Ansiedlung von umweltgerecht produzierenden und zukunftsorientiert arbeitenden Gewerbebetrieben sollen technologische Entwicklungen mit Fortschritten im Umweltschutz verknüpft werden.

In den Projekten der Realisierungsphase spielen Grundlagenuntersuchungen zu Park- oder Zentrenkonzeptionen keine wesentliche Rolle. Impulse in diese Richtung gehen allerdings von Vorhaben privater Träger aus, die gestalterische

Farbabb. 3 Städtebauliche Rahmenplanung, Vertiefung für einen Teilbereich

Quelle: Modellvorhaben Erlangen/Fürth/Nürnberg, Dokumentation 10/1992, S. 25.

Städtebaulicher Rahmenplan
Gewerbepark
Nürnberg
Fürth
Erlangen

Im Sinne der Zweckverbandssatzung vom 1.Juli 1992

Textliche Bestimmungen
zum Städtebaulichen Rahmenplan

1 Technologiepark Tennenlohe - Süd

Bruttobauland	18,6 ha
Nettobauland	12,0 ha
Grundflächenzahl	0,7
Geschoßzahl (min - max)	2-6
Stellplatz pro Arbeitsplätze	1·2
Zielzahl f. Beschäftigte	2000

2 Dienstleistungs- und Produktionspark Eltersdorf

Bruttobauland	51,0 ha
Nettobauland	36,1 ha
Grundflächenzahl	0,8
Geschoßzahl (min - max)	2-6
Stellplatz pro Arbeitsplätze	1·3
Zielzahl f. Beschäftigte	6800

3 Multifunktionspark Schmalau - West

Bruttobauland	56,8 ha
Nettobauland	37,1 ha
Grundflächenzahl	0,7
Geschoßzahl (min - max)	2-4
Stellplatz pro Arbeitsplätze	1·3
Zielzahl f. Beschäftigte	7900

Bereich Ortsteil Steinach besondere Hinweise:
- Geschoßhöhe der Umgebung max. 4
- Grünabstand zu Bauflächen
- Besondere Bauweise in Anpassung an die örtliche Gegebenheit

4 Multifunktionspark Schmalau - Ost

Bruttobauland	28,0 ha
Nettobauland	23,4 ha
Grundflächenzahl	0,7
Geschoßzahl (min - max)	2-4
Stellplatz pro Arbeitsplätze	1·2
Zielzahl f. Beschäftigte	3100

5 Anpassungsgebiet Schmalau - Bislohe

Bruttobauland Schmalau	50,0 ha
Zielzahl f. Beschäftigte	3000
Bruttobauland Bislohe	14,4 ha
Zielzahl f. Beschäftigte	1200

6 Flächenbilanz für die angestrebte städtebaul. Entwicklungsmaßnahme

Bruttobauland	154,4 ha
Nettobauland	108,6 ha
ökologische Entwicklungsflächen	108,3 ha
Zielzahl f. Beschäftigte	19800

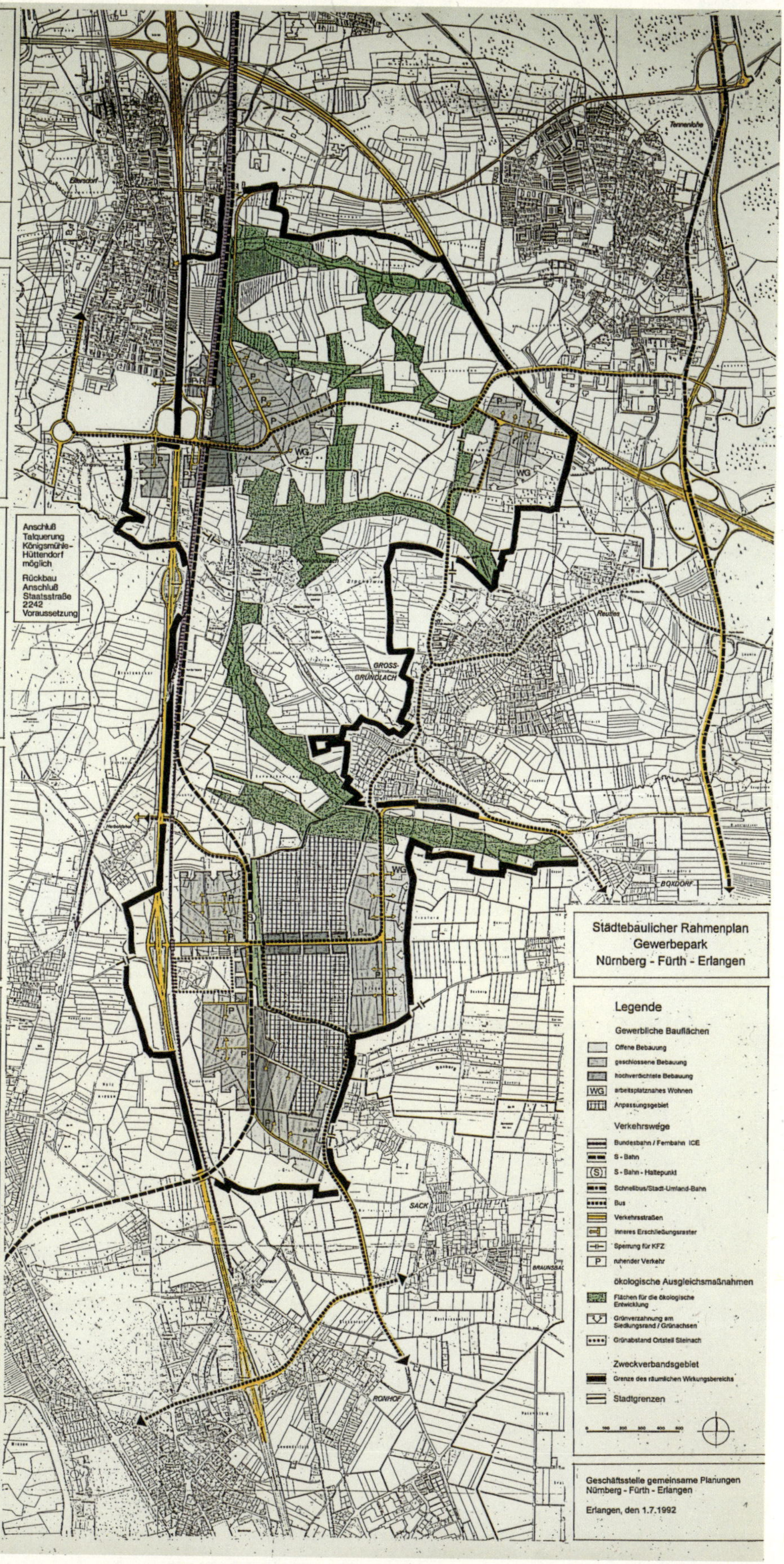

und konzeptionelle Ansprüche verfolgen, die herkömmlich Planungen fortentwickeln.

2.2.7 Ökologische und optische Anforderungen in Gewerbegebieten

In den Praxisfällen werden die Anforderungen an die umweltgerechte Erschließung und Gestaltung der neuen Gewerbegebiete unterschiedlich gesehen. In den Vorhaben der Planungsphase, bei denen die Standortfindung wesentliches Element der Grundlagenarbeit ist, werden die Erkenntnisse aus dieser Arbeitsphase auch dazu eingesetzt, gebietsinterne ökologische und städtebauliche Qualitätsstandards zu formulieren. Im Vordergrund der Untersuchungen stehen dabei Maßnahmen zur Verwirklichung der ökologischen Teilziele und der Prinzipien zur Gestaltung der Baugebiete. Dabei sind überwiegend Planungskonzepte entwickelt worden, die der Konkretisierungsstufe der städtebaulichen Rahmenplanung entsprechen. Im Zuge der rechtlichen und inhaltlichen Umsetzung der Konzepte erfolgen weitere städtebauliche oder landschaftsplanerische Verfeinerungen, so z.B. im Rahmen der verbindlichen Bauleitplanung oder durch städtebauliche Wettbewerbe für exemplarische Teilgebiete.

Im Rahmen der angestrebten qualitativen Verbesserungen der bestehenden Gewerbegebiete sowie der räumlichen Erweiterungen in den Praxisfällen der Realisierungsphase werden vor allem vorhabenbezogene ökologische und optische Anforderungen formuliert. Im Unterschied zu den Vorhaben der Planungsphase haben in diesen Projekten die gestalterischen Anforderungen an Einzelobjekte eine besondere Bedeutung. Entsprechende kommunale Vorstellungen sind Bestandteil der verbindlichen Bebauungspläne oder werden mit weniger Eingriffsschärfe durch ein Gestaltungshandbuch verdeutlicht.

Detailuntersuchungen zu den Möglichkeiten der Produktion in übereinanderliegenden Geschossen werden im weiteren Planungsprozeß des Vorhabens Herford erstellt. Die Ergebnisse sind Bestandteil der Datenblätter der TFA, damit die Forderung nach geringerer Flächeninanspruchnahme in Gewerbegebieten belegt werden kann. Mehrgeschossige Produktionsweisen werden in allen Vorhaben der Planungsphase im weiteren Umsetzungsprozeß angestrebt. In den Vorhaben der Realisierungsphase sind bereits Gebäude errichtet worden oder geplant, die die technischen Voraussetzungen zur Stapelung verschiedenartiger Betriebsabläufe bieten.

2.2.8 Formen der Trägerschaft

Im Rahmen der Grundlagenarbeit untersuchen alle Vorhaben der Planungsphase interkommunale Ansätze bei der Ausweisung der neuen Gewerbegebiete. Die

Möglichkeiten der interkommunalen Zusammenarbeit werden von den Gemeinden aus politischen, planerischen und wirtschaftlichen Gründen sehr unterschiedlich gewertet. Im Vorhaben Erlangen/Fürth/Nürnberg ist die Organisation zur gemeinsamen Planung und Durchführung des Projektes bereits in eine Zweckverbandslösung gemündet.

Gegenstand von Untersuchungen sind in Erlangen/Fürth/Nürnberg auch die Möglichkeiten, wie bei der Realisierung der Gewerbegebietsplanung eine öffentlich-private Zusammenarbeit gestaltet werden kann. Im Zuge der Erarbeitung wirtschaftlicher Grundlagen setzen sich alle Projekte der Planungsphase mit den künftigen Formen der Trägerschaft auseinander. Entscheidungen sind dazu noch nicht getroffen worden. Allerdings werden die lose Kooperation mit privaten Entscheidungsträgern oder die Gründung von gemeinsamen Entwicklungsgesellschaften als Public-Private-Partnership (PPP) mit der Aufgabe, die planerische Entwicklung und Vermarktung der Gewerbegebiete zu betreiben, als mögliche Perspektiven diskutiert.

In den Vorhaben der Realisierungsphase spielen Grundlagenuntersuchungen zur interkommunalen Zusammenarbeit keine Rolle. Trägerschafts- und Kooperationsmodelle bzw. Strategien zur Erarbeitung einer verbesserten Wirtschaftsförderungsstrategie sind Untersuchungsgegenstand in einem der beiden Vorhaben. Dabei geht es allerdings weniger um zukünftige PPP-Formen als vielmehr um eine Verbesserung der kommunalen Beratungsleistungen, der Akquisitionsarbeit sowie der Kontaktpflege und der Außendarstellung.

2.3 Konzeptionelle Arbeit

In den unterschiedlichen Phasen zur Standortfindung, Planung und Realisierung der neuen Gewerbegebiete lassen sich trotz verschieden gelagerter Handlungsbedarfe und Handlungsmöglichkeiten der Vorhaben Gemeinsamkeiten bei der Umsetzung der Grundlagenarbeit in die weiteren konzeptionellen Überlegungen feststellen. Wesentliche Bausteine der konzeptionellen Arbeit sind:

- Standortfindung,
- Gewerbegebietsabgrenzung,
- städtebauliche Rahmenplanung oder Erarbeitung sachlicher und räumlicher Teilkonzepte mit Schwerpunkt Ökologie, Erschließung und Gestaltung,
- Ableitung von Detailfragen der technischen Realisierung,
- Bebauungsplanung,
- strategische Überlegungen zur Umsetzung von besonderen Anforderungen im Gewerbegebiet, z.B. durch Verknüpfung der Bebauungsplanung mit anderen Rechtsgebieten.

Innerhalb der Vorhaben der Planungsphase besteht dabei der Anspruch, alle genannten Bausteine qualitativ hochwertig zu bearbeiten. Bei den Vorhaben der Realisierungsphase geht es im wesentlichen um die Erstellung von konkretisierten

Planungskonzepten für die bereits feststehenden Industrie- und Gewerbegebiete. Im Projektzusammenhang spielen deshalb Fragen der Standortfindung und Gewerbegebietsabgrenzung keine Rolle mehr.

Als Ergebnis der unterschiedlichen Standorteignungsuntersuchungen werden Abgrenzungen der Gewerbegebiete vorgenommen und Bereiche herausgefiltert, die hinsichtlich der zu erwartenden Umweltauswirkungen als unproblematisch anzusehen sind. Parallel zu diesen Untersuchungsphasen werden Grobuntersuchungen durchgeführt, die die grundsätzlichen Möglichkeiten der räumlichen Entwicklung, der verkehrlichen Anbindung und der Ausgleichsmaßnahmen in größerräumigem Zusammenhang aufzeigen. Die Ausarbeitung detaillierter Planungen erfolgt auf der Grundlage dieser Materialien, Vorprüfungen oder Machbarkeitsstudien.

2.3.1 Städtebauliche Rahmenplanung

Entscheidende Bedeutung hat an dieser Stelle des Planungsprozesses in der Regel die städtebauliche Rahmenplanung, die ein breites Spektrum an Themen im längerfristig angelegten Entwicklungs- und Realisierungsprozeß der Gewerbegebietsausweisung integriert. Alle Vorhaben der Planungsphase und ein Vorhaben der Realisierungsphase erstellen Rahmenpläne, allerdings mit unterschiedlichen Schwerpunktsetzungen, Konkretisierungsgraden, inhaltlichen Ansprüchen und in unterschiedlichem Detaillierungsgrad.

Die städtebauliche Rahmenplanung ist weder rechtlich geregelt noch läßt sie sich fachlich exakt abgrenzen. Vielmehr unterscheiden sich Rahmenpläne sowohl im Flächenbezug als auch in der sachlich-inhaltlichen Differenzierung. Grundsätzlich beziehen sie sich entweder auf das gesamte Gemeindegebiet und damit auf die Ebene des Flächennutzungsplans oder auf Teilflächen einer Gemeinde und dabei in der Regel auf die Ebene zwischen Flächennutzungsplan und Bebauungsplan.

Inhaltlich kann die städtebauliche Rahmenplanung der umfassenden, koordinierenden und räumlich konkretisierenden Vorbereitung von städtebaulichen, infrastrukturellen sowie ökologischen Vorhaben dienen. Zugleich bildet sie den Rahmen für die Bauleit- und Investitionsplanung. Mit der Rahmenplanung sollen die Handlungsspielräume Privater und der öffentlichen Hand in ihrer positiven, aber auch negativen Wirkung für den betroffenen Planungsraum festgestellt und gestaltet werden. Die Funktionen der Rahmenplanung als konkretisierendes Instrument der Stadtentwicklungsplanung können dabei unter den Aspekten Zielfindung, Abwägung, Steuerung und Innovation zusammengefaßt werden.

Als informelle Planungsebene zwischen der gesetzlich geregelten vorbereitenden Flächennutzungsplanung und der verbindlichen Bebauungsplanung erfüllt die städtebauliche Rahmenplanung in der gemeindlichen Planungspraxis eine bedeutende Rolle. Die unter dem Begriff der städtebaulichen Rahmenplanung zusammengefaßten Planungsschritte und Pläne ergänzen die gemeindliche Entwicklungsplanung, den Flächennutzungsplan und die Bebauungspläne für Teilräume oder sachliche Teilbereiche, verdeutlichen sie mit weitergehenden Aussagen zum Planinhalt und differenzieren in den Zielvorstellungen. Die städtebauliche Rahmenplanung enthält dennoch zahlreiche programmatische Aussagen, aber auch vielfältige räumlich konkrete Planinhalte.

Die städtebauliche Rahmenplanung ist in ihrer Darstellung flexibel und daher in besonderer Weise geeignet, Ziele und Inhalte vor allem der Bebauungspläne anschaulich vorzustrukturieren. Entsprechend ihrem Einsatzbereich und der jeweiligen Problemlage muß sie eine sinnvolle Aussagedifferenzierung und -schärfe finden. Dies führt zu unterschiedlichen Aussageinhalten der einzelnen Rahmenplanungen in den Praxisfällen.

Als Zwischenstufe zwischen der Flächennutzungs- und Bebauungsplanung ermöglicht die Rahmenplanung im Hinblick auf die Umweltproblematik die frühzeitige Koordinierung zwischen den Funktionen von Natur und Landschaft und den räumlichen Nutzungsansprüchen. So können das ökologische Wirkungsgefüge und zusammenhängende Wirkungsbereiche erfaßt werden.

Am Beispiel der Rahmenplanung im Vorhaben Erlangen/Fürth/Nürnberg können Aufgabenstellung sowie inhaltliche und methodische Möglichkeiten dieses Instrumentariums verdeutlicht werden. Hier war die Verabschiedung eines gemeinsamen städtebaulichen Rahmenplans in uneingeschränkter Planungshoheit der drei Städte die Voraussetzung für die Gründung des Zweckverbands. Wesentliche Inhalte sind:

- ein städtebauliches Standortkonzept für Gewerbe- und Dienstleistungen aufgrund unterschiedlicher Standortqualitäten im Gewerbegebiet,
- ein Baudichtekonzept als Grundlage weiterführender Planungen und zur Überprüfung des Nutzungskonzeptes,
- ein Verkehrskonzept mit dem Ziel umweltschonender Verkehrserschließung bezüglich der regionalen Anbindung und der internen Erschließung,
- die Untersuchung der Umweltverträglichkeit des geplanten Verkehrsnetzes,
- die Auswirkungen der Agrarstruktur auf die Flächennutzung,
- ein Konzept für die Grünstruktur der Siedlungsbereiche,
- Hinweise auf Interessenausgleich zwischen landwirtschaftlicher Nutzung und Gewerbenutzung,
- Präzisierung von Vorgaben für einen nachfolgenden städtebaulichen Wettbewerb.

Darüber hinaus wurden Ideenskizzen zu den einzelnen Teilstandorten angefertigt, um die Flexibilität und Konkretisierbarkeit des Konzeptes in der Planungsstufe des Bebauungsplans zu überprüfen.

In anderen Fällen hat die städtebauliche Rahmenplanung zum Teil ähnliche Inhalte und Aufgaben. Teilweise sind die Ansprüche an die Rahmenplanung geringer als im besonderen Fall Erlangen/Fürth/Nürnberg, und die Aufgaben werden von Strukturplänen übernommen, die unterschiedliche Varianten zur Gebietserschließung und Gestaltung aufzeigen und als Grundlage für die Bebauungsplanung herangezogen werden.

Ökologische Teil- oder Entwicklungskonzepte stellen in allen Vorhaben der Planungsphase wesentliche Bestandteile der planerischen Umsetzung dar. Die Konzepte umfassen in allen Fällen Aussagen mit Leitliniencharakter zu Klima, Luft und Boden, zu vorhandenen Biotopbereichen sowie zur orts- und landschaftsprägenden Vegetation. Aus den Zielvorstellungen zur Berücksichtigung der Belange von Naturschutz und Landschaftspflege werden auf dieser Ebene Empfehlungen für Festsetzungen im Bebauungsplan abgeleitet. Häufig betreffen diese Vorschläge

- Begrünung von Reserveflächen,
- Gehölzstreifen als Abgrenzung zu den Nachbargrundstücken,
- Schutzstreifen zur freien Landschaft,
- Stellplatzeingrünung mit standortgerechten Bäumen,
- Fassaden- und Dachbegrünung,
- Geländemulden zur Versickerung von unbelastetem Regenwasser,
- Flächen für Sammelcontainer (Abfallverwertung).

2.3.2 Gestaltungshandbuch

Im Regelfall schaffen Bebauungspläne das Baurecht zur Realisierung der Gewerbegebietsplanung. Dabei ist die Regelungsschärfe bezüglich der gestalterischen und ökologischen Festsetzungen unterschiedlich. Der Bebauungsplan wird durch informelle Instrumente ergänzt, die eine positive Entwicklung durch Überzeugungsarbeit bewirken sollen. Dazu gehören vor allem Handbücher zu verschiedenen Themenbereichen. So ist in Neutraubling ein Gestaltungshandbuch und seine Anwendung bei Bauberatungen Kernpunkt der konzeptionellen Projektarbeit. Die Gemeinde stellt in diesem Fall an die ansiedlungswilligen Betriebe besondere Anforderungen, die über die Festsetzungen der Bebauungspläne hinausgehen. Als Strategie zur Umsetzung einer besonderen gestalterischen Qualität des Gebiets werden von der Gemeinde vor allem die Instrumente der Beratung und Betreuung von Investoren und Bauwilligen angewendet. Es ist geplant, bei jedem Bauantrag in intensiven Einzelgesprächen „Bewußtsein zu schaffen" und die Planungen auf freiwilliger Basis im Sinne des Gesamtkonzepts zu verändern und anzupassen. Grundlage der Beratungstätigkeit ist das Gestaltungshandbuch, das neben der besonderen Berücksichtigung der Gestaltung und Dimensionierung der Verkehrsanlagen und der sonstigen öffentlichen Räume konkrete Zielvorgaben zu technischen Einzelheiten enthält, die bei der Errichtung von Gewerbebauten zu beachten sind. Neben Angaben zur Bau- und Parzellenstruktur sind in diesem Zusammenhang die Aussagen zur Materialauswahl und Fassadengestaltung, zur Haustechnik sowie zur Ver- und Entsorgung von Bedeutung. So werden u.a. technische Möglichkeiten zur Wärmedämmung, zur aktiven und passiven Sonnenenergienutzung, zur Wärmerückgewinnung, zur Kraft-Wärme-Kopplung, zur Grauwassernutzung und zur Abfallbehandlung erläutert.

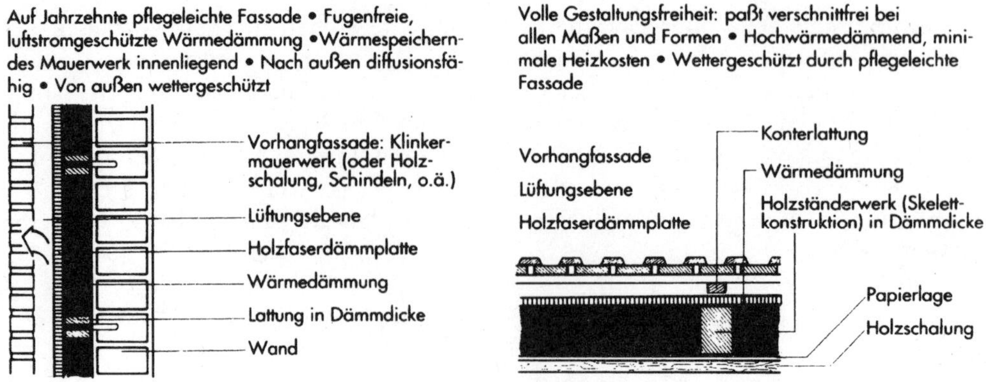

Abb. 4 Beispiel für effektive Wärmedämmung[3]
links: Außenwand mit hinterlüfteter Fassade (für Bürogebäude)
rechts: Leichtbauwand (für Hallen)

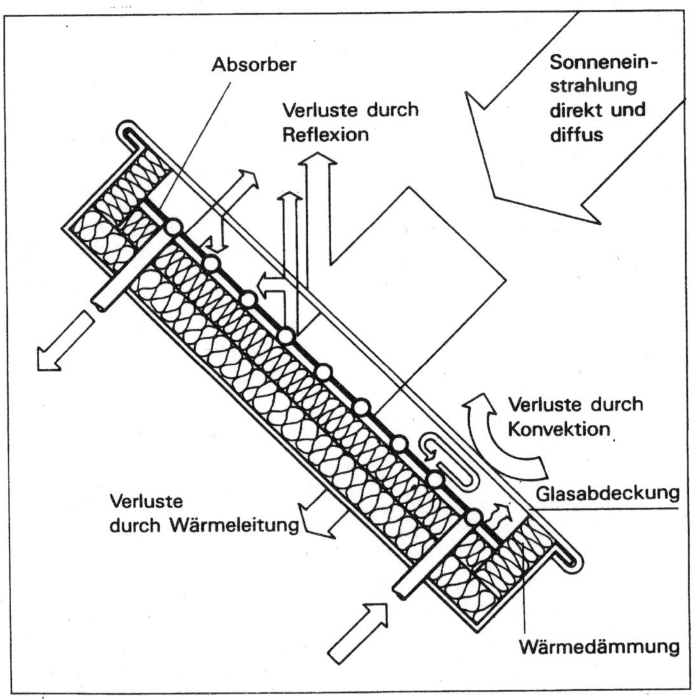

Abb. 5 Wirkungsweise eines Flachkollektors[4]

---

[3] Vgl. Gestaltungshandbuch Modellvorhaben Neutraubling. Loseblattsammlung, Neutraubling 1992.

[4] Vgl. Gestaltungshandbuch Modellvorhaben Neutraubling. Loseblattsammlung, Neutraubling 1992.

Daneben wird das Gesamtkonzept für die Gewerbegebiete veranschaulicht. Es werden Empfehlungen für bestimmte Gebäudetypen und die Erweiterungsmöglichkeiten ausgesprochen sowie für die Anordnung und Begrünung von Stellplätzen.

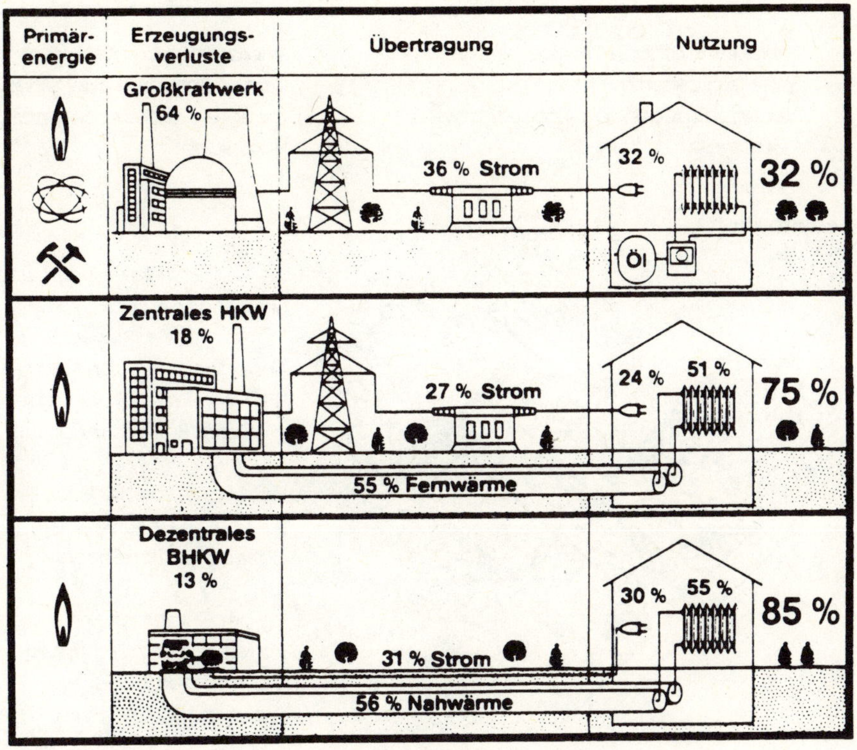

Abb. 6 Vergleich unterschiedlicher Stromerzeugungskonzepte[5]

Das Gestaltungshandbuch ist als fortschreibungsfähige Loseblattsammlung konzipiert und wird ständig ergänzt und thematisch erweitert. Die Grundkonzeption geht davon aus, daß die städtebauliche Aufwertung von bisher vernachlässigten bzw. neu auszuweisenden Gewerbegebieten zunehmend zu einer Prestigefrage werden wird, aber auch Investoren die Notwendigkeit erkennen, die Attraktivität der eigenen Unternehmenserscheinung und des Arbeitsplatzumfeldes zu steigern.

[5] Vgl. Gestaltungshandbuch Modellvorhaben Neutraubling. Loseblattsammlung, Neutraubling 1992.

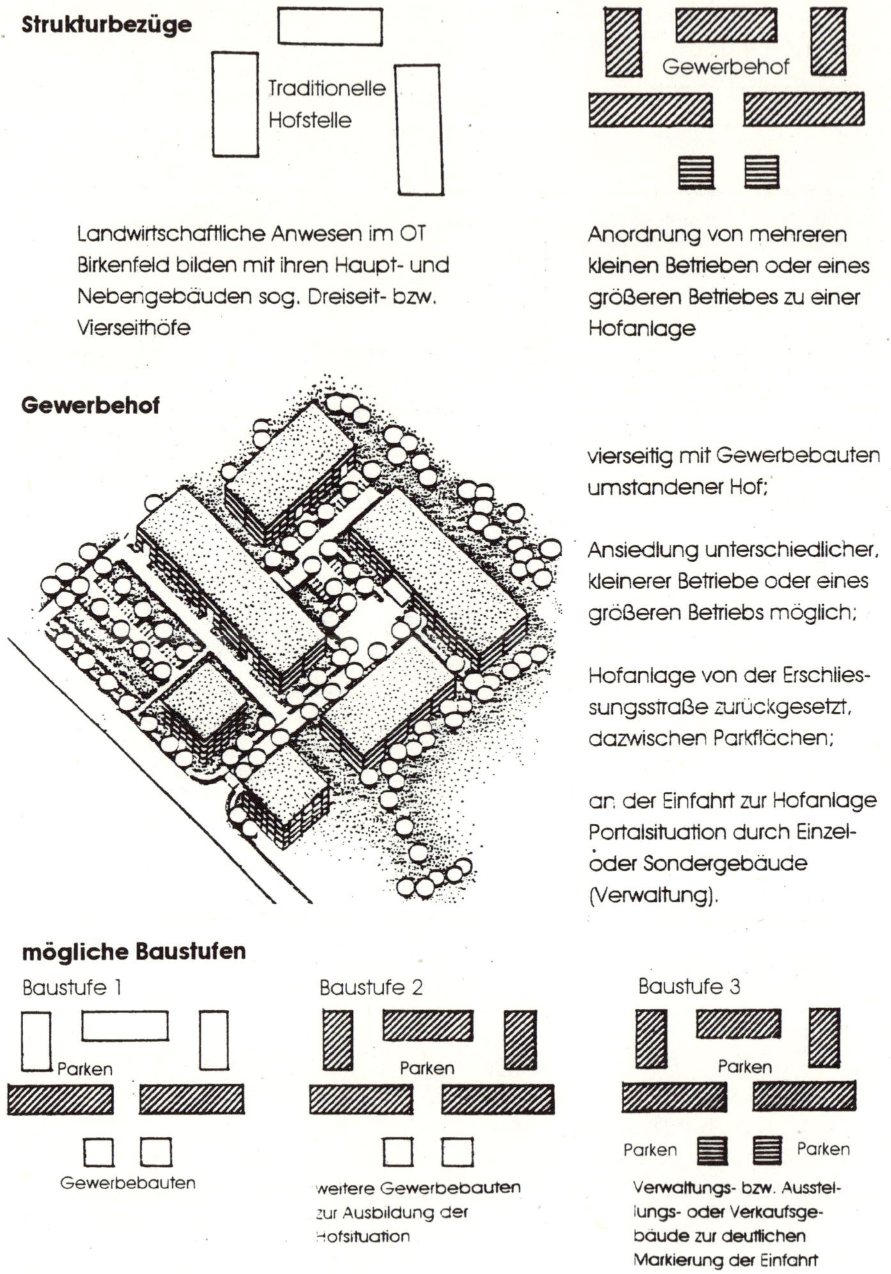

Abb. 7 Funktionsstruktur eines Gewerbegebietes[6]

6 Vgl. Gestaltungshandbuch Modellvorhaben Neutraubling. Loseblattsammlung, Neutraubling 1992.

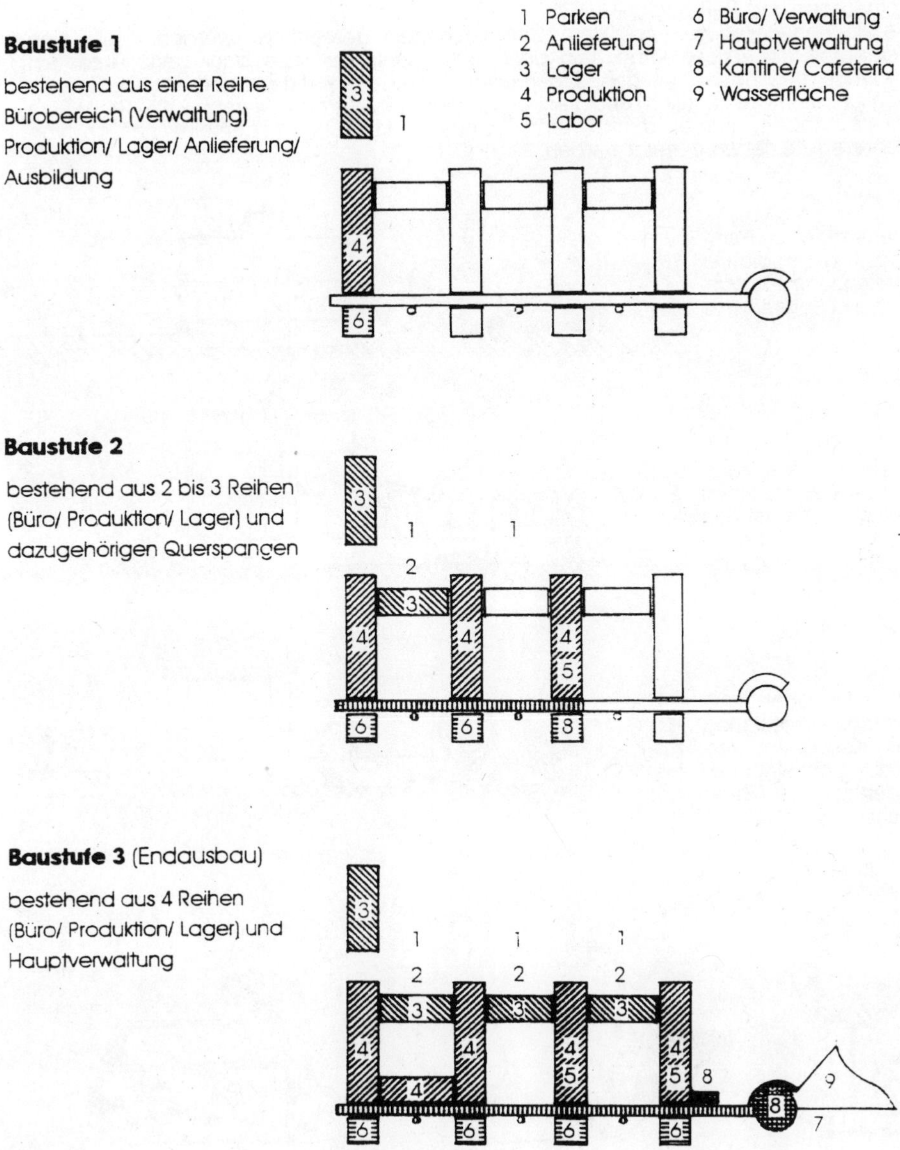

Abb. 8 Baustufen eines Gewerbebetriebes[7]

---

7 Vgl. Gestaltungshandbuch Modellvorhaben Neutraubling. Loseblattsammlung, Neutraubling 1992.

Tiefgaragen und Parkdecks
Die flächensparendste Art, dem Stellplatzbedarf gerecht zu werden, stellt eine Tiefgarage dar. Diese kann halb oder vollversenkt teilweise oder ganz unter ein Gebäude geschoben werden. Oberirdisch bieten Parkhäuser und Parkdecks die Möglichkeit, wirtschaftlich und flächensparend eine große Anzahl PKW-Stellplätze unterzubringen, zumal dann, wenn solche Einrichtungen gemeinschaftlich von mehreren Betrieben genutzt werden.

Ebenerdiger Parkplatz mit dichter Bepflanzung für ausreichend Schatten.

Absenken des Parkplatzes um ca. einen Meter, somit ist ein späterer Erweiterungsbau möglich.

Teilweise oder vollständige Nutzung des Kellers in Verbindung mit einer abgesenkten Parkfläche.

Kaschieren einer Tiefgarageneinfahrt ist die bessere Lösung

Abb. 9 Anordnung und Begrünung von Stellplätzen[8]

[8] Vgl. Gestaltungshandbuch Modellvorhaben Neutraubling. Loseblattsammlung, Neutraubling 1992.

Die Silhouette des Großbetriebes mit dem die Anlage nach Süden abschließenden Verwaltungsturm bietet einen einprägsamen Auftakt bzw. Abschluß der Ortschaft nach Süden hin.
Dabei kann der Betrieb geordnet in Bauabschnitten funktionsgerecht erweitert werden.

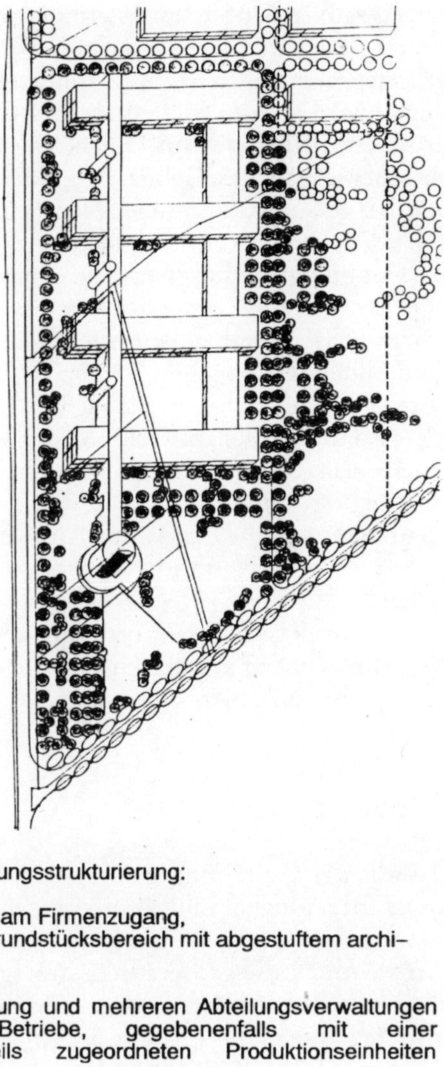

Mit dem herkömmlichen Prinzip der Nutzungsstrukturierung:

- Verwaltung als repräsentativer Bau am Firmenzugang,
- Fertigungsstätte im rückwärtigen Grundstücksbereich mit abgestuftem architektonischem Anspruch

kann ein Großbetrieb mit Hauptverwaltung und mehreren Abteilungsverwaltungen oder mehrere mittelständische Betriebe, gegebenenfalls mit einer Gemeinschaftseinrichtung und jeweils zugeordneten Produktionseinheiten entstehen.

Abb. 10 Struktur eines Großbetriebs[9]

[9] Vgl. Gestaltungshandbuch Modellvorhaben Neutraubling. Loseblattsammlung, Neutraubling 1992.

Mit den Regelungen des Gestaltungshandbuchs soll erreicht werden, daß die einzelnen Bauvorhaben in Grundprinzipien aufeinander abgestimmt sind, um dem Gesamtgebiet eine eigene Identität (Corporate identity) zu geben und „das Ganze mehr wird als die Summe seiner Teile".[10]

Aus der Analyse der Siedlungsstruktur der Gemeinde werden unterschiedliche Großformen abgeleitet, welche auf die Nutzungsstruktur des Industrie- und Gewerbegebietes übertragen werden sollen. Bei einer Gesamtplanung von „außen nach innen" wird auf die Einbettung des Gebietes in die Stadt- und Landschaftsstruktur unter Aufnahme von Umgebungsbedingungen besonderer Wert gelegt.

Nach innen erhält das Gebiet Eigenidentität durch Übertragung der Struktur des Flugplatzgeländes, auf dem Neutraubling als Stadtneugründung errichtet worden ist. Daraus entsteht eine überschaubare und ablesbare Grundstruktur der Straßen (Haupterschließungsstraßen, Sammelstraßen und Anliegerstraßen) und Grünzüge.

Die Baufluchten sind entlang der Haupterschließungsstraßen zur Erzielung einer raumbildenden Baukante streng definiert, wobei die Einmündung zu den Sammelstraßen und Anliegerstraßen mit höheren Baukörpern markiert werden. Dadurch wird die Höhenentwicklung der straßenbegleitenden Bebauung über die Grenzen des Einzelgrundstückes mit dem Ziel der Rhythmisierung des Straßenraums hinweg bestimmt.

Die Bauflucht entlang der Sammelstraßen und Anliegerstraßen ist „weich" ausgebildet, um eine Orientierung anhand unterschiedlicher Gebietsstrukturen zu ermöglichen.

Auf der Basis dieser Gesamtordnung entwickelt sich im Detail die Gestaltung der Einzelbauvorhaben auf der Grundlage eines gemeinsamen Ordnungsprinzips, welches im Bebauungsplan festgesetzt ist.

2.3.3 Bauberatung

Auf der Basis des Gestaltungshandbuches finden im Praxisfall Neutraubling derzeit bereits Beratungen und Betreuungen Bauwilliger im Zusammenhang mit Baugenehmigungsverfahren statt.

Seit Anwendung dieser Beratungsstrategie sind im Industrie- und Gewerbegebiet einige beispielhafte Gewerbegebäude errichtet worden, die in der Folge zu einer erhöhten Akzeptanz gestalterischer Anforderungen bei weiteren Investoren geführt haben. Da die Bebauungspläne nur relativ wenig Inhalte des Gestaltungshandbuches textlich oder zeichnerisch festsetzen, wären diese Qualitäten alleine auf der Basis der Bebauungspläne nicht zu erzielen gewesen. Seit Einsetzen der Beratungstätigkeit lassen sich jedenfalls gestalterische Qualitäten bei gewerblichen Objekten feststellen, die das vorher im Gewerbegebiet vorhandene Niveau

[10] Vgl. Gestaltungshandbuch Modellvorhaben Neutraubling. Loseblattsammlung, Neutraubling 1992.

deutlich übertreffen. Zweifellos profitiert die Stadt in diesem Fall jedoch von einem anhaltend hohen Ansiedlungsdruck in der Region.

Die Beratungstätigkeit ist im Regelfall außerordentlich arbeitsintensiv; so hat in einzelnen Baugenehmigungsverfahren die Beratungstätigkeit für die von der Stadt beauftragten Architekten und Landschaftsplaner einen Aufwand von mehr als 40 Stunden erfordert. Zu echten Konfliktsituationen ist es im untersuchten Praxisfall bislang offensichtlich noch nicht gekommen. Da die Stadt überwiegend nicht Grundstückseigentümer im Gebiet ist und die Bebauungspläne überwiegend großen Spielraum lassen, ist die Rechtsposition der Stadt im Konfliktfall nur sehr schwach, so daß die im Beispielfall vorhandene Konstellation nur eingeschränkt auf andere Fälle übertragen werden kann. Grundsätzlich scheint es jedoch wichtig, die harten planungsrechtlichen Instrumente durch weiche Instrumentarien wie zum Beispiel Beratungsgespräche auf der Basis von Gestaltungsbüchern oder sonstigen Anschauungsmaterialien zu ergänzen. Die Erfahrungen aus den Vorhaben zeigen jedoch, daß in den Fällen, in denen die Gemeinden nicht Grundstückseigentümer sind, eine höhere Festsetzungsdichte im Bebauungsplan erforderlich wird, damit die Zielsetzung der Beratung in strittigen Fällen nicht völlig unterlaufen werden kann.

2.4 Detailplanung

Mit Blick auf die Detailplanung, hier vor allem verstanden als Planung im Rahmen der Bauausführung einzelner Gewerbegebäude, lassen sich bis jetzt für die Vorhaben der Planungsphase wenig konkrete Aussagen treffen, da sich die Projekte vor allem mit der Grundlagenermittlung und der Ergebnisumsetzung in Rahmenplanungen beschäftigen.

In den Vorhaben der Realisierungsphase bezieht sich die planerische Detailarbeit bereits auf konkrete Bauvorhaben. Hier wurden von verschiedenen Investoren Pläne für Projekte vorgelegt und mit den Gemeinden abgestimmt. Die Bandbreite der geplanten und realisierten Gebäude ist breitgefächert und reicht von „normaler" Industriearchitektur bis zu anspruchsvollen Gestaltungen. Die gemeindlichen Anforderungen zur Schaffung hochwertiger architektonischer Qualität beziehen sich in der Regel auf die Schaffung einheitlicher Erscheinungsbilder hinsichtlich der Gebäudeformen und -dimensionen, der Formensprache, der Materialien, der Farbgebung und der Werbeanlagen. Gleichzeitig sollen die Straßenräume durch Bebauung gefaßt werden und die Straßen durch intensive Straßenraumbegrünungen gestaltet werden.

Über diese gemeindlichen Forderungen hinaus sehen einzelne Vorhaben Dachbegrünungen, standortgerechte Bepflanzungen oder technische Maßnahmen wie getrennte Wasserentsorgung, Energieeinsparung durch Baugestaltung oder Niedertemperaturheizungen vor. Neben besonderen gestalterischen Aspekten sieht ein bereits genehmigtes Bauvorhaben innovative Vermarktungsaspekte vor und

Abb. 11 Beispiele für realisierte gewerbliche Bauvorhaben

bietet drei unterschiedliche Eigentumsformen an: Mieten, Kaufen oder Leasen der genutzten Räume. Auch die Nutzungsaufteilung des Objekts kann als zukunftsweisend angesehen werden, da z.B. geschoßweise Nutzungen differenziert werden, in mehreren Geschossen produziert werden kann und Gemeinschaftseinrichtungen wie Kantine, Kinderhort und Sitzungssäle eingeplant sind. Angesprochen werden sollen Unternehmen innovativer Branchen mit gehobenen Ansprüchen an den Arbeitsplatz und das Umfeld.

3 Rechtliche Umsetzung

Aus dem Bereich des Städtebaurechts ist die Anwendung der städtebaulichen Entwicklungsmaßnahme von besonderer Bedeutung. In zwei Vorhaben sollen bisher landwirtschaftlich genutzte Flächen einer gewerblichen Nutzung zugeführt werden. Hier hat die städtebauliche Entwicklungsmaßnahme eine entscheidende Koordinationsfunktion bei den ökologischen Gewerbegebietsplanungen.

Die sonstige planungsrechtliche Umsetzung der Praxisfälle zeigt aufgrund der gesetzlichen Vorgaben in verschiedenen Bereichen Übereinstimmungen. Da es sich in allen Fällen um Entwicklungen außerhalb der im Zusammenhang bebauten Ortsteile handelt, ist die Aufstellung von Bebauungsplänen für die Realisierung der Vorhaben zwingend.

Während dieses Instrument teilweise als verbindliche Steuermöglichkeit sehr regelungsdicht ausgestaltet wird, zeigt sich andererseits eine planerische Zurückhaltung bei Festsetzungen im Bebauungsplan. Die gewünschte Entwicklung soll hier mit anderen Rechtsinstrumenten erreicht werden.

Neben dem Städtebaurecht sind insbesondere Regelungen aus dem Bereich des Umwelt- und Naturschutzrechts, fachgesetzliche Regelungen des Wasserrechts, des Abfallrechts, des Gewerbe- und Energiewirtschaftsrechts sowie Aspekte des Steuerrechts und des Privatrechts bei der Ausweisung neuer Gewerbegebiete von Bedeutung.

3.1 Städtebaurecht

In den untersuchten Praxisfällen haben sich vor allem zwei Instrumente aus dem Bereich des Städtebaurechts als hilfreich bzw. unverzichtbar bei der ökologischen Gewerbegebietsplanung erwiesen: die Entwicklungsmaßnahme und der Bebauungsplan.

Das BauGB-MaßnahmenG nahm den Grundtypus der Entwicklungsmaßnahme nach Städtebauförderungsgesetz wieder auf und führte ihn in weiterentwickelter Form zunächst befristet in das Städtebaurecht ein. Durch das Investitionserleichterungs- und Wohnbaulandgesetz ist die städtebauliche Entwicklungsmaßnahme seit dem 1. Mai 1993 Dauerrecht geworden. Die Möglichkeiten des neuen Instrumentariums wurden von zwei Praxisfällen aufgegriffen. Im Vordergrund der gemeindlichen Überlegungen standen dabei die Zielsetzungen, die städtebauliche, ökologische und wirtschaftliche Entwicklung zu steuern und Einfluß auf die Bodenpreisgestaltung in den neuen Gewerbegebieten nehmen zu können.

Die Anwendung des städtebaulichen Entwicklungsrechts erfordert die Überprüfung materieller, formeller und instrumenteller Voraussetzungen. Dazu sind mittlerweile vorbereitende Untersuchungen erforderlich. Die wesentlichen Anwendungsfälle und Festlegungsvoraussetzungen für die kommunale Entwicklungsmaßnahme sind nachfolgend zusammengefaßt.

Der Bebauungsplan bildet die Grundlage für Maßnahmen zum Vollzug des BauGB und hat damit eine entscheidende Bedeutung für die Zulässigkeit der Vorhaben.

3.1.1 Anwendung der städtebaulichen Entwicklungsmaßnahme bei der ökologischen Gewerbegebietsplanung

Die Entwicklungsmaßnahme als Instrument des besonderen Städtebaurechts wurde erstmals mit dem Städtebauförderungsgesetz 1971 eingeführt. Entsprechend den Zielen der Raumordnung und Landesplanung konnten im Sinne von städtebaulichen Gesamtmaßnahmen neue Orte geschaffen, vorhandene Orte zu neuen Siedlungseinheiten entwickelt oder vorhandene Orte um neue Ortsteile erweitert werden.

Mit der Novellierung des Baugesetzbuches 1986 wurden die Bestimmungen zur Entwicklungsmaßnahme aufgehoben. Mit Hilfe von Übergangsregelungen wurde allerdings die Weiterführung bereits eingeleiteter Entwicklungsmaßnahmen ermöglicht.

Mit den Bestimmungen in den §§ 6 und 7 des BauGB-MaßnahmenG wurde im Jahre 1990 die städtebauliche Entwicklungsmaßnahme, befristet bis zum 31. Mai 1995, wieder eingeführt. Das BauGB-MaßnahmenG griff dabei die Grundstruktur der Entwicklungsmaßnahme nach Städtebauförderungsgesetz auf und entwickelte sie als kommunales Instrument weiter. Das Investitionserleichterungs- und Wohnbaulandgesetz (Inv-WoBauLG) vom April 1993 enthält eine Neufassung des Rechts für städtebauliche Entwicklungsmaßnahmen bei unbefristeter Übernahme in das Baugesetzbuch.

Die Möglichkeiten des neuen Instrumentariums wurden von zwei Vorhaben aufgegriffen. Im Vordergrund der gemeindlichen Überlegungen standen dabei die Zielsetzungen, die städtebauliche, ökologische und wirtschaftliche Entwicklung zu steuern und Einfluß auf die Preisgestaltung in den neuen Gewerbegebieten nehmen zu können.

Die Entwicklungsmaßnahme nach dem BauGB enthält eine Reihe von Neuerungen. So ist die städtebauliche Entwicklungsmaßnahme nicht mehr ausschließlich der Entwicklung des Landesgebietes verpflichtet, sondern auch der Entwicklung und Neuordnung von Ortsteilen und anderen Teilen des Gemeindegebietes entsprechend ihrer besonderen Bedeutung für die städtebauliche Entwicklung und Ordnung der Gemeinde. Die förmliche Festlegung erfolgt nicht mehr durch Rechtsverordnung der Länder, sondern durch gemeindliche Satzung. Nach neuem Entwicklungsrecht können die Vorhaben gegenüber dem alten Recht deutlich kleinräumiger gestaltet werden und enthalten auch im sachlichen Anwendungsbereich Änderungen, da sie entweder ausschließlich oder im funktionalen Zusammenhang Wohn-, Gewerbe-, Industrie- oder Infrastrukturzwecken dienen können. Darüber hinaus können auch bereits bebaute Flächen Gegenstand einer städtebaulichen Entwicklungsmaßnahme sein und damit einer Neuordnung zugeführt werden.

Die Neufassung des Rechts für städtebauliche Entwicklungsmaßnahmen enthält im wesentlichen folgende Änderungen:[11]

Die Vorbereitung einer städtebaulichen Entwicklungsmaßnahme beginnt jetzt regelmäßig mit Voruntersuchungen nach § 165 Abs. 4 BauGB. Ab dem Beschluß über den Beginn der Voruntersuchungen steht der Gemeinde das Recht zu, gegenüber der Baugenehmigungsbehörde die Aussetzung von bestimmten Genehmigungsverfahren bis zu zwölf Monaten zu verlangen.

Deutlicher als im BauGB-MaßnahmenG ist jetzt bestimmt, daß die Vorschriften über die Erwerbspflicht der Grundstücke durch die Gemeinde zum entwicklungsunbeeinflußten Wert und die Veräußerungspflicht zum Neuordnungswert erfolgen muß und auch die Erhebung von Ausgleichsbeträgen nicht der Abschöpfung von Planungsgewinnen, sondern der Finanzierung der Maßnahmen dient.

So bestimmt § 169 Abs. 4 BauGB, daß für den Entwicklungsanfangswert auch bei land- und forstwirtschaftlich genutzten Grundstücken der Verkehrswert der Grundstücke maßgebend ist, wobei die Wertsteigerungen, die in Aussicht auf die Entwicklungsmaßnahme eingetreten sind, nicht berücksichtigt werden. Welcher Zustand und welche Entwicklung von Grund und Boden dabei zugrunde zu legen ist, ergibt sich aus § 4 der Wertermittlungsverordnung (WertV). Dies wird in der Regel dann Bauerwartungsland sein, wenn das Gebiet im Flächennutzungsplan als Baufläche dargestellt ist, andere vom Rat gebilligte informelle Planungen vorausgegangen sind oder der örtliche Grundstücksmarkt dies so sieht. In allen anderen Fällen ist als Entwicklungszustand begünstigtes Agrarland anzunehmen.

§ 169 Abs. 8 BauGB legt fest, daß die Veräußerung der Grundstücke zum Verkehrswert, der sich aus der Neuordnung des Bereichs ergibt, der Finanzierung der Entwicklung dient. Der § 171 Abs. 1 bestimmt ferner, daß die Einnahmen, die bei der Vorbereitung und Durchführung der Entwicklungsmaßnahme erzielt werden, zu deren Finanzierung zu verwenden sind. Überschüsse können danach nicht entstehen. Um dies zu gewährleisten, hat die Gemeinde nach dem Stand der Planung eine Kosten- und Finanzierungsübersicht aufzustellen und fortzuschrei-

---

[11] Vgl. Baugesetzbuch (vom 8.12.1986) mit BauGB-Maßnahmengesetz, Textausgabe, hrsg. und mit einer Einf. vers. von Peter Runkel. Köln 1993, S. 26ff.

ben. Eventuell dennoch sich ergebende Überschüsse der Gemeinde sind analog ehemaliger Regelungen zu § 48 des Städtebauförderungsgesetzes an die früheren Eigentümer der Grundstücke zu verteilen.

3.1.1.1 Allgemeine Anwendungsvoraussetzungen

Bei städtebaulichen Entwicklungsmaßnahmen muß gemäß § 165 Abs. 1 BauGB deren einheitliche Vorbereitung und zügige Durchführung im öffentlichen Interesse liegen. Voraussetzung ist demnach eine städtebauliche Gesamtmaßnahme aufgrund eines geschlossenen Planungs- und Durchführungskonzeptes.

Die einheitliche Vorbereitung und Durchführung erfordert eine Planungskonzeption, nach der die Maßnahme zügig zu realisieren ist. Zur Planung zählen insbesondere städtebauliche Pläne, wie z. B. städtebauliche Rahmenpläne, Strukturpläne oder Stadtentwicklungspläne.

Als öffentliches Interesse kommen die wesentlichen städtebaulichen Belange in Frage, wie sie beispielsweise in § 1 Abs. 5 BauGB benannt sind. Insbesondere liegen Maßnahmen im öffentlichen Interesse, wenn sie zur Deckung eines erhöhten Bedarfs an Wohn- und Arbeitsstätten oder zur Wiedernutzung brachliegender Flächen dienen. Aber auch andere städtebauliche Belange kommen als Allgemeinwohlgrund in Betracht.[12]

3.1.1.2 Anwendungsfälle

Bei den Anwendungsfällen der städtebaulichen Entwicklungsmaßnahme ist im einzelnen gemäß § 165 Abs. 2 BauGB zu differenzieren zwischen unterschiedlichen Raum-, Entwicklungs- und Nutzungsbezügen. Der Raumbezug läßt sich untergliedern in Gesamtmaßnahmen für **Ortsteile** und für **andere Teile** des Gemeindegebiets.

Ein Ortsteil muß wesentliche Teilfunktionen des Ortes (der Gemeinde) erfüllen. Es kann sich um neue Ortsteile handeln, die erstmalig entwickelt werden sollen. Gegenstand der Entwicklungsmaßnahmen können aber auch bereits vorhandene Ortsteile sein, die im Rahmen einer Neuordnung einer neuen Entwicklung zugeführt werden sollen.

Andere Teile des Gemeindegebiets sind solche, die keine Ortsteileigenschaft aufweisen müssen. Hierunter sind städtebauliche Gebilde inhaltlich „außerhalb“ und größenmäßig „unterhalb“ des Ortsteils zu verstehen. Es ist nicht erforderlich, daß hier wie beim Ortsteil wesentliche Teilfunktionen der Gemeinde erfüllt werden. Ausreichend ist vielmehr, daß der andere Teil des Gemeindegebiets gemäß § 165 Abs. 2 Satz 1 BauGB eine besondere Bedeutung für die städtebauliche

---

12 Vgl. hierzu: Deutsches Institut für Urbanistik (Difu): „Arbeitshilfe Städtebaurecht – Vorbereitung städtebaulicher Entwicklungsmaßnahmen“, Berlin 1993.

Entwicklung und Ordnung der Gemeinde oder für die angestrebte Entwicklung des Landesgebiets oder der Region hat.

Der Entwicklungsbezug kann Maßnahmen der Außen- und der Innenentwicklung umfassen. **Die Außenentwicklungsmaßnahme** dient der erstmaligen Entwicklung eines Ortsteils oder eines anderen Teils des Gemeindegebiets. **Die Innenentwicklungsmaßnahme** bezieht sich auf vorhandene Ortsteile oder andere Teile des Gemeindegebiets, die im Rahmen einer städtebaulichen Neuordnung den Entwicklungsbereich einer neuen Entwicklung zuführen soll. Neben Außenentwicklungs- und Innenentwicklungsmaßnahmen gibt es auch Mischtypen.

Der Nutzungsbezug muß nicht alle in § 165 Abs. 2 BauGB genannten Funktionen umfassen. Entwicklungsmaßnahmen dienen der Deckung eines Bedarfs von Wohnstätten. Aber nicht nur diesem; § 165 Abs. 2 Satz 2 BauGB erwähnt ausdrücklich die Arbeitsstätten und stellt mit der Nennung von Gemeinbedarfs- und Folgeeinrichtungen klar, daß diese sowohl im Zusammenhang mit Wohn- und/oder Arbeitsstätten als auch als solche selbständig Gegenstand von städtebaulichen Entwicklungsmaßnahmen sein können. Dies gilt auch für Arbeitsstätten, z.B. in Form größerer Industrie- und Gewerbeansiedlungen.

3.1.1.3 Voraussetzungen der förmlichen Festlegung

In § 165 Abs. 3 BauGB werden die Voraussetzungen für die förmliche Festlegung von Bereichen, in denen städtebauliche Entwicklungsmaßnahmen durchgeführt werden sollen, im einzelnen aufgelistet. Die Voraussetzungen einer förmlichen Festlegung liegen vor, wenn

- die Maßnahme den Zielen und Zwecken des § 165 Abs. 2 BauGB entspricht (§ 165 Abs. 3 Satz 1 Nr. 1 BauGB),
- das Wohl der Allgemeinheit die Durchführung der städtebaulichen Entwicklungsmaßnahme erfordert, insbesondere zur Deckung eines erhöhten Bedarfs an Wohn- und Arbeitsstätten oder zur Wiedernutzung brachliegender Flächen (§ 165 Abs. 3 Satz 1 Nr. 2 BauGB),
- die zügige Durchführung der Maßnahme innerhalb eines absehbaren Zeitraums gewährleistet ist (§ 165 Abs. 3 Satz 1 Nr. 3 BauGB).

In den Voruntersuchungen gem. § 165 Abs. 4 BauGB sind Beurteilungsunterlagen über die Festlegungsvoraussetzungen zu gewinnen; es ist zu prüfen, ob das Entwicklungsrecht angewendet werden kann.

In der kommunalen Praxis werden üblicherweise folgende Arbeitsschritte im Rahmen der Voruntersuchungen durchgeführt:

- Nachweis des Allgemeinwohlerfordernisses,
- Nachweis der besonderen gemeindlichen oder regionalen Bedeutung des Entwicklungsbereiches,
- Nachweis der Eignung des Standortes, städtebauliche und sonstige Machbarkeitsuntersuchungen,
- Erarbeitung eines groben Entwicklungskonzeptes mit Darstellung der Ziele und Zwecke der Maßnahme,

- Ermittlung der Eigentumsverhältnisse,
- Information und Beteiligung der Betroffenen, Ermittlung der Auswirkungen der Entwicklungsmaßnahme auf die Betroffenen und der Mitwirkungs- und Verkaufsbereitschaft,
- Information und Beteiligung der Träger öffentlicher Belange, Ermittlung der Mitwirkungsbereitschaft,
- Nachweis der Erforderlichkeit des besonderen entwicklungsrechtlichen Instrumentariums,
- Abgrenzung des Entwicklungsbereichs und eventueller Anpassungsgebiete,
- Ermittlung der entwicklungsunabhängigen Verkehrswerte und Prognosen der Neuordnungswerte,
- Nachweis der zügigen Durchführbarkeit der Entwicklungsmaßnahme, insbesondere der Finanzierbarkeit und der generellen Durchführbarkeit.[13]

Art und Umfang der notwendigen Untersuchungen hängen jedoch von den konkreten Umständen des Einzelfalls ab.

Ziele und Zwecke der städtebaulichen Entwicklungsmaßnahme

Die zulässigen Gegenstände städtebaulicher Entwicklungsmaßnahmen müssen sich gem. § 165 Abs. 3 Satz 1 Nr. 1 BauGB nach den bereits beschriebenen Bestimmungen des § 165 Abs. 2 BauGB richten.[14]

Als Ziele und Zwecke sind zusammenfassend zu nennen, Ortsteile und andere Teile des Gemeindegebiets erstmalig zu entwickeln oder vorhandene Gebiete einer neuen Entwicklung zuzuführen.

Wohl der Allgemeinheit bei der Durchführung der Entwicklungsmaßnahme

Grundsätzlich muß das **Wohl der Allgemeinheit** die Entwicklungsmaßnahme erfordern (§ 165 Abs. 3 Satz 1 Nr. 2 BauGB). Diese Voraussetzung verlangt unter anderem, daß in einer pauschalen, nicht unbedingt grundstücksbezogenen Prüfung die **enteignungsrechtlichen Voraussetzungen** bejaht werden (enteignungsrechtliche Vorwirkung der städtebaulichen Entwicklungsmaßnahme). Es ist aber bei förmlicher Bereichsfestlegung auch die Wirkung der Grunderwerbspflicht der Gemeinde zu beachten.

Da die pauschale Prüfung der Enteignungvoraussetzungen auf den Zeitpunkt des Erlasses der Entwicklungsbereichssatzung vorverlegt ist, müssen hinreichende Anhaltspunkte dafür vorliegen, daß das Wohl der Allgemeinheit die Durchführung der Entwicklungsmaßnahme nach dem BauGB erfordert. Dies ist geboten, da im Entwicklungsbereich die Enteignung ohne Bebauungsplan zulässig ist (§ 169 Abs. 3 BauGB) und die Gemeinde grundsätzlich an den Grundstücken im

[13] Vgl. hierzu: Deutsches Institut für Urbanistik (Difu): „Arbeitshilfe Städtebaurecht – Vorbereitung städtebaulicher Entwicklungsmaßnahmen", Berlin 1993, S. 19.

[14] Vgl. hierzu Kap. V 3.1.1.2 Anwendungsfälle.

Entwicklungsbereich das Eigentum erlangen soll. Die bei Erlaß der Entwicklungssatzung vorzunehmende Abwägung (§ 165 Abs. 3 Satz 2 BauGB) hat vornehmlich auch die Belange der betroffenen Eigentümer und Nutzungsberechtigten mit einzubeziehen.[15]

Das BauGB hebt in § 165 Abs. 3 Satz 1 Nr. 2 für das Wohl der Allgemeinheit zunächst die Deckung eines **erhöhten** Bedarfs an Wohn- und Arbeitsstätten hervor. Im Gegensatz etwa zu § 1 Abs. 1 BauGB-MaßnahmenG wird nicht auf einen **dringenden** Wohnbedarf der Bevölkerung abgestellt, weil die städtebauliche Entwicklungsmaßnahme nur ein mittelfristig wirkendes Instrument ist, das daher auch nur zur Deckung eines sich mittelfristig ergebenden Bedarfs eingesetzt werden kann. Der Bedarf ist erhöht, wenn die Nachfrage das Angebot auf mittelfristige Sicht deutlich übersteigt.

Nach § 165 Abs. 3 Nr. 2 BauGB muß das „Wohl der Allgemeinheit" die Durchführung der Entwicklungsmaßnahme „erfordern". Die Vorschrift stellt damit die Kernvoraussetzung für die Festlegung eines Entwicklungsbereichs heraus, nämlich ein qualifiziertes öffentliches Interesse, das über das allgemeine öffentliche Interesse, das hinter dem gesamten Städtebaurecht steht, hinausgeht. Nur das gesteigerte öffentliche Interesse rechtfertigt die Anwendung eines Rechts, das strenger ist als das allgemeine Städtebaurecht.

Zügige Durchführung der Entwicklungsmaßnahme

§ 165 Abs. 3 Satz 1 Nr. 3 beinhaltet als dritte Festlegungsvoraussetzung die Bestimmung, Entwicklungsmaßnahmen zügig durchzuführen. Nach der Rechtsprechung zu der übereinstimmenden Regelung im StBauFG hat man für den absehbaren Zeitraum einer **zügigen Durchführung** etwa 15 Jahre angenommen. Bei den Maßnahmen nach dem BauGB können sich kürzere Zeiträume ergeben. Andererseits können gerade bei den neuen Maßnahmen erhebliche Schwierigkeiten bei der Bewältigung der Probleme auftreten, z. B. wenn sich die Maßnahmen auf bebaute Flächen erstrecken und dort Neuordnungen oder andere Entwicklungen zum Ziel haben. Jedenfalls muß eine zügige Durchführung innerhalb von 10 bis 15 Jahren beabsichtigt sein. Dieser Zeitraum kann aber im Einzelfall überschritten werden, wie es für die Zeitdauer überhaupt allgemein auf die Umstände des Einzelfalls ankommt.

3.1.1.4 Abgrenzung des Entwicklungsbereiches

Die Abgrenzung **des räumlichen Geltungsbereichs der Entwicklungssatzung** ist Gegenstand einer Abwägungsentscheidung. Insoweit bestimmt § 165 Abs. 5 BauGB zunächst, daß das Entwicklungsgebiet so zu begrenzen ist, daß sich die

[15] Vgl. auch § 165 Abs. 4 Satz 6 BauGB i. V. m. den § 137 BauGB „Beteiligung und Mitwirkung der Betroffenen", § 138 BauGB „Auskunftspflicht" und § 139 BauGB „Beteiligung und Mitwirkung öffentlicher Aufgabenträger".

Entwicklung zweckmäßig durchführen läßt. Auch insoweit wird der Gemeinde ein Beurteilungsspielraum zugestanden; die Gemeinde kann – nach den Umständen des Einzelfalls – ein größeres oder kleineres Gebiet festlegen. Allerdings muß sich die Gebietsgröße entsprechend den Festlegungsvoraussetzungen auf einen Ortsteil oder andere Teile des Gemeindegebiets mit eigenständigem Gewicht beziehen. Insgesamt hängt jedoch bei dem Entwicklungsgebiet die räumliche Begrenzung auch vom Zustand des Gebiets, vom Finanzaufwand und anderen Gesichtspunkten ab. Auf die Frage, inwieweit sich der Entwicklungsbereich in größerem Umfang auf (Ausgleichs-) Flächen erstrecken kann, auf denen nicht die Zielsetzungen des § 165 BauGB verfolgt werden, wird am Beispiel der Praxisfälle Erlangen/Fürth/Nürnberg und Mainz noch näher eingegangen.[16]

Bei der Abwägung, wie die Grenze des Entwicklungsgebiets zu ziehen ist, zeigen sich ebenfalls Unterschiede zur Abwägung im Sinne des § 1 Abs. 6 BauGB. Während im Bauleitplanverfahren aus Gründen der Konfliktbewältigung gegebenenfalls Grundstücke in den räumlichen Geltungsbereich des Bebauungsplans einbezogen werden müssen, gestattet es der Gesetzgeber in § 165 Abs. 5 BauGB gerade, einzelne Grundstücke ganz oder teilweise aus dem Entwicklungsgebiet herauszunehmen, nämlich dann, wenn sie von der Entwicklung nicht betroffen werden.

3.1.1.5 Entwicklungssatzung

Der Entwicklungsbereich wird gem. § 165 Abs. 6 BauGB förmlich durch die **Entwicklungssatzung** festgelegt. Die Entwicklungssatzung muß von der höheren Verwaltungsbehörde gem. § 165 Abs. 7 Satz 1 BauGB genehmigt werden. Dem Antrag auf Genehmigung der Satzung ist ein Bericht beizufügen, der die Gründe, die die förmliche Festlegung rechtfertigen, enthalten muß. Dieser Bericht ist nicht mit einer Begründung zum Bebauungsplan vergleichbar und nicht zu jedermanns Einsicht auszulegen. Er ist lediglich der höheren Verwaltungsbehörde vorzulegen, die die materiell-rechtlichen Voraussetzungen und die Einhaltung der förmlichen Verfahrensvorschriften überprüft.

Mit der Bekanntmachung nach § 165 Abs. 8 BauGB wird die Entwicklungssatzung rechtsverbindlich.

3.1.1.6 Grunderwerbs- und Veräußerungspflichten

Die Vorschriften des § 166 Abs. 3 BauGB über die **Erwerbspflicht** der Gemeinde sind Kernvorschriften des Entwicklungsrechts. Sie stehen im Zusammenhang mit den Festlegungsvoraussetzungen nach § 165 Abs. 3 Nr. 2 BauGB, wonach das Wohl der Allgemeinheit die Durchführung der Maßnahme nach diesem Gesetz

16 Vgl. hierzu Kap. V 3.1.1.9.

erfordern muß, weiterhin mit der Zulässigkeit der Enteignung ohne Bebauungsplan, dem mit der Erwerbspflicht und der Zulässigkeit der Enteignung verbundenen Ausschluß der Umlegung und Grenzregelung nach §§ 45 ff. BauGB und mit der umfassenden Veräußerungspflicht der Gemeinden nach Durchgangserwerb (§ 169 Abs. 5 bis 8 BauGB).

Nach § 169 Abs. 5 bis 8 BauGB werden die Grundsätze der **Veräußerungspflicht** der Gemeinde für entsprechend anwendbar erklärt. Nach § 169 Abs. 5 Satz 1 BauGB ist die Gemeinde zur Wiederveräußerung der von ihr zur Durchführung der Entwicklungsmaßnahme erworbenen Grundstücke mit Ausnahme der gesetzlich bestimmten Fälle verpflichtet. Zugleich wird die Gemeinde ermächtigt und verpflichtet, die Grundstücke unter Berücksichtigung weiter Kreise der Bevölkerung und unter Beachtung der Ziele und Zwecke der Entwicklungsmaßnahme zu veräußern. Sie darf die Veräußerung nur an Bauwillige vornehmen, die sich verpflichten, die Grundstücke innerhalb angemessener Frist entsprechend den Festsetzungen des Bebauungsplanes und den Erfordernissen der Entwicklungsmaßnahme zu bebauen.

Die Gemeinde muß die Grundstücke oder Rechte zu dem Verkehrswert veräußern, der sich durch die rechtliche und tatsächliche Neuordnung des Entwicklungsbereiches ergibt. Da die Grundstücke im Laufe des Entwicklungsverfahrens zu einem Verkehrswert erworben sind, bei dessen Ermittlung jegliche Werterhöhung, die durch die Aussicht auf die städtebauliche Entwicklung, ihre Vorbereitung oder ihre Durchführung eingetreten ist, außer acht zu bleiben hatte, kommt nach dem Willen des Gesetzgebers die gesamte Wertsteigerung durch die Entwicklungsmaßnahme der Finanzierung der Maßnahme zugute. Mit dem Unterschiedsbetrag, der sich aus der Gegenüberstellung der Aufwendungen für den Ersterwerb mit dem Gesamtveräußerungserlös ergibt, soll die Gemeinde die Kosten der Entwicklungsmaßnahme decken können.

3.1.1.7 Verhältnis zu anderen Gesetzesbestimmungen

Die Gemeinde ist im Entwicklungsbereich dazu verpflichtet, die Entwicklungsmaßnahme weiter vorzubereiten und durchzuführen, insbesondere auch die erforderlichen **Bebauungspläne** aufzustellen und von den zur Verfügung stehenden städtebaurechtlichen Handhaben erforderlichenfalls Gebrauch zu machen. Da Ortsteile oder andere Teile von Gemeindegebieten entwickelt oder neu entwickelt werden sollen, insgesamt also ein funktionsfähiger Bereich entsprechend der beabsichtigten städtebaulichen Entwicklung und Ordnung entstehen soll, hat der Gesetzgeber die Gemeinden zur Aufstellung von Bebauungsplänen „ohne Verzug“ verpflichtet (§ 166 Abs. 1 BauGB).

Die Verpflichtung beschränkt sich auf die Aufstellung von Bebauungsplänen; **Flächennutzungspläne** werden nicht ausdrücklich erwähnt. Insoweit gilt jedoch grundsätzlich das Gebot, daß Bebauungspläne aus dem Flächennutzungsplan zu entwickeln sind (§ 8 Abs. 2 BauGB). Die Gemeinden sind daraus gegebenenfalls verpflichtet, auch für die Entwicklungsbereiche ihren Flächennutzungsplan fortzuschreiben oder ein Parallel-Änderungsverfahren einzuleiten (§ 8 Abs. 3 BauGB) bevor sie im Entwicklungsbereich die einzelnen Bebauungspläne aufstellen.

Die förmliche Festlegung eines städtebaulichen Entwicklungsbereichs stellt **keinen Eingriff** in Natur und Landschaft nach § 8 BNatschG dar. Die Belange des Natur- und Landschaftsschutzes sind gem. § 8a BNatSchG von der Gemeinde in die nach § 166 Abs. 1 Satz 2 BauGB ohne Verzug aufzustellenden Bebauungspläne einzubeziehen und abzuwägen. Die Prüfung der naturschutzrechtlichen Eingriffsregelung hat auf der Ebene der Bebauungsplanung im Rahmen des Abwägungsprozesses nach § 1 Abs. 6 BauGB zu erfolgen.

Städtebauliche Entwicklungsmaßnahmen unterliegen als solche nicht den **Bestimmungen des Gesetzes über die Umweltverträglichkeitsprüfung (UVPG)** in der durch das Investitionserleichterungs- und Wohnbaulandgesetz 1993 geänderten Fassung. UVP-pflichtig können aber nach § 2 Abs. 3 Nr. 3 UVPG die im Rahmen einer städtebaulichen Entwicklungsmaßnahme aufzustellenden Bebauungspläne sein, wenn diese z.B. Grundlage für Entscheidungen im Hinblick auf ein konkretes UVP-pflichtiges Vorhaben sind.

3.1.1.8 Besonderheiten in den Praxisfällen

Im Zuge der weiteren Konkretisierung des Vorhabens **„Gemeinsamer Gewerbepark Erlangen, Fürth, Nürnberg"** liegt seit Anfang 1994 die Entwicklungssatzung vor. Die Vorbereitung und Durchführung der Gemarkungsgrenzen überschreitenden städtebaulichen Entwicklungsmaßnahme erfordert die Einsetzung eines gemeinsamen Entwicklungsträgers. Diese Form der interkommunalen Kooperation ist aus der Sicht der Projektträger nur als öffentlich-rechtliche Zusammenarbeit in einem Zweckverband möglich. Der Zweckverband hat im wesentlichen folgende Aufgaben erhalten:[17]

- Vorbereitung der Entwicklungsmaßnahme mit vorbereitenden Untersuchungen und Begründung der städtebaulichen Entwicklungsmaßnahme,
- Durchführung der gemeinsamen städtebaulichen Entwicklungsmaßnahme mit den Teilaufgaben Erlaß der gemeinsamen Entwicklungssatzung, verbindliche Bauleitplanung und Grünordnungsplanung mit breiter Bürgerbeteiligung, Grunderwerb, Neuordnung und Erschließung der Grundstücke und ihre Veräußerung an geeignete Investoren,
- Landschaftsplanung und Landschaftspflege innerhalb des Entwicklungsbereiches,
- landwirtschaftlicher Grundstücksverkehr und Koordination der landschaftspflegerischen Maßnahmen mit Interessen und Bedürfnissen der Landwirte,
- Verkehrsanbindung unter Berücksichtigung des städtebaulichen Rahmenplans einschließlich der Schaffung von Einrichtungen für den ÖPNV,

17 Vgl. Satzung des Zweckverbandes, in: Gemeinsame Planung Gewerbepark Erlangen, Fürth, Nürnberg, Heft 1, Dokumentation 10/ 1992 und Kap V 5.2.

- Energie- und Wasserversorgung, Entwässerung im Rahmen seiner Verpflichtungen zur Einrichtung einer angemessenen Infrastruktur,
- Öffentlichkeitsarbeit über die gesetzlichen Beteiligungsvorschriften hinaus,
- Kooperation mit öffentlichen Stellen,
- Kooperation mit Privaten, Klärung der Voraussetzungen zur Bildung einer Betriebs- und Aufbaugesellschaft.

Darüber hinaus setzte sich die gemeinsame Planung der drei Städte im Rahmen der Vorbereitung des Zweckverbandes mit der Finanzierung des Gewerbeparks aus Grundstücksveräußerungen, Krediten, Umlagen, Steuern und sonstigen Abgaben und Überschüssen auseinander. Der städtebauliche Rahmenplan ist inzwischen von den zuständigen städtischen Gremien beschlossen worden und stellt die planerische Grundlage für die Arbeit des Zweckverbandes dar.

Die Entwicklung der ökologischen Ausgleichsflächen soll so weit wie möglich den betroffenen Eigentümern überlassen werden. Diese Möglichkeit eröffnet § 166 Abs. 3 BauGB. Die Ziele des Entwicklungsträgers sollen aber in privatrechtlichen Vereinbarungen mit dem Eigentümer abgesichert werden. Insbesondere sind Ausgleichszahlungen für die den Landwirten entstehenden Ertragsausfälle vertraglich zu regeln.

In dem Projekt wird das Ziel verfolgt, mit Hilfe der naturschutzrechtlichen Eingriffsregelungen auch ökologische Flächen neu zu entwickeln. Hierbei werden die Flächen nach ihrer Qualität im Sinne von Naturschutz- und Landschaftspflege bewertet (z.B. vom Faktor 0 = überbaute oder versiegelte Fläche, über 0,3 = intensiv landwirtschaftlich genutzte Fläche, bis zu 1,0 = höchstwertige Biotopfläche).

Der ökologische Eingriffsverlust errechnet sich danach durch die „Abzonung" von in der Regel landwirtschaftlich genutzten Flächen auf überbaute bzw. versiegelte Flächen (0,3 auf 0).

Der Eingriff ist zum einen intern auszugleichen (z.B. Straßenbegleitgrün, Grünanlagen, evtl. Dachbegrünung), zum anderen extern durch eine Aufbesserung landwirtschaftlicher Flächen (Wertfaktor 0,3) zu extensiv genutzten Ackerflächen (0,4), extensiv genutztem Grünland (0,6), Streuobstwiesen (0,6) oder naturnahen Stillgewässern (0,8), wobei wertmäßig nur die Aufbesserungsdifferenz, ausgehend von der derzeitigen ökologischen Qualität der aufzuwertenden Flächen, erfaßt wird.

Nach Abzug eines möglichen internen Ausgleichspotentials vom Eingriffsverlust werden die Flächen für die ökologischen Ausgleichsmaßnahmen so bestimmt, daß sie dem verbleibenden, nach dem Eingriff noch nicht ausgeglichenen Potential in etwa entsprechen. Dabei wird unter Abwägung der Belange der betroffenen Eigentümer und Pächter, insbesondere der Landwirte, nicht von einer Vollkompensation des zu erwartenden Eingriffs im Bereich außerhalb der Eingriffsflächen ausgegangen; die für den externen Ausgleich vorgesehenen Flächen kompensieren auch unter Berücksichtigung eines angemessenen internen Ausgleichs den zu erwartenden Eingriff in Natur und Landschaft wertmäßig nicht voll.

In der Fläche ergibt sich gemäß der vorläufigen Rahmenplanung zwischen den überbaubaren Flächen (108 ha) zuzüglich der Verkehrs- und sonstigen zu befestigenden Flächen (25 ha) einerseits und den ökologischen Ausgleichsflächen (107 ha) andererseits ein Verhältnis von rund 1:0,8. Diese Relation ist jedoch nur bedingt aussagefähig, da von einer wert- und nicht einer flächenmäßigen Kompensation auszugehen ist.

Die hier genannten Zahlen sind angesichts des Planungsstandes nur überschlägig; die detaillierte Eingriffskompensation wird bei der Bebauungsplanung, insbesondere der Grünordnungsplanung, ermittelt.[18]

Wegen der derzeitigen landwirtschaftlichen Nutzung von Teilen des geplanten Gewerbegebietes sind Aktivitäten von den drei Städten in die Wege geleitet worden, mit dem Ziel, eine generelle Steuerbefreiung für die betroffenen Landwirte zu erreichen.[19]

Die Städte Erlangen, Fürth und Nürnberg gehen grundsätzlich vom Ziel der kostendeckenden Selbstfinanzierung des Gesamtprojektes aus. Wesentliche Kostenfaktoren sind der Grunderwerb, die Infrastruktur, die ökologische Entwicklung sowie die Kapitalkosten und die Kosten für die Projektkoordination und Personal des Zweckverbandes. Ein schwer überschaubarer Faktor sind die aus dem Kreditbedarf resultierenden Zins- und Tilgungsleistungen, die um so geringer gehalten werden können, je zügiger die Maßnahme in Teilabschnitten realisiert werden könnte; als Abwicklungszeitraum sind 12 Jahre vorgesehen.

Die Kosten- und Finanzierungsübersicht zur städtebaulichen Entwicklungsmaßnahme[20] enthält hierzu folgende Angaben: Die Ausgaben für die Vorbereitung und Durchführung werden auf ca. 358 Mio DM veranschlagt, die kalkulierten Einnahmen belaufen sich auf den gleichen Betrag und gliedern sich auf in Einnahmen aus dem Grundstücksverkauf, Einnahmen aus der Verbandsumlage, GVFG-Mittel und Förderbeiträge für das vorgesehene Technologieparkcenter. Den Hauptteil der Einnahmen stellen mit ca. 330 Mio DM die Einnahmen aus dem Grundstücksverkauf. Den Veräußerungswerten ist gem. § 169 Abs. 8 BauGB der Verkehrswert zugrunde zu legen, der sich durch die rechtliche und tatsächliche Neuordnung des städtebaulichen Entwicklungsbereiches ergibt. Dieser Wert ist noch nicht abschätzbar, so daß hilfsweise Verkaufswerte zugrunde gelegt werden, die gegenwärtig im Mittel in den drei Städte für die in den Teilbereichen vorgesehenen gewerbliche Nutzungen erzielt werden. Die Bodenrichtwertkarteien der drei Städte weisen nach jetzigem Stand einen Neuordnungswert von 305,– DM/qm für die im Entwicklungsgebiet vorgesehenen 108,6 ha Nettobauland aus. Die Städte gehen davon aus, daß damit die Finanzierung der Maßnahme gesichert ist und auch die Kosten für den Erwerb der Ausgleichsflächen, der internen und externen Erschließung und die Kreditkosten aus den zu erzielenden Neuordnungswerten aufgebracht werden können.

---

[18] Vgl. hierzu: Gemeinsame Planung Gewerbepark Erlangen, Fürth, Nürnberg, Heft 1, Dokumentation 10/1992.

[19] Vgl. hierzu Kap. 3.1.1.9.

[20] Vgl. hierzu: Gemeinsame Realisierung, Gewerbepark Nürnberg-Fürth-Erlangen, Städtebauliche Entwicklungsmaßnahme, Satzung und Begründung, Heft 5, 4/94.

Für die Aufteilung der künftigen Einnahmen aus Gewerbesteuer und Grundsteuer B im gemeinsamen Gewerbepark wurde eine Vereinbarung erarbeitet. Die angestrebte Regelung greift erstmals für das Jahr, in dem an einem der neu zu entwickelnden Gewerbestandorte Gewerbesteuer kassenmäßig aufkommt. Das Steueraufkommen wird – nach der rechnerischen Ermittlung und Bereinigung durch die unterschiedlichen Hebesätze – unabhängig vom jeweiligen Ort des Aufkommens je zu einem Drittel den Städten zugerechnet.

Eine besondere Vereinbarung muß über eine – zeitlich auf 25 Jahre begrenzte – Sonderregelung für das Aufkommen an Gewerbesteuer und Grundsteuer B in den Anpassungsgebieten getroffen werden.

Die Bewertungsgrundlage für landwirtschaftlich genutzte Grundstücke bildet § 169 Abs. 4 BauGB. Danach ist in diesem Fall der Wert maßgebend, der in vergleichbaren Fällen im gewöhnlichen Geschäftsverkehr auf dem Grundstücksmarkt dort zu erzielen wären, wo keine Entwicklungsmaßnahmen vorgesehen sind. Der Eingangswert kann sich damit nach allen in § 4 der Wertermittlungsverordnung (WertV) genannten Entwicklungsstufen bestimmen, meist Bauerwartungsland, zumindest aber begünstigtes Agrarland.

Der gemeindliche Grunderwerb begann Ende 1992. Durch die Anwendung der städtebaulichen Entwicklungsmaßnahme wird die Finanzierung im wesentlichen über den Durchgangserwerb erfolgen. Das erstellte Gutachten zu den „Möglichkeiten der steuerlichen Entlastung bei Grundstücksveräußerungen von Landwirten" ging von ca. 20,– DM/qm landwirtschaftlicher Nutzfläche als Kaufpreis im Rahmen der Erwerbspflicht der Gemeinden aus. Nach dem von den Absichtserklärungen der Städte im künftigen Entwicklungsbereich festgestellten Vergleichspreisen zwischen 25,– DM/qm und 30,– DM/qm ist davon auszugehen, daß sich der gewöhnliche Geschäftsverkehr i.S. von § 169 Abs.4 BauGB deutlich von dem innerlandwirtschaftlichem Wert (§ 4 Abs. 1 Nr. 1 WertV) entfernt hat.

Im Rahmen der Anwendung der Entwicklungsmaßnahme treten Probleme bei der Finanzierung der Kanalisation auf, da diese nicht zu den über den Durchgangserwerb zu deckenden Erschließungsanlagen im Sinne des § 127 Abs. 2 BauGB gehören. Dieser Umstand führt zu erheblichen organisatorischen Problemen bei der Regelung der Entwässerung im künftigen Zweckverbandsgebiet (Finanzierung über Abgaben, verschiedene Satzungen).

Im Rahmen des **Vorhabens Mainz** sind die Anwendungsvoraussetzungen für die städtebauliche Entwicklungsmaßnahme verwaltungsintern überprüft worden. Grundsatzbeschlüsse, d.h. auch ein Beschluß zur Aufstellung einer Entwicklungssatzung, über die Anwendung der Entwicklungsmaßnahme liegen zwischenzeitlich vor; ausschlaggebend für die Anwendung dieses Instrumentariums ist

- die Befriedigung des bestehenden erhöhten Bedarfes nach Gewerbegebieten,
- die Komplexität der Gewerbegebietsplanung im besonderen Fall Mainz-Süd,
- die Notwendigkeit der einheitlichen Vorbereitung und der zügigen Durchführung der Gewerbegebietsplanung.

Aus Sicht der Vorhabensträger ist es sinnvoll, die ökologischen Ausgleichsflächen weitgehend in die Entwicklungsgebietssatzung und den Bebauungsplan aufzunehmen. Auf der Grundlage eines vorläufigen Bewertungsrahmens sind erste überschlägige Ermittlungen der Ausgleichsflächen vorgenommen worden. Die Wertflächenpotentialabschätzung auf der Basis einer Bruttofläche des Gewerbegebiets von ca. 73 ha und einer Nettobaufläche von ca. 60 ha ergibt demnach unter Berücksichtigung des heutigen Zustands und des geplanten Zustands eine erforderliche Ausgleichsfläche von ca. 20 ha. Nur etwa die Hälfte dieser Ausgleichsfläche wird voraussichtlich innerhalb des Bereiches der Entwicklungsmaßnahme liegen. Das bestehende Wertflächenpotential resultiert aus der derzeitigen Gebietsnutzung durch Intensivlandwirtschaft. Der geplante Zustand berücksichtigt einerseits eine überbaubare Grundstücksfläche von ca. 42 ha und die ökologischen Maßnahmen im Gewerbegebiet, wie z.B. extensiv begrünte Dachflächen, private Grünflächen, öffentliche Grünflächen, Plätze und Straßenbegleitgrün sowie Fassadenbegrünungen.

Unter Beachtung der qualitativen Wertigkeiten auf den geplanten Ausgleichsflächen (waldähnliche Begrünung mit stufigen Rändern, Streuobstwiesen, Baumgruppen und extensives Grünland) wird sich nach überschlägigen Ermittlungen insgesamt ein ökologischer Nettogewinn durch die Realisierung des Gewerbegebiets ergeben. Basis für diese Bilanzierung ist ein Bewertungsrahmen des zuständigen Regierungspräsidiums. Vergleichbar mit der Vorgehensweise im Beispiel Erlangen/Fürth/Nürnberg ist verschiedenen Flächen- oder Biotoptypen dort ein Wertfaktor zugeordnet, der von 0,0 für versiegelte Flächen bis zu 0,9 für Streuobstwiesen und naturnahen Wald sowie 1,0 für Biotoptypen nach § 24 Landespflegegesetz Rheinland-Pfalz (LPflG) reicht.

Boden- und Gewässerschutz bedingen weitergehende Schutzkonzepte zur Vermeidung von Kontaminationen oder zur Abwehr von Gefährdungen. Unter anderem wird vorgeschlagen, einen Infrastrukturkanal[21] zu bauen, der alle Leitungssysteme der Ver- und Entsorgung bündelt. Dies heißt, daß die Wegekosten anteilig den einzelnen Leitungssparten zugerechnet werden müssen.

Für den Fall, daß der Infrastrukturkanal durch die Entwicklungsgesellschaft finanziert wird und die erforderlichen Aufwendungen über den Verkaufspreis des erschlossenen Grundstücks gedeckt werden, bleibt die Frage nach der Höhe des Finanzierungsbeitrages und der Beteiligung der betroffenen Ver- und Entsorgungsunternehmen offen. Hierbei ist die angemessene Beteiligung an den Herstellungs- und Betriebskosten ebenso wichtig, wie die Fragen des rechtlichen Zugangs, der Verantwortung und der Sicherheit.

Die Projektträger gehen derzeit davon aus, daß die vorgesehenen 20 ha Ausgleichsfläche innerhalb des Geltungsbereiches der Entwicklungssatzung zum Preis von ca. 15,– DM bis 20,– DM/qm erworben werden. Zahlenangaben zum Durchgangserwerb der gewerblichen Baugrundstücke liegen nicht vor. Hier bestehen erhebliche Differenzen zwischen den Erwartungen der betroffenen Landwirte (ca. 130,– DM/qm) und den vorliegenden Bodenrichtwerten (ca. 30,– DM/qm). In

21 Vgl. hierzu Kap. V 4.2.

diesem Sachverhalt liegt im konkreten Fall auch einer der Gründe für die langwierigen Vorlaufprozesse vor der definitiven Entscheidung, ob die städtebauliche Entwicklungsmaßnahme tatsächlich angewendet werden soll. Abschließende Kosten- und Finanzierungsübersichten liegen noch nicht vor. Die Stadt geht derzeit davon aus, daß der Grundstückspreis ca. 170,– bis 180,– DM je qm Nettobaulandfläche für die Investoren betragen wird. In dieser Kalkulation sind jedoch die Grunderwerbskosten für die ca. 60 ha Nettobauland noch nicht enthalten. Im Ergebnis dürfte ein Neuordnungswert zwischen 230,– DM/qm und 250,– DM/qm notwendig werden, um die Finanzierung der Maßnahme sicherzustellen.

3.1.1.9 Hauptprobleme in den Verfahren

Besondere Probleme bereiten in der Vorbereitungsphase die Frage der Einbeziehung von Ausgleichsflächen in die Entwicklungsbereiche, die enteignungsrechtliche Vorwirkung in Verbindung mit der derzeitigen landwirtschaftlichen Nutzung der zukünftigen Gewerbegebiete, die steuerrechtlichen Wirkungen sowie die bereits erwähnte interkommunale Kooperation bei der Durchführung der Entwicklungsmaßnahme und die Vorfinanzierung der Projekte.

Abgrenzung des Entwicklungsbereichs

Aus Sicht der Kommunen ist es in den meisten Fällen sinnvoll, die ökologischen Ausgleichsflächen in die Entwicklungsgebietssatzung aufzunehmen, auch wenn die städtebauliche Entwicklungsmaßnahme selbst noch keinen Eingriff darstellt. Auf diese Weise hat der Maßnahmenträger den Zugriff auf die notwendigen Flächen gesichert, und die Kosten für die Naturschutzmaßnahmen können bereits bei der Veräußerung der Bauflächen berücksichtigt werden. Die Relationen in den untersuchten Praxisfällen sind hierbei allerdings völlig unterschiedlich. Während in einem Fall von ca. 73 ha Bruttofläche für das neue Gewerbegebiet und ca. 20 ha notwendiger Ausgleichsfläche (nur teilweise innerhalb des Entwicklungsgebietes) ausgegangen wird, beträgt im anderen Beispiel das Nettoflächenverhältnis 1:0,8, wobei nur die versiegelten und überbaubaren Flächen ausgeglichen werden sollen, so daß daraus voraussichtliche Größen von etwa 160 ha gewerblicher Flächen (brutto) zu etwa 108 ha ökologischer Ausgleichsflächen resultieren.

Die Frage nach der Einbeziehung von Ausgleichsflächen in den Entwicklungsbereich betrifft die Problematik der Verhältnismäßigkeit, da die vorgesehenen Ausgleichsflächen in ihrer Gesamtheit die Größe des eigentlichen Gewerbeparks erreichen können. In diesem Zusammenhang ist die Frage zu stellen, ob es aus Gründen des Allgemeinwohls in Verbindung mit den Zielen der Entwicklungsmaßnahme nach § 165 Abs. 2 BauGB erforderlich ist, tatsächlich den gesamten räumlichen Umgriff – einschließlich aller Ausgleichsflächen – in das Entwicklungsgebiet einzubeziehen oder nicht andere, weniger „scharfe" Rechtsinstrumente den gleichen Effekt erwarten lassen.

Da bei den beiden Anwendungsbeispielen insgesamt die Möglichkeiten umweltgerechter Erschließung und Bebauung und ein schonender Umgang mit den natürlichen Ressourcen im Vordergrund stehen, können die Überlegungen der Gemeinden aus fachlichen Gesichtspunkten nachvollzogen werden. Aus städtebaurechtlicher Sicht ist allerdings zu fragen, ob die weitgehenden Eingriffe in privates Eigentum, die aufgrund der enteignungsrechtlichen Vorwirkung mit der Anwendung der städtebaulichen Entwicklungsmaßnahme verbunden sind, tatsächlich notwendig und angemessen sind.

Mit der flächenmäßigen Ausdehnung der Entwicklungsmaßnahme auf die Ausgleichsbereiche und dem damit verbundenen Erfordernis zum Zwischenerwerb der Grundstücke durch die Städte ergeben sich weitere Fragen, wie z.B., ob überhaupt und an wen die Ausgleichsflächen wieder zu veräußern sind und ob die Nutzung „Grünfläche" als Ausgleichsmaßnahme mit dem Sinn des Entwicklungsgebiets (z.B. Deckung eines mittelfristig erhöhten Bedarfs an Arbeitsstätten) vereinbar ist. Daher ist eine besonders sorgfältige Abwägung der verschiedenen Interessen geboten.

In der Fachdiskussion[22] wird darauf hingewiesen, daß Gemeinden versuchen, das Entwicklungsrecht unter Berücksichtigung des § 8a BNatSchG zur Bereitstellung von Flächen für die erforderlichen Ausgleichs- und Ersatzmaßnahmen zu instrumentalisieren. Darüber hinaus werden Abwendungsmöglichkeiten diskutiert, bei denen sich die Eigentümer zu bestimmten landschaftspflegerischen Maßnahmen verpflichten, wobei allerdings die rechtliche und verwaltungspraktische Abwicklung noch nicht abschließend gelöst ist.

Einerseits ist es aus fachlicher Sicht zwar durchaus als zweckmäßig anzusehen, alle Grundstücke, die von der Entwicklung betroffen sind – gleichgültig ob hier gewerbliche Anlagen oder Ausgleichsmaßnahmen realisiert werden sollen –, in das Entwicklungsgebiet einzubeziehen. Andererseits stellt sich aber die Frage, ob die Umstände des Einzelfalls dies auch unter Berücksichtigung aller anderen Belange rechtfertigen.

Der Bericht über die Gründe, die die Festlegung des Gewerbeparks Erlangen/Fürth/Nürnberg als städtebaulichen Entwicklungsbereich rechtfertigen, führt dazu folgendes zur Einbeziehung von naturschutzrechtlichen Ausgleichs- bzw. Ersatzflächen in den Entwicklungsbereichen an:[23]

„Mit der Hereinnahme der ökologischen Ausgleichsflächen ist der städtebauliche Entwicklungsbereich so begrenzt, daß sich die Entwicklung zweckmäßig durchführen läßt, § 65 Abs. 5 Satz 1 BauGB. Denn nach der städtebaulichen Rahmenplanung ist davon auszugehen, daß die Durchführung der Entwicklungsmaßnahme Eingriffe in Natur und Landschaft mit sich bringen wird, die entsprechend der naturschutzrechtlichen Eingriffsregelung, sofern sie unvermeidbar

---

22 So z.B. Bunzel/Lunebach, Die neue städtebauliche Entwicklungsmaßnahme, in: Die öffentliche Verwaltung, August 1993, Heft 15, S.652.

23 Vgl. hierzu: Gemeinsame Realisierung, Gewerbepark Nürnberg-Fürth-Erlangen, Städtebauliche Entwicklungsmaßnahme, Satzung und Begründung, Heft 5, 4/94 S.67ff.

sind, ausgeglichen bzw. ersetzt oder gemindert werden müssen. Des weiteren ergibt sich aus der planerischen Zielvorgabe, daß die zu erwartenden Eingriffe aufgrund der angestrebten hohen baulichen Dichte nicht allein innerhalb der vorgesehenen Siedlungsflächen angemessen kompensiert werden können (interner Ausgleich), sondern daß hierfür auch Flächen im sonstigen Geltungsbereich der künftigen Bauleitpläne erforderlich sein werden (externer Ausgleich, vgl. § 8a Abs. 1 Satz 2 BNatSchG).

Die vorsorgliche Hereinnahme von ökologischen Ausgleichsflächen in den Geltungsbereich der Entwicklungsmaßnahme erweist sich somit für deren Durchführung deswegen als zweckmäßig, weil andernfalls Bebauungspläne aufzustellen wären, deren Geltungsbereich bei Berücksichtigung eines externen Ausgleichs teils im Entwicklungsbereich, teils außerhalb läge.

Die Entwicklungsmaßnahme kann auch deswegen zweckmäßiger und zügiger durchgeführt werden, weil der Maßnahmenträger den Zugriff auf die bereichsgelegenen Ausgleichsflächen hat. Damit lassen sich Grundstückszuordnungen nach § 8a Abs. 1 Satz 4 BNatSchG durch privatrechtliche Regelungen im Rahmen der Veräußerung der Baugrundstücke umsetzen; die gemäß § 8a Abs. 3 Satz 2 von den jeweiligen Vorhabenträgern oder Eigentümern zu tragenden Kosten für Naturschutzmaßnahmen können bereits bei der Veräußerung der Baufläche berücksichtigt werden.

Mit der Berücksichtigung ökologischer Ausgleichsflächen bei der Abgrenzung wird die Entwicklungsmaßnahme nicht ihres städtebaulichen Charakters entkleidet: Die naturschutzrechtliche Eingriffskompensation ist schon nach dem Wortlaut des Gesetzes (§ 8a Abs. 1 Satz 1 BNatSchG) Teil der – städtebaulichen – Abwägung bei der Aufstellung der Bauleitpläne nach § 1 des Baugesetzbuches.

Der Satzungsgeber ist sich darüber hinaus im klaren, daß über eine abgewogene Berücksichtigung bei der Aufstellung der Bauleitpläne hinausgehende Maßnahmen des Naturschutzes und der Landschaftspflege und daraus resultierende Flächenvorhaltungen nicht mit der Entwicklungsmaßnahme, sondern aufgrund der einschlägigen naturschutzrechtlichen Vorschriften umzusetzen sind. Deswegen sind bei weitem nicht alle Flächen, die aufgrund des im Rahmen der Voruntersuchungen erstellten ökologischen Entwicklungsgutachtens einer ökologischen „Aufbesserung" zuzuführen sind, in den Geltungsbereich der städtebaulichen Entwicklungsmaßnahme einbezogen worden; Flächen, die über eine angemessene Kompensation hinausgehend im Rahmen eines landschaftspflegerischen Konzepts ökologisch aufgebessert werden sollen, liegen zwar im Verbandsgebiet des Maßnahmenträgers, aber nicht im Entwicklungsbereich.

Eine genaue Bestimmung des erforderlichen Umfangs von Ausgleich- bzw. Ersatzmaßnahmen und der hierzu erforderlichen Flächen ist zum Zeitpunkt des Erlasses der Entwicklungssatzung nicht möglich.

Um dennoch zu einer wenigstens nach einem groben Planungsraster angemessenen Umfangsbegrenzung der Ausgleichsflächen zu gelangen, wurden in einer überschlägigen Berechnung diejenigen Flächen ermittelt, die zur Kompensation der voraussichtlichen Eingriffe für einen externen Ausgleich benötigt werden ...

Die hier genannten Daten können angesichts des Planungsstandes nur überschlägige Werte darstellen; die detaillierte Eingriffskompensation wird bei der Bebauungsplanung, insbesondere der Grünordnungsplanung, ermittelt."

Auch in der zwischenzeitlich zur Entwicklungsmaßnahme nach BauGB vorliegenden Fachliteratur wird die Auffassung gestützt, daß die Einbeziehung von Flächen für naturschutzrechtliche Ausgleichs- und Ersatzmaßnahmen in die Entwicklungsbereiche in Betracht kommen kann.[24]

Als Grund wird u.a. genannt, daß dem Entwicklungsrecht nicht entnommen werden kann, daß solche Flächen nicht in den Entwicklungsbereich einbezogen werden dürfen. „Obwohl Ausgleichs- bzw. Ersatzmaßnahmen in § 165 Abs. 2 Satz 2 BauGB nicht explizit als zulässiger Zweck von Entwicklungsmaßnahmen genannt werden, sind sie heute in aller Regel erforderlich, um eine bauliche Nutzung, insbesondere im bisherigen Außenbereich, zu ermöglichen. Insofern können Ausgleichs- bzw. Ersatzmaßnahmen mit Erschließungsmaßnahmen nach § 123 BauGB verglichen werden, die zur Baureifmachung von Grundstücken erforderlich sind."[25]

Durch die Einbeziehung von Flächen, auf denen Ausgleichs- oder Ersatzmaßnahmen auf Kosten der Vorhabenträger oder der Eigentümer der Grundstücke durchgeführt werden sollen, ist die Vollzugsfrage im wesentlichen gelöst. „Da sich die Grunderwerbspflicht der Gemeinde auch auf diese Flächen erstreckt, kann die Durchführung der jeweiligen Naturschutzmaßnahmen sichergestellt werden: Grundstückszuordnungen nach § 8a Abs. 1 Satz 4 BNatSchG lassen sich nun durch privatrechtliche Regelungen im Rahmen der Veräußerung der Baugrundstücke umsetzen."[26]

Der gleiche Verfasser geht weiterhin davon aus, daß Einwände und Zweifel an der Möglichkeit, Ausgleichs- und Ersatzflächen in Entwicklungsbereiche und Bebauungsplanbereiche einzubeziehen, nach Novellierung des BNatSchG ausgeräumt sind und ein entsprechender Flächenzugriff die sinnvolle Koordinierung der Naturschutzmaßnahmen im späteren Bebauungsplanverfahren ermöglicht.

Auch aus Sicht der Verfasser ist es aus sachlichen Erfordernissen plausibel, die Flächen für Ausgleichs- oder Ersatzmaßnahmen in die Entwicklungsbereiche einzubeziehen. Die Verfügbarkeit von notwendigen Flächen ist mit Hilfe des entwicklungsrechtlichen Instrumentariums einfacher zu sichern; gleichzeitig wird die Finanzierung naturschutzrechtlicher Maßnahmen bei Einbeziehung in die Entwicklungsbereiche vereinfacht, so daß insgesamt eine schnellere Realisierung ökologischer Maßnahmen zu erwarten ist.

---

24 So z.B.: Deutsches Institut für Urbanistik (Difu): „Arbeitshilfe Städtebaurecht – Vorbereitung städtebaulicher Entwicklungs maßnahmen", Berlin 1993, sowie Lemmen, F.-J., „Bauland durch städtebauliche Entwicklungsmaßnahmen", Köln 1993.

25 Lemmen, F.-J., „Bauland durch städtebauliche Entwicklungsmaßnahmen", Köln 1993, S. 129.

26 Ebenda S. 130.

Steuerrechtliche Behandlung der Landwirtschaft

Begleitende Gutachten zur Agrarstruktur und zur Problematik von Steuerrecht und Bodenmobilität gelangen im Praxisfall Erlangen/Fürth/Nürnberg zu dem Ergebnis, daß die zügige Durchführung der Entwicklungsmaßnahme am ehesten dann zu verwirklichen ist, wenn die Entscheidungsfreiheit der Landwirte soweit wie möglich erhalten bleibt, die Sachentschädigung in Form von Ersatzland und Ersatzproduktionsstandorten Vorrang erhält und die angestrebte ökologische Entwicklung in enger Zusammenarbeit mit den landwirtschaftlichen Grundbesitzern erfolgt. Bodenpreise und Vereinbarkeit von ökologischen Funktionen bleiben jedoch zwischen der Landwirtschaft und den Gemeinden umstritten.

Grundsätzlich ist zu beachten, daß die angestrebte Entwicklungsmaßnahme zusätzliche Möglichkeiten der aufschiebenden Steuerbefreiung nach § 6b Einkommensteuergesetz (Verkaufserlöse als Reservenübertragung) vorsieht. Die Betriebe können den Erlös aus dem Bodenverkauf steuerlich neutral in den Betrieb reinvestieren. So werden die Fristen für die Gewinnübertragung (Steuerstundung) aus Verkaufserlösen von 2 Jahren (auf Grund- und Anlagegüter) bzw. 4 Jahren (auf Gebäude) auf 7 bzw. 9 Jahre verlängert. Hierdurch gewinnen die Landwirte erhebliche Dispositionsmöglichkeiten.

Eine solche Rücklagenbildung nach § 6b Einkommensteuergesetz kann grundsätzlich für die Wiederanlage im eigenen Betrieb oder die Wiederanlage in einem anderen Betrieb genutzt werden. Auch bei einer Betriebsaufgabe bzw. Teilbetriebsaufgabe besteht ein Wahlrecht zur steueraufschiebenden Reservenübertragung nach § 6b Einkommensteuergesetz.

Angesichts der Tatsache, daß im Falle der Entwicklungsmaßnahme Gemeinsamer Gewerbepark Erlangen/Fürth/Nürnberg das landwirtschaftliche Ersatzland begrenzt ist, bestehen hier jedoch nicht ausreichend Möglichkeiten zur steuerlich neutralen Reinvestition.

Da die künftige städtebauliche Entwicklung ihren Schwerpunkt bei gewerblichen Baumaßnahmen haben wird, soll den Landwirten auch ein steueraufschiebender Weg zur Reinvestition ihrer Verkaufserlöse im gewerblichen Sektor aufgezeigt werden. Es stehen hier zwei Arten von Personengesellschaften zur Diskussion:

- Beteiligung der Landwirte an einer Erschließungs- und Verwertungsgesellschaft bei Abgabe ihrer Grundstücke gegen Gesellschaftsrechte,
- Beteiligung der Landwirte an Wiederanlagegesellschaften.

Sind die Landwirte in der Pflege der in dem Gewerbepark vorgesehenen ökologischen Flächen entgeltlich tätig, so führt dies nach heutiger Gesetzgebung zu einer steuerlich nachteiligen Einstufung als Gewerbebetrieb (z.B. Gartenbaubetrieb), wenn die herkömmliche landwirtschaftliche Tätigkeit des Betriebes gegenüber der neuen landschaftspflegerischen Tätigkeit stark zurücktritt.

Wenn die Landwirte den Verkaufserlös wie Gewerbetreibende versteuern müssen, mindert dies die Akzeptanz der Entwicklungsmaßnahme und dämpft die Veräußerungswilligkeit. „Hilfreich wäre hier die Möglichkeit einer steuerlich neutralen Reinvestition in den Wohnungsbau, der zur Mobilisierung von Bauland beiträgt und zu zusätzlichen Investitionen im Wohnungssektor führt."[27]

Dieser Forderung kann im Grundsatz zugestimmt werden, da Erfahrungen aus den untersuchten Praxisfällen darauf hinweisen, daß mit der steuerlichen Behandlung landwirtschaftlicher Betriebe Akzeptanzprobleme des entwicklungsrechtlichen Instrumentariums zusammenhängen, die erhebliche Hemmnisse darstellen können. Im Vorhaben Erlangen/Fürth/Nürnberg werden über die o.g. Forderung hinaus erste Wege aufgezeigt, Reinvestitionen der Landwirte in gewerbliche Aktivitäten zu ermöglichen.

Finanzierung

Grundsätzlich ist in den Praxisfällen durch Modellrechnungen innerhalb der Kosten- und Finanzierungsübersichten nachgewiesen worden, daß über den Verkauf der erschlossenen Grundstücke zum jeweiligen Marktpreis eine kostendeckende Finanzierung der Gesamtmaßnahme möglich ist. Allerdings wird in der Startphase der Projekte, also in den ersten 5 Jahren, eine Unterdeckung erwartet. Dies ist darin begründet, daß zunächst in großem Umfang Ausgaben für Grunderwerb, Infrastruktur, Ökologie sowie fixe Kosten (Personal und Planung) entstehen, wohingegen die Einnahmen aus dem Grundstücksverkauf und Gebühren erst mit zeitlicher Verzögerung in voller Höhe zu erwarten sind.

Durch die Einschaltung von Entwicklungsträgern gem. § 167 BauGB soll u.a. eine Verringerung der Kapitalaufnahme durch die Bildung eines Treuhandvermögens in der Vorfinanzierungsphase des Gesamtprojektes erreicht werden. In Erlangen/Fürth/Nürnberg soll dadurch die Belastung der Städte durch Umlagen reduziert werden. Um den städtischen Haushalt zu entlasten, wird in Mainz die Bildung von Entwicklungsgesellschaften oder Investorengemeinschaften überprüft.

Auch der Baulandbericht 1993[28] bestätigt, daß die Schwierigkeiten in der Praxis nicht bei den hohen Kosten der Maßnahmen, sondern bei Problemen im Zusammenhang mit der Kreditaufnahme zur Vorfinanzierung liegen. Insoweit wird von verschiedener Seite vorgeschlagen,[29] die Möglichkeit staatlicher Förderung neu zu überprüfen. Da im Regelfall Entwicklungsmaßnahmen sich selbst tragen, könnten Förderungsmittel unter dem Vorbehalt einer späteren Rückzahlung gewährt und so revolvierend zur Förderung anderer Maßnahmen eingesetzt werden. Die Förderung von Entwicklungsmaßnahmen könnte im Rahmen der Städtebauförderung oder im Rahmen der Strukturhilfe sowie über eine Erweiterung des Gemeindeprogrammes der Kreditanstalt für Wiederaufbau erfolgen.

---

27 So Lemmen, F.-J., „Bauland durch städtebauliche Entwicklungsmaßnahmen", Köln 1993, S. 197.

28 Vgl. hierzu Bundesministerium für Raumordnung, Bauwesen und Städtebau, Baulandbericht 1993, Bonn, S. 133.

29 Vgl. hierzu Lemmen, F.-J., „Bauland durch städtebauliche Entwicklungsmaßnahmen", Köln 1993, S. 196.

Zusammenfassung

Zusammenfassend lassen sich folgende Schlüsse aus den beiden Anwendungsbeispielen ableiten: Soweit bis jetzt Wertungen möglich sind, ist die Entwicklungsmaßnahme, wenn die entsprechenden Anwendungsvoraussetzungen vorliegen, ein geeignetes planungsrechtliches Instrumentarium zur Umsetzung gesamtkonzeptioneller Ansätze im Rahmen der Ausweisung neuer Gewerbegebiete. Es muß allerdings ein qualifiziertes öffentliches Interesse, das über dem allgemeinen öffentlichen Interesse liegt, für die Anwendung des entwicklungsrechtlichen Instrumentariums bestehen, damit ein rechtlicher Unterschied zur Anwendung des allgemeinen Städtebaurechts besteht. Die Gebietsgröße muß sich entsprechend den Festlegungsvoraussetzungen auf einen Ortsteil oder andere Teile des Gemeindegebiets mit eigenständigem Gewicht beziehen. Probleme bereiten allerdings in bestimmten Fällen die Bewältigung der Eingriffsproblematik und die Frage, ob sich der Entwicklungsbereich in größerem Umfang auf Ausgleichsflächen erstrekken kann.

Die Vorteile bei der Anwendung des neuen Rechts liegen aus gemeindlicher Sicht vor allem in der Kommunalisierung des Instrumentariums und der damit verbundenen Bereichsfestsetzung durch kommunale Satzung, in dem vorgeschriebenen transitorischen Grunderwerb der Gemeinde, in den Vorschriften zur Abschöpfung entwicklungsbedingter Bodenwertsteigerungen und in der Möglichkeit staatlicher Förderung.

Gründe für die verzögerten Beschlüsse zur Entwicklungsmaßnahme sind vor allem verwaltungsinterne und politische Vorbehalte, die die Erwerbspflicht der Gemeinde zum Verkehrswert (ohne die Wertsteigerungen, die in Aussicht auf die Entwicklungsmaßnahme eingetreten sind) als Ungerechtigkeit gegenüber den Landwirten einstufen, deren Gewinnmöglichkeiten beschnitten würden. So führte in einem Zwischenstadium in einem der Vorhaben die Frage der Definition der Anfangswerte zu einem Stadtratsbeschluß, der vorsah, daß Anfangs- und Endwert in einem festen Verhältnis von 1:3 stehen müßten. Aus dem gleichen Grunde gestaltet sich auch die Ermittlung der Anfangswerte als Grundlage für den gemeindlichen Grunderwerb schwierig, da die Diskussion um die örtliche Landwirtschaft die politische Entscheidungsfindung stark beeinflußt. Zwar ist grundsätzlich für die Ermittlung des Anfangswertes der Grundstückszustand zum Wertermittlungsstichtag ohne Aussicht auf Entwicklungserwartungen festzustellen. Von diesen Werten wird aber bewußt abgewichen, um eine zügige Durchführung des Grunderwerbs zu gewährleisten. Bei dieser Vorgehensweise darf allerdings die Finanzierung der Gesamtmaßnahme nicht gefährdet werden.

3.1.2 Bedeutung des Bebauungsplans

Aufgabe der Bauleitplanung ist es, die bauliche und sonstige Nutzung der Grundstücke in der Gemeinde nach Maßgabe des Städtebaurechts vorzubereiten und zu leiten. Die Bauleitpläne sind nach § 2 Abs. 1 BauGB von den Gemeinden in eigener Verantwortung aufzustellen; im Rahmen der verfassungsrechtlich gewährleisteten Planungshoheit (Artikel 28 GG) ist den Gemeinden die Befugnis verliehen, grundsätzlich eigenverantwortlich das Gemeindegebiet zu ordnen und zu gestalten und verbindliche Planungen bezüglich der baulichen und sonstigen Nutzung der Gemeindegrundstücke vorzunehmen. Die gemeindliche Bauleitplanung konkretisiert einerseits die auf kommunalpolitischen Mehrheitsentscheidungen beruhenden, öffentlichen städtebaulichen Ziele sowie andererseits in Abwägung aller öffentlichen und privaten Belange Inhalt und Schranken des verfassungsrechtlich geschützten Eigentums (Artikel 14 Abs. 1 GG). Die Gemeinden haben Bauleitpläne aufzustellen, sobald und soweit es für die städtebauliche Entwicklung und Ordnung erforderlich ist.

Nach § 1 Abs. 2 BauGB ist das System der Bauleitplanung zweistufig aufgebaut. Der Flächennutzungsplan als vorbereitender Bauleitplan stellt für das gesamte Gemeindegebiet die beabsichtigte städtebauliche Entwicklung dar; die Darstellungen beschränken sich im Normalfall auf die Grundzüge der beabsichtigten Planung. Seine Präzisierung erfolgt in der Regel durch den Bebauungsplan, dessen Festsetzungen Baurecht schaffen und in dem die Gemeinde die Zulässigkeit der baulichen und sonstigen Nutzung von Grundstücken festlegt. Gebaut werden kann aber nicht nur im Geltungsbereich von Bebauungsplänen gem. § 30 BauGB oder unter bestimmten Voraussetzungen in Gebieten, für die ein Beschluß über die Aufstellung eines Bebauungsplans gefaßt ist (§ 33 BauGB), sondern auch im unbebauten Innenbereich (§ 34 BauGB) oder – mit Einschränkungen, die eine Realisierung neuer Gewerbegebiete zumeist ausschließen dürfte – im Außenbereich (§ 35 BauGB).

In allen untersuchten Praxisfällen ist es erforderlich, zur Realisierung der neuen Gewerbegebiete Bebauungspläne aufzustellen, um eine geordnete städtebauliche Entwicklung zu gewährleisten. In allen Fällen handelt es sich um Neuplanungen außerhalb der im Zusammenhang bebauten Ortsteile gem. § 34 BauGB, für die auch eine Zulässigkeit nach § 35 BauGB nicht gegeben ist. Bei den Vorhaben, die die städtebauliche Entwicklungsmaßnahme anwenden, resultiert die Erforderlichkeit zur Aufstellung von Bebauungsplänen darüber hinaus aus den Bestimmungen des § 166 Abs. 1 BauGB.

Hinsichtlich des in den Bebauungsplänen bereits vorhandenen oder angestrebten Maßstabes der Regelungsdichte oder Festsetzungsdichte sind in den Vorhaben erhebliche Unterschied festzustellen. Das BauGB schreibt an keiner Stelle einen bestimmten Mindestinhalt von Bebauungsplänen vor. Es obliegt dem planerischen Ermessen der Gemeinde, die für die städtebauliche Entwicklung und Ordnung nach ihrer planerischen Konzeption erforderlichen Festsetzungen zu treffen. Alle in einem rechtmäßig zustandegekommenen Bebauungsplan getroffenen Festsetzungen sind in jedem Fall zu beachten.

§ 30 BauGB unterscheidet die qualifizierten Bebauungspläne (Abs. 1) und die einfachen Bebauungspläne (Abs. 2). Für den qualifizierten Bebauungsplan schreibt § 30 Abs. 1 BauGB einen Mindestinhalt vor:

- Art und Maß der baulichen Nutzung,
- überbaubare Grundstücksfläche,
- örtliche Verkehrsflächen.

Beim qualifizierten Bebauungsplan hat die Gemeinde einen Gestaltungsspielraum, der u.a. durch die möglichen Festsetzungen nach § 9 Abs. 1 BauGB gegeben ist. Allerdings müssen nicht alle nach § 9 BauGB gegebenen Möglichkeiten, Festsetzungen zu treffen, ausgeschöpft werden. Welche der möglichen Festsetzungen die Gemeinde im einzelnen Bebauungsplan trifft, ist, abgesehen von der unverzichtbaren Festsetzung der Grenzen des räumlichen Geltungsbereichs gem. § 9 Abs. 7 BauGB und den in § 30 BauGB genannten Festsetzungen, weitgehend von den städtebaulichen Zielsetzungen abhängig.

Der Erforderlichkeitsmaßstab ist zum einen darauf gerichtet, den Bebauungsplan mit denjenigen Festsetzungen auszustatten, mit denen die von der Gemeinde verfolgten städtebaulichen Ziele zur Ausweisung der neuen Gewerbegebiete erreicht werden können. In diesem Zusammenhang ist das Gebot der Konfliktbewältigung von großer Bedeutung.

Auf der anderen Seite ist der Erforderlichkeitsmaßstab darauf gerichtet, nur soviel an Festsetzungen in den Bebauungsplan aufzunehmen, wie zur Erreichung dieser Ziele unbedingt notwendig ist. Welche Festsetzungen zur Realisierung ökologischer Gewerbegebiete danach erforderlich sind, läßt sich nicht generell sagen, sondern nur aufgrund einer konkreten Einschätzung des Regelungsbedarfs. Dies hängt nicht nur von der zu überplanenden Örtlichkeit und den Erfordernissen der konkreten Situation ab, sondern auch von den konkreten Planungszielen der Gemeinde.

Häufig wird Bebauungsplänen mit hoher Regelungsdichte mangelnde Flexibilität vorgehalten. Ein kurzfristiges Reagieren auf neue Gegebenheiten, Investorenwünsche und Eigentümervorstellungen ist kaum möglich. Ein mit Festsetzungen überfrachteter Plan ist bei geänderten Rahmenbedingungen schwerer zu ändern. Da normalerweise das gesamte Planaufstellungsverfahren durchlaufen werden muß, ist der Bebauungsplan nicht selten zu unflexibel und starr, um den Anforderungen des Einzelfalls gerecht zu werden.

Andererseits erfordern komplexe planerische Konzepte vielfach detaillierte Festsetzungen und Konretisierungsgrade des Bebauungsplans. Zum Beispiel wird ein Bebauungsplan für komplizierte städtebauliche Situationen häufig eine hohe Regelungsdichte haben und entsprechend konkret sein müssen, um die mit der Planung verfolgten Ziele zu erreichen.

Der Einsatz der Bebauungspläne wird in den untersuchten Praxisfällen unterschiedlich gehandhabt. Zwar ist der Bebauungsplan in allen Vorhaben Grundvoraussetzung der Projektumsetzung, jedoch ist der Detaillierungsgrad der Festsetzungen unterschiedlich. In der konkreten Handhabung reicht die Einsatzbreite von einem Bebauungsplan als relativ flexiblem Entwicklungsrahmen bis hin zu einem Bebauungsplan als präzisem Steuerungselement der baulichen Entwicklung in den Gewerbegebieten. In den Vorhaben der Realisierungsphase wird der Bebauungsplan um andere Instrumentarien und Vereinbarungen mit dem Ziel ergänzt, die städtebaulichen und sonstigen Anforderungen ökologischer oder gestalterischer Art in den Gewerbegebieten durchzusetzen und positive Entwicklungen einzuleiten.[30] In den Vorhaben der Planungsphase ist ebenfalls vorgesehen, ergänzende Instrumentarien zum Bebauungsplan im weiteren Planungsprozeß zu erarbeiten.

Die Möglichkeiten und Grenzen des Einsatzes von § 33 BauGB zur Steuerung von Entwicklungen in neuen Gewerbegebieten können aus dem zu untersuchenden Zusammenhang heraus nicht abschließend beurteilt werden. Erfahrungen zeigen jedoch, daß aus Gründen der Rechtssicherheit sowohl für die Kommune als auch für den Investor die Rechtskraft der Bebauungspläne und Genehmigungen nach § 30 BauGB wichtig sind. Im Falle des Vorhabens Neutraubling ist es in mehreren Fällen nicht gelungen, auf der Basis des § 33 BauGB städtebauliche Anforderungen bezüglich Architektur und Freiflächengestaltung durchzusetzen. Als nachteilig im Rahmen der Genehmigung nach § 33 BauGB wird von den Projektträgern in diesem Vorhaben auch der Rechtsstatus der Stadt hinsichtlich der Erhebung von Erschließungskosten genannt, die die Stadt sich auf privatrechlicher Basis sichern mußte. Im Regelfall kann nur bei Vorliegen eines rechtskräftigen Bebauungsplans, dessen Festsetzungen die Herstellung von Erschließungsanlagen folgt, eine Erschließungsbeitragspflicht entstehen.

Inwieweit der Vorhaben- und Erschließungsplan ein geeignetes Instrument ökologischer Gewerbegebietsplanung sein kann, konnte bei den Praxisfällen nicht überprüft werden, da es den Vorhaben- und Erschließungsplan bei Forschungsbeginn noch nicht gab.

3.1.3 Sicherung der Bauleitplanung

Die Aufstellung von Bebauungsplänen kann sich über längere Zeiträume hinziehen. Daher besteht die Gefahr, daß seine Realisierung durch tatsächliche Entwicklungen (Errichtung von Bauwerken, Grundstücksteilungen, Veräußerungen) erschwert wird. Das BauGB stellt der Gemeinde deswegen bestimmte Sicherungsinstrumente zur Verfügung:[31]
- Veränderungssperre (§§ 14, 16ff. BauGB),
- Zurückstellen von Baugesuchen (§ 15 BauGB),
- Teilungsgenehmigung (§§ 19ff. BauGB),
- Vorkaufsrechte (§§ 24ff. BauGB).

Zur Sicherung einer geordneten städtebaulichen Entwicklung wurde im Vorhaben Erlangen/Fürth/Nürnberg in der Frühphase der Planung eine Vorkaufsrechtssatzung gemäß § 25 Abs. 1 Nr. 2 BauGB beschlossen. Vor der Entscheidung, ob und wie das Instrument Entwicklungsmaßnahme angewandt wird, sollte spekulativer

[30] Vgl. hierzu Kap. V 2.3.

[31] Vgl. hierzu Menzel, P., Deutsch, M., Krautter, H., Das Praxishandbuch der Bauleitplanung, Kissing 1995, Teil 6/9.

Grundstücksverkehr unterbunden und eine tendenziell preisdämpfende Wirkung erzielt werden. Daneben bietet das Vorkaufsrecht den Gemeinden die Möglichkeit, sich bei auftretenden Verkaufsfällen geeignete Grundstücke zu verschaffen. Als zu sichernde Flächen kommen dabei in Betracht:
- Grundstücke, die einer baulichen Entwicklung unterzogen werden sollen,
- ökologische Flächen im Siedlungszusammenhang,
- Austausch- und Ersatzgrundstücke für Landwirte, die Flächen für die geplanten Maßnahmen abgeben müssen.

Die Gebietsabgrenzung der Vorkaufssatzung war aus diesen Gründen im Vorhaben Erlangen/Fürth/Nürnberg wesentlich größer als die später zu bebauenden Flächen des neuen Gewerbegebiets.

3.2 Naturschutzrecht

Die Änderungen des Bundesnaturschutzgesetzes (BNatSchG) durch das Investitionserleichterungs- und Wohnbaulandgesetz (Inv-WoBauLG) dienen vor allem der Regelung des Verhältnisses der naturschutzrechtlichen Eingriffsregelungen nach § 8 BNatSchG zur Bauleitplanung. Mit § 8 a BNatSchG ist die Eingriffsproblematik nunmehr im Zusammenhang der Bauleitplanung zu bewältigen.

Bei Aufstellung, Änderung und Ergänzung von Bauleitplänen findet die Berücksichtigung und Bewältigung der Eingriffs- und Ausgleichsproblematik jetzt allein auf der Ebene der Bauleitplanung, und zwar im Rahmen der Abwägung und damit nach den Vorschriften des Baugesetzbuchs, statt.

Die Bauleitplanung ist damit um einen Aufgabenbereich erweitert worden, da nunmehr bereits auf der Stufe der Flächennutzungs- bzw. Bebauungsplanung ein Ausgleich der durch die Planung vorbereiteten Eingriffe in Natur- und Landschaft zu gewährleisten ist. Zwar werden die grundlegenden Raumnutzungsentscheidungen über die Inanspruchnahme noch naturhafter Flächen sowie die Möglichkeit ihres Ausgleichs auf der Ebene der Flächennutzungsplanung getroffen, doch fällt es in den Aufgabenbereich der Bebauungsplanung, die Darstellungen des Flächennutzungsplanes zu konkretisieren und damit rechtsverbindlich festzusetzen, durch die ein solcher Ausgleich herbeigeführt werden kann. Im Vordergrund stehen dabei Ausgleichsmaßnahmen im konkret beeinträchtigten Raum, d.h. auf dem Grundstück, auf dem der Eingriff stattfindet, selbst. Im weiteren sind Ausgleichs- und Ersatzmaßnahmen im sonstigen Geltungsbereich des betreffenden Bebauungsplans festzusetzen.[32] Die Festsetzungen für Ersatzmaßnahmen im sonstigen Geltungsbereich eines Bebauungsplans können – in Erweiterung des Festsetzungskataloges in § 9 Abs. 1 BauGB – den Grundstücksflächen, auf denen der Eingriff aufgrund sonstiger Festsetzungen (v.a. über die bauliche Nutzung

32 Mitschang, S., Stadtökologische Festsetzungen in Bebauungsplänen zum Ausgleich von Eingriffen in Natur und Landschaft sowie ihre Umsetzung und Finanzierung, in: ZfBR Heft 2/1994, S. 57 ff.

oder Verkehrsanlagen) zu erwarten sind, für Ausgleichs- oder Ersatzmaßnahmen ganz oder teilweise zugeordnet werden (sogenannte Zuordnungsfestsetzungen).[33]

Bereits nach den vorher geltenden Regelungen, die in den untersuchten Praxisfällen zu beachten waren, sollte im Rahmen der Abwägung die Berücksichtigung der Belange von Naturschutz und Landschaftspflege zu einer Minderung der Beeinträchtigung der Leistungsfähigkeit des Naturhaushaltes und des Landschaftsbildes bei der Umsetzung der Bebauungspläne führen. Die Neuregelung stellt klar, daß bei dieser Abwägung die Grundsätze der Eingriffsregelung (Vermeidung, Ausgleich und Ersatz) anzuwenden sind und daß unvermeidbare Eingriffe auf der Ebene der Bauleitplanung bewältigt werden müssen.[34]

In bezug auf die Anwendung der naturschutz- und umweltrechtlichen Bestimmungen liegen bis jetzt wenig Erkenntnisse aus den Praxisfällen vor. Fragestellungen des Naturschutzrechts spielen hauptsächlich im Zusammenhang mit der Eingriffsregelung und der Einbeziehung von Ausgleichsflächen in die Geltungsbereiche von Entwicklungsmaßnahmen eine bedeutende Rolle in den Vorhaben Erlangen/Fürth/Nürnberg und Mainz. Die Ausgleichsmaßnahmen sind in folgender Reihenfolge vorgesehen :

- Ausgleich auf dem Baugrundstück und am Gebäude,
- Ausgleich auf sonstigen Grundstücken des Bebauungsplans,
- Ausgleich des Eingriffs außerhalb des Geltungsbereichs des Bebauungsplans.

Als Ergebnis vorläufiger Flächenbilanzen und der Anwendung von Verfahren zur Ermittlung der Wertigkeit verschiedener Flächenpotentiale ergeben sich dabei Ausgleichsflächen sehr unterschiedlicher Größenordnungen. Die Größe der Ausgleichsflächen schwankt zwischen ca. 26 % und ca. 67 % Flächenanteil, bezogen auf die Bruttogewerbegebietsgrößen. Bezogen auf die Nettoflächen schwankt die Relation etwa zwischen 1:3 und 1:1.[35] Insbesondere im Hinblick auf die geplante Einbeziehung der Ausgleichsflächen in die Entwicklungsbereiche werden damit in bestimmten Vorhaben Probleme bezüglich der Verhältnismäßigkeit der eingesetzten Instrumente und der Erforderlichkeit des weitreichenden Instrumentariums der Entwicklungsmaßnahme aufgeworfen. Liegen die Ausgleichsflächen außerhalb der Entwicklungsbereiche, ist die Frage des Eigentums an Ausgleichsflächen zu beantworten. Auf den ökologischen Ausgleichsflächen soll eine landwirtschaftliche Nutzung im Vorhaben Erlangen/Fürth/Nürnberg in folgender Stufung prinzipiell möglich bleiben:

- Umstellung auf ökologischen Landbau/Verzicht auf Mineraldünger,
- Umwandlung von Ackerland in Grünland,
- Extensivierung des Grünlands,
- Anlage von Streuobstwiesen.

---

33 Stich, R., Bedeutung der neuen bundesnaturschutzrechtlichen Eingriffs- und Ausgleichsvorschriften für die Bebauungsplanung und die Zulässigkeit von Bauvorhaben, in: BauR Heft 2/1994, S. 207.

34 Vgl. hierzu Menzel, P., Deutsch, M., Krautter, H., Das Praxishandbuch der Bauleitplanung, Kissing 1995, Teil 4/5.3.

35 Vgl. hierzu ausführlich Kap V 3.1.1.8.

Außerhalb der Vorhaben, die die Entwicklungsmaßnahme anwenden, ist das Verhältnis von Naturschutz- und Städtebaurecht im zu untersuchenden Zusammenhang unproblematischer. Auf der Basis landschaftsplanerischer Untersuchungen werden in den Bebauungsplänen in der Regel Flächen für Maßnahmen zum Schutz, zur Pflege und zur Entwicklung von Natur und Landschaft sowie weitere Maßnahmen wie Straßenbegleitgrün, Flächen mit Pflanzgeboten, Dach- und Fassadenbegrünungen festgesetzt, mit denen unvermeidbare Eingriffe so ausgeglichen werden, daß keine erheblichen oder nachhaltigen Beeinträchtigungen des Naturhaushaltes zurückbleiben. Allerdings handelt es sich dabei überwiegend um Bereiche, deren gewerbliche Nutzung bei Beginn der Forschungsarbeiten bereits planungsrechtlich gesichert war.

3.3 Fachplanungsrecht

Aspekte des Wasserrechts spielen im Vorhaben Mainz insoweit eine Rolle, als das geplante Gewerbegebiet im Bereich von wertvollen Grundwasservorkommen in Schutzzone III liegt. Aufgrund der geltenden Schutzbestimmungen ist die Errichtung von Gewerbebetrieben in den Wasserschutzzonen I und II verboten. Die Ausweisung eines Gewerbeparks in der Wasserschutzzone III ist dagegen grundsätzlich möglich, jedoch sind hier entsprechend den Schutzbestimmungen Auflagen erforderlich, wobei die Anwendung der Schutzbestimmungen für die Wasserschutzzone III sinngemäß auch für die außerhalb der Zone III liegenden Zustrombereiche angestrebt wird.

Im Praxisfall Neutraubling werden im Zusammenhang mit der Aufstellung von Bebauungsplänen Fragen des Abfallrechts berührt. Dabei versuchte in diesem Fall die Gemeinde, die innerhalb eines Energiegutachtens erarbeiteten Ziele, die von den Betrieben Energie- und Stoffbilanzen im Sinne eines Müllentsorgungsnachweises verlangen, bauplanungsrechtlich zu regeln und im Bebauungsplan festzusetzen. Da keine rechtlich abgesicherten Festsetzungsmöglichkeiten bestehen, konnte dieses Ziel nicht erreicht werden. In einem vergleichbaren Bauvorhaben strebt die Gemeinde ebenfalls die Festschreibung eines betrieblichen Abfallkonzeptes im neuen Gewerbegebiet an; hier soll eine Umsetzung mit Hilfe privatrechtlicher Vereinbarungen erfolgen, da die Gemeinde in diesem Fall Grundstückseigentümer ist.

3.4 Bauordnungsrecht

Bestimmungen des Bauordnungsrechtes sind in den untersuchten Praxisfällen insoweit von Bedeutung, als die Gemeinden (z.B. Neutraubling und Rheinfelden) von den Möglichkeiten des § 9 Abs. 4 BauGB Gebrauch machen und örtliche Bauvorschriften nach dem jeweiligen Bauordnungsrecht in die Bebauungspläne übernehmen. Typische Festsetzungsinhalte bauordnungsrechtlicher Gestaltungsvorschriften betreffen zum Beispiel die äußere Gestaltung der baulichen Anlagen, die Werbeanlagen, die Einfriedungen entlang öffentlicher Flächen und die Gestaltung der nicht überbauten Flächen und der Stellplatzanlagen.

In einigen Vorhaben werden in Zusammenhang mit dem geplanten Vorrang des öffentlichen Personennahverkehrs Überlegungen zum Parkraummanagement eingeleitet, die in Zusammenhang mit Konzepten zur Minderung des Stellplatzangebotes für den Individualverkehr zu Konflikten mit bestehenden baurechtlichen Stellplatzverpflichtungen führen können. Nach dem geltenden Bauordnungsrecht muß bei Neu- und Umbauten nutzungsabhängig eine bestimmte Zahl von Stellplätzen errichtet werden. Wenn die Stellplätze nicht auf dem Grundstück gebaut werden können, ist die Verpflichtung entweder auf anderen Grundstücken zu erfüllen oder mit einem von der Kommune festgestellten Betrag abzulösen. Die Ablösungsbeträge sind für den Bau von Stellplätzen zweckgebunden.

Vom Vorhaben Mainz werden hier Änderungen der bauordnungsrechtlichen Stellplatzverpflichtungen erwähnt, die in folgende Richtung gehen sollen:

- Die Stellplatzpflicht wird umgewandelt in eine Erlaubnis zum Bau von Stellplätzen. Erstellt werden darf höchstens der „qualifizierte Bedarf", aber auch weniger. Der Umfang des qualifizierten Bedarfs ist je nach Nutzung und Gebietstyp festzulegen und kann umfassen: Stellplätze für Fahrzeuge von Behinderten, Betriebsfahrzeuge und Kundenfahrzeuge.
- Für die Differenz zwischen der als qualifiziertem Bedarf festgelegten Stellplatzzahl und der Stellplatzverpflichtung nach heutigem Recht ist ein Ablösebetrag zu bezahlen. Dieser wird aber als jährlicher Betrag mit 10 % des bisherigen Ablösebetrags festgelegt und zusammen mit der Grundsteuer erhoben. Zwischen 50 % und 100 % der jährlichen Abgabe wird als Gutschrift für den Nahverkehr rückerstattet.
- Nach stadtplanerischen Vorgaben erfolgt die Festlegung, wo die Stellplätze gebaut werden dürfen, z. B. am Rand eines verkehrssicher und verkehrsruhig zu haltenden Gebiets. Ausnahmen gelten bei Stellplätzen für Behinderte und betrieblich notwendige Fahrzeuge.[36]

Die diesem Parkraumkonzept zugrundeliegende Konzeption sieht eine Unterstützung des öffentlichen Nahverkehrs und eine Beschränkung des Angebots an privaten Stellplätzen vor. Die Gewerbegebiete sollen hier so entwickelt werden, daß die Benutzer des öffentlichen Personennahverkehrs sowohl in zeitlicher Hinsicht als auch von der Attraktivität der Wege deutliche Vorteile gegenüber dem Individualverkehr genießen sollen. Dazu sollen auch die Parkmöglichkeiten im Straßenraum der Gewerbegebiete drastisch eingeschränkt und an bestimmten Stellen im Gebiet konzentriert werden.

[36] Vgl. hierzu: Planungsbüro Billinger, Kurzfassung des Vortrages „Umweltschonende Verkehrserschließung", Workshop Ökologische Gestaltung von Gewerbegebieten am 01./02.10.1991.

3.5 Sonstige Rechtsgebiete

Wegen der negativen Erfahrungen mit der Entwicklung früherer Gewerbe- und Industriegebiete hat sich das Vorhaben Rheinfelden dazu entschlossen, die Besiedlung nicht ausschließlich mit Mitteln des Städtebaurechts zu lenken. Ziel war es einerseits, eine möglichst große Flexibilität gegenüber den Bauwilligen zu gewährleisten, andererseits aber die erklärte Gestaltungsabsicht in den neuen Gewerbegebieten zu sichern.

Einfache Zustimmung der Bauherren – etwa auf der Basis einer intensiven Beratung – wurden von den Verantwortlichen als unzureichend angesehen. Gestaltungsfestsetzungen im Bebauungsplan sollten jedoch auch nicht über ein bestimmtes Maß hinaus gehen, um dem einzelnen Investor einen möglichst großen positiven Spielraum bei der Bauausführung zu belassen.

Man entschied sich daher für privatrechtliche Vereinbarungen mit den Investoren, die sich beim Erwerb der Grundstücke verpflichten müssen, bestimmte Auflagen einzuhalten. Dies setzt voraus, daß sich die Flächen in städtischem Eigentum befinden. Diese Bedingung wurde durch den Aufkauf aller Grundstücke erfüllt. Alle Grundstücke konnten zwischenzeitlich bereits wieder veräußert werden. Entsprechende privatrechtliche Verträge wurden abgeschlossen. Hier verpflichten sich die Käufer, die Bebauung nur einvernehmlich mit der Stadt zu planen und durchzuführen und über die Planung und Durchführung der Baumaßnahmen die Stadt jeweils zu informieren unter Vorlage von Plänen und Ankündigung des Beginns und der Durchführung der geplanten Baumaßnahmen sowie etwaiger Änderungen an Baumaßnahmen. Die Verträge beinhalten auch eine Rückveräußerungsklausel, die sicherstellt, daß die Grundstücke bei Nichtbeachtung der Vereinbarungen oder wenn eine Einigung über die Planung und die Baumaßnahmen nicht erzielt werden kann, an die Gemeinde zurückfallen.

Dieses Vorgehen setzt allerdings eine gewisse Finanzkraft der Gemeinde zum Zwischenerwerb der Grundstücke sowie eine anhaltende Nachfrage voraus. Bei geringerem Interesse an den gewerblichen Bauplätzen besteht die Gefahr des „Aufweichens“ der Vorschriften, da dann der potentielle Investor in eine stärkere Verhandlungsposition rückt und das Argument der Arbeitsplätze sowie der Gewerbesteuereinnahmen größeres Gewicht erlangen kann als die zugrunde liegenden städtebaulich-gestalterischen Überlegungen.

Ein weiteres Problem betrifft die Ausformung der vertraglichen Vereinbarungen, die im untersuchten Vorhaben relativ pauschal gehalten sind. So sieht die Anlage zu den Verträgen beispielsweise Grundsätze bezüglich Gestaltung, Konstruktion, Materialien der Baukörper und ihre Einbindung in die Umgebung vor. Hierin wird ausgeführt, daß die architektonische Gestaltung der Baukörper so vorgenommen werden soll, „daß von den herkömmlichen langweiligen, gewerblichen und industriellen Zweckbauten möglichst abgerückt wird“.[37] Für die Konstruktion der Gewerbebauten wird solide Bauweise bestimmt.

[37] Vgl. Modellvorhaben Rheinfelden.

Auch hinsichtlich der Einbindung in die Umgebung enthalten die Verträge bestimmte Auflagen. Die Umgebung soll so gestaltet werden, „daß nebst der reinen Zweckdienlichkeit das ästhetische Erscheinungsbild gebührend berücksichtigt wird".[38]

Alle übrigen vertraglichen Regelungen in diesem Praxisfall, die sich auf die Gestaltung von Gebäuden und Außenanlagen beziehen, sind in ähnlich unbestimmter Weise formuliert. Sie enthalten zahlreiche Soll-Bestimmungen und eröffnen einen großen Auslegungsspielraum.

Letztlich hängt der Erfolg des eingeschlagenen Weges von freiwilliger Überzeugungsarbeit und detaillierter Bauberatung sowie der Einsicht der Investoren in die Notwendigkeit einer herausgehobenen Gestaltung ab, da die Kaufverträge keine konkreten, über die Festsetzungen der Bebauungspläne hinausgehenden Regelungen enthalten. Der Käufer muß sich ausdrücklich verpflichten, die für das Baugebiet geltenden Satzungen einzuhalten; dies betrifft beispielsweise den Ausschluß bestimmter Nutzungen wie Einzelhandelsbetriebe, Vergnügungsstätten oder Gaststätten und Betriebe des Beherbergungsgewerbes im Bebauungsplan. Konkrete städtebauliche, ökologische oder gestalterische Anforderungen an die neuen Baukörper und ihre Einbeziehung in die Umgebung werden jedoch nur in Form von Grundsätzen im Anhang der Kaufverträge gestellt. So positiv dieser Spielraum für Investoren im Einzelfall auch sein kann, so ist doch im Endergebnis aus gemeindlicher Sicht festzustellen, daß bei nachlassender Nachfrage nach gewerblichen Bauflächen im Baugebiet städtebauliche Anforderungen über die Festsetzung des Bebauungsplans hinaus nur schwer durchsetzbar sind. Die Kombination von Bebauungsplan und ergänzenden Bestimmungen im Kaufvertrag ist grundsätzlich positiv zu bewerten, bedarf jedoch entweder auf der öffentlichrechtlichen oder auf der privatrechtlichen Ebene einer größeren Bestimmtheit als im beschriebenen Praxisfall.

Auf die Probleme im Zusammenwirken von Steuerrecht und Anwendung der Entwicklungsmaßnahme wurde bereits eingegangen.[39] Für die planenden Gemeinden stellt sich hier die Frage nach einer Neuregelung, die dem landwirtschaftlichen Aufgabenwandel Rechnung trägt, um auch für landschaftspflegerische Tätigkeiten im Zusammenhang mit der Herstellung und Unterhaltung ökologischer Entwicklungsflächen Lösungen zu suchen, die deren Einordnung in die steuerlich nachteilige Kategorie der Gewerbebetriebe vermeidet.

Im Zusammenhang mit interkommunalen Kooperationen wird von einzelnen Vorhaben auf die Möglichkeit der Bildung von Planungsverbänden nach § 205 BauGB verwiesen, jedoch ist nach den Erfahrungen in Erlangen/Fürth/Nürnberg die im BauGB vorgesehene Ermächtigung des Planungsverbandes zur Aufstellung von Bebauungsplänen nicht umfassend genug, da Schwierigkeiten bestehen, die gemeinsame Flächennutzungsplanung ausdrücklich auf Teilgebiete der Gemein-

[38] Vgl. Modellvorhaben Rheinfelden.

[39] Vgl. Kap. V 3.1.1.8.

den zu beschränken und dem Zweckverband zu übertragen. Auch ist nicht geklärt, ob ein Planungsverband die notwendige gemeinsame Grünordnungsplanung durchführen kann. Insofern ist aus Sicht dieses Praxisfalles bei anstehenden Novellierungen des Baugesetzbuches die Zweckverbandlösung auch im Hinblick auf eine Harmonisierung von Bau- und Umweltrecht deutlicher zu berücksichtigen. Weiter wird angeregt, die Gemeindeordnungen und Zweckverbandsgesetze der Länder im Hinblick auf Förderung interkommunaler Kooperationen, gegebenenfalls in Form von Verpflichtungen in bestimmten Fällen, zu überprüfen.

4 Technische Umsetzung

In den Praxisfällen werden unterschiedliche technische Anforderungen an die umweltgerechte Erschließung und Gestaltung der neuen Gewerbegebiete gesehen. Im Vordergrund der Vorhaben der Planungsphase stehen dabei gesamtkonzeptionelle Maßnahmen zur Durchsetzung ökologischer Teilziele und zur Gestaltung der Baugebiete. Dabei sind überwiegend Planungskonzepte auf der Konkretisierungsstufe der städtebaulichen Rahmenplanung entwickelt worden. Im Zuge der Umsetzung der Konzepte in die verbindliche Bauleitplanung erfolgen weitere städtebauliche oder landschaftsplanerische Vertiefungen.

Bei der qualitativen Verbesserung der bestehenden Gewerbegebiete sowie den Erweiterungen werden vor allem optische Anforderungen formuliert. Im Unterschied zu den Vorhaben der Planungsphase stehen in diesen Fällen die gestalterischen Anforderungen an Einzelobjekte eindeutig im Vordergrund. Entsprechende kommunale Vorstellungen sind Bestandteil der rechtskräftigen Bebauungspläne, der privatrechtlichen Regelungen oder werden durch ein Gestaltungshandbuch verdeutlicht.

4.1 Einzelelemente der technischen Umsetzung

Die Elemente der vorgesehenen technischen Umsetzung beziehen sich vor allem auf:
- die verkehrliche Anbindung und die verkehrstechnische Erschließung,
- die Energie- und Wärmeversorgung,
- die Wasserversorgung und den Wassergebrauch,
- die Abwasserwirtschaft,
- die Abfallwirtschaft,
- die Architektur, Bauausführung und Begrünung von Einzelobjekten.

Als dazugehörige Maßnahmen können genannt werden:[40]

[40] Vgl. hierzu Kap. II 1.

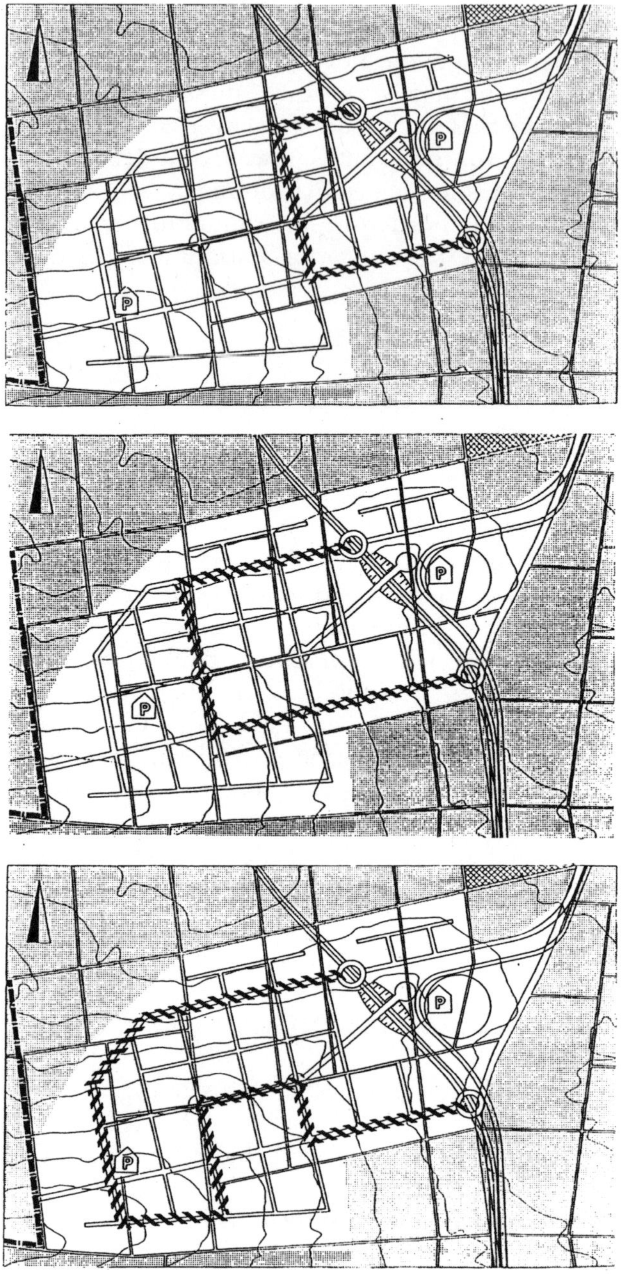

Abb. 12 Erschließung eines neuen Gewerbegebietes durch Ringbuslinie und Anordnung von Stellplatzarealen am Gebietsrand[41]

41 Modellvorhaben Mainz.

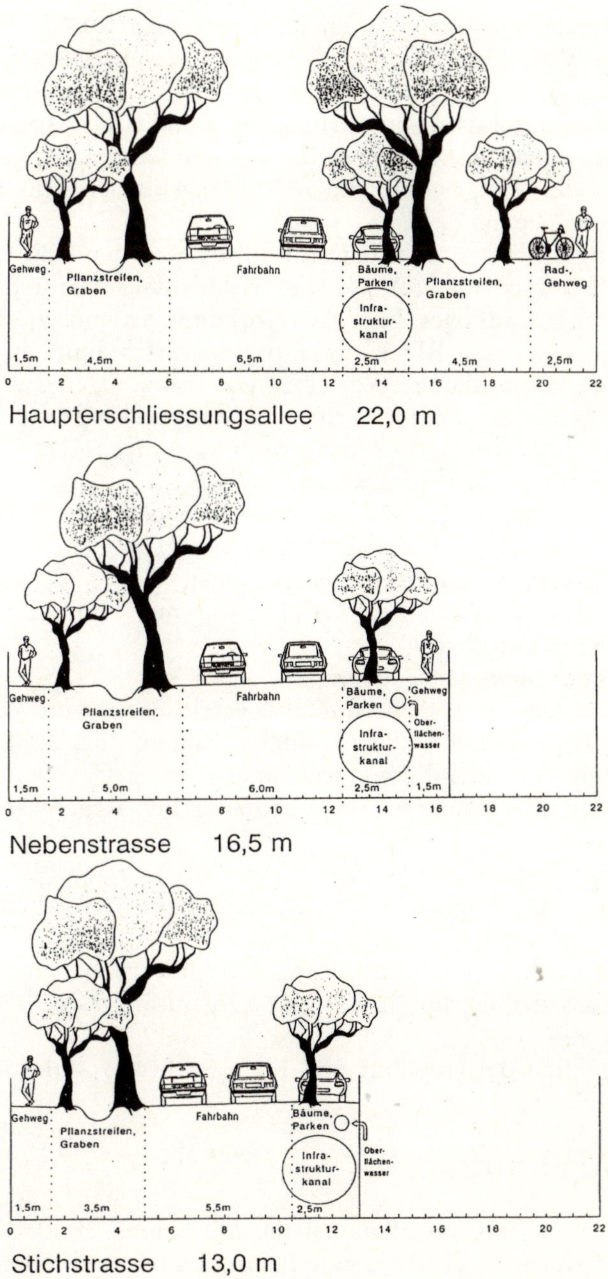

Abb. 13 Geplante Straßenquerschnitte in einem Gewerbegebiet[42]

---

42 Modellvorhaben Mainz.

- umweltschonende, vorrangig durch leistungsfähige ÖPNV-Erschließung gekennzeichnete Verkehrsanbindung der neuen Gewerbegebiete,
- Unterstützung des öffentlichen Nahverkehrs durch restriktive Ausweisung von Stellplätzen, durch Parkraummanagement und flächensparende Unterbringung des ruhenden Verkehrs auf bestimmten Stellplatzarealen, Parkdecks, Parkhäusern oder Tiefgaragen, die im Einzugsbereich von Haltestellen der ÖPNV-Systeme liegen,
- klare Ordnungssysteme zur Organisation der privaten und öffentlichen Flächen im Straßenraum und Vorgabe der Grundstückseinfahrten,
- Einsatz umweltfreundlicher Energieversorgungssysteme wie z.B. von Kraft-Wärmc-Kopplungen und Blockheizkraftwerken (Im Sinne einer CO_2-Minderungsstrategie sind im Mainzer Vorhaben Untersuchungen dazu vorgesehen, ob und in welchem Umfang Prozeßwärme und Raumheizung durch ein Fernwärmesystem auf der Basis von Kraft-Wärme-Kopplung angeboten werden können.),
- interne Verwertung von Prozeßwärme,
- Erarbeitung integrierter gebietsbezogener Konzepte zur Wassernutzung, die vorhandene Potentiale von niederschlagswassergespeisten Brauchwassersystemen oder Grundwassernutzungen einbeziehen,
- Reduzierung des Verbrauchs an Frischwasser mit Trinkwasserqualität durch betriebliche Kreislaufführung,
- Schaffung von Trennwassersystemen,
- oberirdische Ableitung, Speicherung und Versickerung von weitgehend unverschmutztem Regenwasser in Rasenmulden, Rinnen oder ähnlichen Systemen,
- Schaffung entsprechender Retentionsräume,
- Begrünung von Flachdächern zur Erhöhung der Regenwasser-Speicherwirkung,
- gebietliche und betriebliche Konzepte zur Abfallwirtschaft,
- Untersuchung von möglichen Vernetzungswegen der Abfälle als mögliche Rohstoffe für andere Betriebe,
- Vorgaben zur baulichen Strukturierung von Gewerbebauten,
- Dach- und Fassadenbegrünungen sowie Organisation der betrieblichen Freiflächen,
- Multifunktionalität der Gebäude und Mehrgeschoßproduktion.

4.2 Infrastrukturkanal

Zur Ver- und Entsorgung von Baugebieten mit Trink-, Brauch- und Abwasser, Elektro- und Wärmeenergie, Gas sowie Informations- und Kommunikationsmedien sind Rohrleitungen und Kabel notwendig. Diese Netze sind qualitativ und quantitativ verschieden ausgebaut sowie einzeln über einen historisch unterschiedlich langen Zeitraum im Geflecht der sich aufbauenden technischen Infrastruktur gewachsen. Entsprechend dem jeweiligen Stand der Technik wurden sie projektiert, verlegt und in Betrieb gesetzt.

Traditionell werden Rohrleitungen und Kabel im unterirdischen Bauraum direkt im anstehenden Erdstoff als Einzeltrasse verlegt. Kennzeichnend für diese Verlegeart ist die stufenförmige Anordnung von Einzeltrassen. Die gesamte zur Verfügung stehende Breite im unterirdischen Bauraum zwischen sich gegenüberstehenden Gebäuden einer Straße wird zur Verlegung genutzt. Den einzelnen Medien werden lage- und höhenmäßig eingeteilte Trassenkorridore zugewiesen. Eine Erweiterung dieser bestehenden Netze sowie die Verlegung neuer Netze ist besonders in bebauten Gebieten in den vorhandenen Trassenkorridoren nur unter komplizierten Bedingungen durchführbar.[43]

Unter technischen, wirtschaftlichen und ökologischen Gesichtspunkten kann dieses System nachteilige Aspekte mit sich bringen. Zu nennen sind hier vor allem Probleme im Zusammenhang mit der Leitungsneuverlegung in offener Bauweise, die dazu führt, daß die Straßenkörper in Abständen geöffnet und wiederverschlossen werden. Dies bewirkt häufig Lärm-, Schwingungs- und Emissionsbelastungen aus Baustellenbetrieb und Verkehrsumleitungen, Beeinträchtigungen benachbarter baulicher Anlagen z.B. durch Wasserhaltungsmaßnahmen und Sicherheitsrisiken für Anlieger. Probleme bereiten weiterhin die Anpassung der Leitungssysteme an sich verändernde Bedarfssituationen sowie mögliche Schadstoffeinträge z.B. durch undichte Kanäle und die damit verbundenen Fragen des Ressourcenschutzes.

Unter Berücksichtigung ökologischer und ökonomischer Argumente gewinnt das System des begehbaren Infrastrukturkanals derzeit eine weitergehende Bedeutung. Dabei handelt es sich um einen Sammelkanal, in dem sämtliche Ver- und Entsorgungsleitungen gebündelt werden. Bezog sich die ursprüngliche Idee in erster Linie auf eine Erhöhung der Wirtschaftlichkeit durch die Bündelung von Ver- und Entsorgungssystemen und die Vereinfachung des Austausches bzw. der Ergänzung von Systemkomponenten, so kann unter ökologischen Gesichtspunkten ein solches System Vorteile aufweisen,[44] da die stoffliche Kontrolle (v.a. Abwasser und Wasserversorgung) durch die „Doppelwandigkeit", d.h. die Führung aller Leitungen in einem begehbaren Kanal, erleichtert wird und eine ständige Überwachung möglich ist. So können undichte Stellen, die eine Gefahr für das Grundwasser darstellen können, schnell aufgedeckt und beseitigt werden. Wartungsarbeiten, bei denen die Straße aufgerissen werden muß, gehören bei einem Infrastrukturkanal der Vergangenheit an. Ein weiterer Vorteil des Systems ist seine Flexibilität im Falle von Erweiterungen und Zwischenlösungen.

Die bauliche Ausgestaltung ist in Form eines begehbaren Querschnitts mit eingelassenen Halterungseinrichtungen durchführbar. Diese äußere Hülle kann aus Betonfertigteilen, aus Wellstahlrohrsegmenten oder auch aus Kunststoffen bestehen. Innerhalb dieses Querschnittes sind dann sämtliche Ver- und Entsor-

43 Vgl. hierzu Drewniok, P., in: Stein, D., Der begehbare Leitungsgang: Erneuerung innerstädtischer Ver- und Entsorgungssysteme durch Leitungsgänge, Berlin 1991, S.37.

44 Vgl. hierzu Stein, D., Der begehbare Leitungsgang: Erneuerung innerstädtischer Ver- und Entsorgungssysteme durch Leitungsgänge, Berlin 1991.

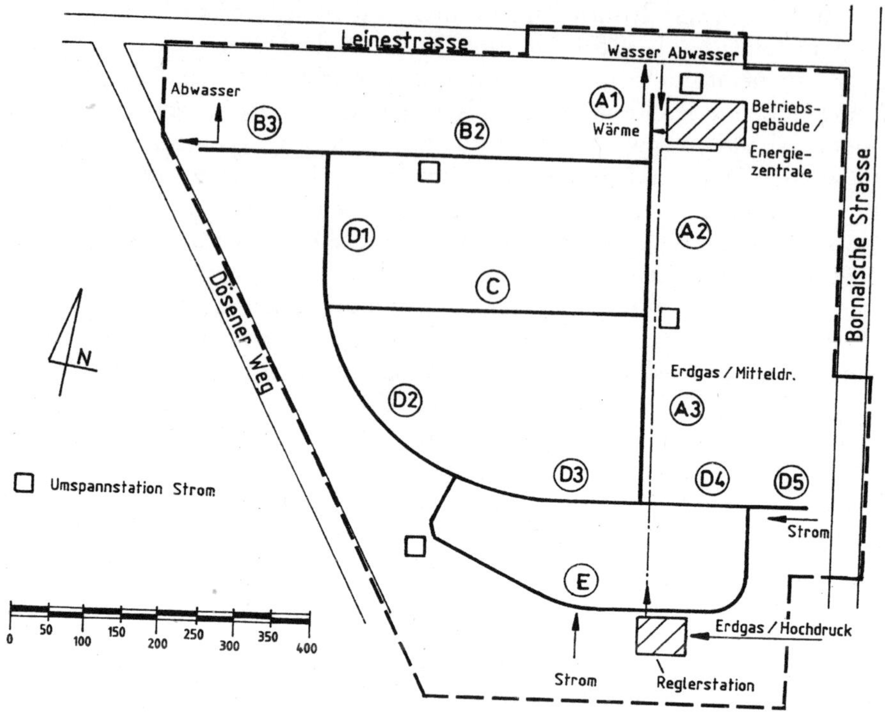

Abb. 14 Schema Infrastrukturkanalnetz Wachau [45]

gungssysteme unterzubringen. Dazu können die Telekommunikationsleitungen, Elektrizitätsversorgung einschließlich der Eigenversorgung des Systems, die Wasserversorgung, die Entwässerung sowie die Fernwärmeversorgung gehören. Versorgungs- und Kontrollschächte der traditionellen Leitungssysteme entfallen zugunsten von Einstiegsöffnungen in größeren Abständen, die zudem die Einführung von Rohren und Kabeln ermöglichen. Im Infrastrukturkanal wird die statische Belastung von der äußeren Hülle aufgenommen. Dies führt dazu, daß die einzelnen Leitungssysteme nur dynamischen und abriebsspezifischen Belastungen ausgesetzt sind. Das Auswechseln von einzelnen Leitungen ist ohne Grabarbeiten möglich. Ausgehend von den Erschließungsachsen können Querschnitte in die Untergeschosse der anzuschließenden Bauwerke geführt werden, um auch die Hausanschlüsse einer Kontrolle zugänglich zu machen.

Bereits gebaut und in Betrieb gegangen ist ein Infrastrukturkanal in Wachau in Sachsen.[46] Die Gemeinde Wachau hat ein ca. 55 ha großes Industrie- und Ge-

[45] Modellvorhaben Wachau.

[46] Wachau ist Modellvorhaben im Rahmen der Erweiterung des Experimentellen Wohnungs- und Städtebaus, Forschungsfeld „Städtebau und Wirtschaft“.

werbegebiet in einem rechtskräftigen Bebauungsplan ausgewiesen. Teile dieser Fläche sind bereits heute entsprechend genutzt oder an die Investoren vergeben. Ziel der Planung ist die Entwicklung des Gebietes unter Beachtung der ökologischen und landschaftsplanerischen Erfordernisse hinsichtlich der Integration in das umgebende Landschafts- und Ortsbild und eine umweltgerechte und flächensparende Erschließung. Das Gebiet soll als Standort für Klein- und Mittelbetriebe, Handwerk, Handel, Dienstleistung und Produktion ausgebildet werden.

Als einer der Grundgedanken wurde das Konzept einer koordinierten und „intelligenten“ Infrastrukturplanung eingebracht. Hierzu zählt einerseits die flächensparende und umgebungsverträgliche Verkehrserschließung sowie andererseits die Bündelung der für die Ver- und Entsorgung des Gebiets erforderlichen Systeme in der Form von Medientrassen oder Infrastrukturkanälen.

Eine wesentliche Projektvorgabe in Wachau war es von Anfang an, die Ver- und Entsorgungssysteme für die Bereiche Wasser, Abwasser, Energie und Kommunikation derart zu gestalten, daß auf Dauer eine preisgünstige und flexible Lösung vorhanden ist, die gleichzeitig ökologisch verträglich ist.

Für die leitungsgebundene Infrastruktur sollte ein System gefunden werden, daß

- mittel- und langfristig ökonomisch sinnvoll, d.h. für die Nutzer dauerhaft bezahlbar und wirtschaftlich sein soll,
- ökologisch verträglich alle Medien einer stofflichen Kontrolle zugänglich machen soll sowie ressourcenschonend hinsichtlich des Baustoffverschleißes betrieben werden kann,
- Flexibilität aufweist, d.h. die Möglichkeit zum Um- und Nachrüsten ohne größere Baumaßnahmen zuläßt,
- es erlaubt, die Bauzeit für die Erschließungseinrichtungen zu minimieren, um möglichst rasch mit dem Bau der Einzelobjekte beginnen zu können.

Technische Aspekte des Infrastrukturkanals

Bei den bislang erstellten Sammelsystemen wie z.B. in vielen Großsiedlungen (Berlin, Suhl) der früheren DDR, in der Schweiz oder bei Universitätsneubauten der 60er und 70er Jahre in der Bundesrepublik (z.B. Bochum, Ulm, Stuttgart) wurden Stahlbetonfertigteile überwiegend mit Rechteckquerschnitt als äußere Hülle verwandt. Wegen möglicher Probleme mit Fugendichtigkeit, Dichte des Betons oder beim Austausch zerstörter Rohre oder Bauteile sowie Nachteilen in Hinblick auf Flexibilität bei Hausanschlüssen bedurfte es einer Weiterentwicklung des Systems. Im Gegensatz zu den bisher verwendeten Betonhüllen hat eine Metallhülle den Vorteil, daß sie, einmal vorproduziert, in einem hohen Takttempo verlegt werden kann und somit die Erschließungsgeschwindigkeit gesteigert werden kann. Andererseits erfordert eine Metallhülle, da sie vorgefertigt in Einzelsegmenten auf der Baustelle angeliefert wird, einen höheren konstruktiven Aufwand in der Planung als eine Ortbetonkonstruktion. In Infrastrukturkanälen aus Metallhüllen findet in der Regel eine verbesserte Angleichung an die Bodentemperatur statt, da hier keine der Betonhülle vergleichbare isolierende Wirkung gegenüber der Erdreichtemperatur vorliegt. Dies führt zu einer relativ konstanten Innentemperatur.

In Wachau entschied man sich für eine Konstruktion aus flexiblem, verzinktem Wellstahlrohr. Gewählt wurde ein kreisrunder Querschnitt mit einem Innendurchmesser von ca. 2,7 m. Das System ist insgesamt 3,2 km lang und weist zusätzlich ca. 1 km bekriechbare Grundstücksanschlußkanäle mit einem Durchmesser von ca. 1,5 m auf. Alle 150 m sind Notausstiege angeordnet, die gleichzeitig der Belüftung dienen und über die bis zu 6 m lange Rohre eingebracht werden können.

Die Konstruktion des Infrastrukturkanals besteht aus ca. 2 m breiten und ca. 2,4 m langen Plattensegmenten, die überlappend verschraubt werden. Die Montagearbeiten lassen sich rasch und ohne den Einsatz von Großgeräten vor Ort durchführen. Mit einer Montagekolonne ist ein täglicher Baufortschritt von ca. 25 bis 30 m möglich.

Sicherheitsaspekte des Infrastrukturkanals

Im Infrastrukturkanal liegen die Systeme verschiedener Leitungsträger dicht zusammen. Es stellt sich daher die Aufgabe, die sicherheitstechnischen Anforderungen an den Infrastrukturkanal und an die darin untergebrachten Versorgungsleitungen zu untersuchen. Hierzu sind zunächst die vorstellbaren Gefahrenquellen durch eine systematische Untersuchung zu ermitteln und die möglichen Folgen zu bewerten. Dabei sind auch die Wechselwirkungen zwischen den einzelnen Ver- und Entsorgungssystemen zu untersuchen. Bei den daraus abzuleitenden sicherheitstechnischen Anforderungen sind sowohl die für die einzelnen Versorgungssysteme geltenden technischen Regeln als auch die Besonderheiten aufgrund der gemeinsamen Verlegung im Sammelkanal zu beachten.

Im Zuge der Planung des Infrastrukturkanals in Wachau ist ein Sicherheitsgutachten gefertigt worden. Demnach müssen zusätzlich zu den anzuwendenden technischen Regeln für die einzelnen Versorgungssysteme wie z. B. VDE-Bestimmungen oder DIN-Vorschriften vor allem folgende Sicherheitsaspekte berücksichtigt werden:

- Ausbildung der Stützkonstruktion so, daß spätere Setzungen nicht zu unkontrollierten Kräften führen können,
- Installation der elektrischen Anlage entsprechend den Regeln für feuchte und nasse Räume,
- Sicherheitsbeleuchtung im Infrastrukturkanal,
- getrennte Führung der elektrischen Leitungseinrichtungen für Sicherheitszwecke und der allgemeinen Energieversorgung,
- technische Belüftung für den Fall, daß eine Gasleitung im Kanal verlegt wird,
- Überwachung der Eingangsbereiche und Einstiegsöffnungen in der Zentrale,
- Sicherstellung des Brandschutzes durch Verwendung nichtbrennbarer Materialien und halogenfreier Mantel- und Isolierstoffmischungen,
- gasdichte Ausführung der Abwasseranlagen aus Explosionsgründen,
- nichtbrennbare Isolierung der Fernwärmeleitungen,

- wärmetechnische Auslegung so, daß die Temperatur des Trinkwassers von max. 13 Grad eingehalten wird.

Die angeführten Sicherheitsanforderungen resultieren aus den anzuwendenden technischen Regeln, die für die einzelnen Versorgungsleitungen unter den besonderen Bedingungen der gemeinsamen Verlegung im Infrastrukturkanal einzuhalten sind.

Mit der Umsetzung der Sicherheitsvorkehrungen können, auch im Fall von Betriebsstörungen, insbesondere die folgenden Gefahren ausgeschlossen werden:

- Gefahren für Personen oder Sachen außerhalb des Kanals,
- Gefahren für Personen, die sich zum Zweck der Überwachung, der Instandhaltung oder der Störungsbeseitigung im Kanal aufhalten,
- Gefahren, die zur gleichzeitigen Beschädigung oder zum Ausfall mehrerer Versorgungssysteme führen,
- Gefährdung der Versorgungssicherheit mit Trinkwasser und Löschwasser,
- Beschädigung der Versorgungsleitungen bei Lecks in Wasser-, Abwasser oder Fernwärmenetz,
- elektromagnetische Beeinflussungen.

Soweit eine Fernwärmeversorgung des Gewerbegebietes aufgebaut wird, können im Vergleich zur Gasversorgung die erforderlichen sicherheitstechnische Aufwendungen verringert werden.

Kosten des Infrastrukturkanals

Hinsichtlich der Kosten des Infrastrukturkanals ist zu unterscheiden zwischen den Kosten für die Verlegung des Sammelkanals und den Folgekosten. Die Kosten für die Verlegung hängen u.a. ab von den für die Hülle verwandten Materialien, seiner Länge, der Anzahl der Hausanschlüsse und den Bodenverhältnissen. Im Vergleich zur konventionellen Erschließung ist auch die Zügigkeit der Erschließung in die Kostenberechnung einzubeziehen. Vergleichszahlen zu den Folgekosten liegen nur eingeschränkt vor. Dies hängt sicherlich damit zusammen, daß die in der Bundesrepublik in Betrieb befindlichen Infrastrukturkanäle im wesentlichen im universitären Bereich oder im Bereich geschlossener Industriekomplexe angesiedelt sind und nicht der öffentlichen Versorgung dienen.

Die Kosten des Infrastrukturkanals in Wachau einschließlich der Verlegung von Hausanschlüssen und Einlegen der Abwasserleitungen belaufen sich für insgesamt 3,3 km Kanal auf etwa 10 Mio DM. In diesem Preis sind allerdings auch die Haltekonstruktionen im Kanal selbst sowie die bauseits gelieferten Pritschen als Auflage für Kabel enthalten.

In den angegebenen Kosten von ca. 3.300,– DM pro lfd. Meter sind die Planungskosten nicht enthalten.

Ein besonderer Vorzug der Konstruktion besteht darin, daß die gewählte Bauweise einen Baufortschritt von 25 bis 30 m pro Tag erlaubt und daß damit die Erschließung erheblich verkürzt werden kann. Der Infrastrukturkanal in Wachau liegt außerhalb des Straßenraums. Während der Kanalquerschnitt fertig montiert wurde, konnten daher bereits Baustraßen gebaut und mit Einzelvorhaben begonnen werden. Die endgültige Bereitstellung aller Medien ist erst zu dem Zeitpunkt erforderlich, zu dem auch die Einzelvorhaben in Betrieb genommen werden können.

Im Beispielfall Wachau ergaben sich erhebliche Einsparungen dadurch, daß auf der Basis der schnellen Erschließung das Gelände zügiger verkauft und vermarktet werden konnte. Die Kostenersparnis läßt sich durch die verkürzte Bauzeit ermitteln. Die Gesamterschließung in konventioneller Bauweise mit allen Leitungssystemen und mit Baustraßen erfordert in der Regel bei einem Gebiet von brutto 50 ha etwa 18 Monate. Im Falle Wachau wird die Zeiteinsparung mit mindestens 6 Monaten veranschlagt.

Die Höhe der Unterhaltungskosten ist bislang noch nicht genauer differenziert worden. Die Projektträger versprechen sich vom Infrastrukturkanal eine Verminderung der Kosten durch
- Schnellerkennung von Schäden,
- Verhinderung von Verlusten aus den Leitungen,
- Qualitätssteigerung durch bessere Montage und Reparaturbedingungen,
- problemlose Umverlegung und Neuverlegung etc.

Rechtliche Aspekte bei der Realisierung des Infrastrukturkanals

Im Zuge der Planung und der Realisierung von Infrastrukturkanälen sind eine Reihe von rechtlichen Aspekten von Bedeutung. Dies betrifft Fragen der Verfügbarkeit über Grund und Boden, der für den Bau des Infrastrukturkanals benötigt wird, Fragen der Abgrenzung zwischen Rechten und Pflichten der einzelnen Leitungsträger und der Eigentümer des Infrastrukturkanals, aber vor allem auch bauplanungsrechtliche Fragen.

Die **eigentumsrechtlichen Voraussetzungen** in Wachau für den Bau des Infrastrukturkanals liegen zum Zeitpunkt der Konzipierung des Systems vor. Grund und Boden sind von der Gemeinde erworben und von dieser v.a. auch aus haushaltstechnischen und steuerrechtlichen Gründen einer mehrheitlich im gemeindlichen Besitz befindlichen Entwicklungsgesellschaft übereignet worden.

Die Grundstückskaufverträge zwischen der Entwicklungsgesellschaft und den Investoren haben im Zusammenhang mit dem Infrastrukturkanal große Bedeutung, da privatrechtlich der Anschlußzwang festgelegt wird. In den Kaufverträgen wird ebenfalls der Beitritt der Investoren in die „Gemeinschaft der Grundstückseigentümer" vereinbart, zu deren Aufgaben unter anderem die finanzielle Regelung von Wartung, Instandhaltung und Versicherung des Infrastrukturkanals (mit Ausnahme der darin verlegten Ver- und Entsorgungsleitungen) gehört; der Infrastrukturkanal selbst verbleibt im Eigentum der Entwicklungsgesellschaft.

Die privaten Bauherrn haben im Kaufvertrag ein erschlossenes Grundstück erworben. Im Kaufvertrag wird zugesichert, daß alle Medien bis zur Grundstücksgrenze geführt werden. Die Übernahme dieser Medien ist Sache des Grundstückseigentümers. **Nutzungsverträge** zwischen der Entwicklungsgesellschaft und einzelnen Leitungsträgern regeln die Rechte und Pflichten der Vertragspartner im Zusammenhang mit der Nutzung der Leitungstrassen, den Zutritt in den Kanal, die Wartung, Erweiterung und Neuinstallation sowie die Sicherheitserfordernisse und die Frage der Haftung.

Unter **bauplanungsrechtlichen Gesichtspunkten** ist zu überlegen, inwieweit der Infrastrukturkanal im Bebauungsplan festgesetzt werden kann. Der Katalog möglicher Festsetzungen nach § 9 Abs. 1 BauGB ist abschließend. Dieser Katalog kennt den Begriff des Infrastrukturkanals nicht. Es ist daher danach zu fragen, welche Festsetzungen den Bau eines Infrastrukturkanals (äußere Hülle) vorgeben können und wie bauplanungsrechtlich verbindlich geregelt werden kann, daß die Versorgungsträger ihre Leitungen auch tatsächlich im Infrastrukturkanal führen.

Als Festsetzungsmöglichkeiten für den Infrastrukturkanal kommen folgende Vorschriften in Betracht:
- Festsetzung von Versorgungsflächen gem. § 9 Abs. 1 Nr. 12 BauGB,
- Festsetzung der Führung von Versorgungsanlagen und -leitungen gem. § 9 Abs. 1 Nr. 13 BauGB,
- Festsetzung von mit Geh-, Fahr- und Leitungsrechten zugunsten der Allgemeinheit, eines Erschließungsträgers oder eines beschränkten Personenkreises zu belastenden Flächen gem. § 9 Abs. 1 Nr. 21 BauGB,
- Festsetzung der Höhenlage gem. § 9 Abs. 2 BauGB,
- Ausschluß von Nebenanlagen gem. § 14 Abs. 2 BauNVO i.V.m. § 2 Abs. 5 BauGB,
- Festsetzung der Größe der Grundfläche der baulichen Anlage gem. § 16 Abs. 2 Nr. 1 BauNVO und der Höhe baulicher Anlagen gem. § 16 Abs. 2 Nr. 4 BauNVO und § 18 BauNVO i.V.m. § 2 Abs. 5 BauGB,
- Festsetzung unterirdischer Baulinien oder Baugrenzen gem. § 23 Abs. 2 oder Abs. 3 BauNVO i.V.m. § 2 Abs. 5 BauGB.

Die vorstehend beschriebenen Festsetzungsmöglichkeiten ermöglichen grundsätzlich die Festsetzung der äußeren Hülle des Infrastrukturkanals als bauliche Anlage unterhalb der Geländeoberfläche zeichnerisch und textlich im Bebauungsplan. Die unter Umständen zusätzlich notwendigen Festsetzungen von Geh-, Fahr- oder Leitungsrechten nach § 9 Abs. 1 Nr. 21 BauGB bedürfen der dinglichen Umsetzung.

Mögliche Probleme mit einzelnen Versorgungsträgern dürften damit allerdings noch nicht ausgeräumt sein, so daß eine zusätzliche privatrechtliche Regelung durch Absicherung in den Kaufverträgen mit den potentiellen Investoren, die kommunales Eigentum an Grund und Boden voraussetzt, eine sinnvolle Ergänzung ist.[47]

Erste Erfahrungen in der Bauphase des Infrastrukturkanals

Als problematisch bei der Bauphase in Wachau hat sich das Verfüllen des montierten Infrastrukturkanals erwiesen. Hierbei müssen beide Seiten gleichmäßig in

[47] Vgl. hierzu Schaadt, D., Planungsrechtliche Bedeutung des Infrastrukturkanals, in: ExWoSt-Informationen zum Forschungsfeld „Städtebau und Wirtschaft“, Heft 05.15, August 1995.

Lagen verfüllt werden, um das elastische Wellstahlblechmaterial gegen Verformungen mit den notwendigen Erdwiderständen zu versehen. Nachlässigkeiten in dieser Phase machen sich – wie in einzelnen Bauabschnitten im Vorhaben zu sehen – in Form gedrückter Querschnitte bemerkbar.

Aus der Betriebsphase des Infrastrukturkanals sind bislang noch keine Probleme bekannt. Weiterentwicklungen des Systems Infrastrukturkanal sind derzeit in der Erprobungsphase. Dies betrifft vor allem die Materialien für die Hüllen und die Querschnitte der begehbaren Sammelkanäle. So wird in einem anderen Praxisfall (Lauchheim in Baden-Württemberg), statt einer Hülle aus Wellstahl Kunststoff verwandt werden und der Durchmesser auf 2,2 m reduziert.

5 Trägerschafts- und Organisationsformen

Die Praxisfälle der Planungs- und Realisierungsphase unterscheiden sich hinsichtlich der organisatorischen Abwicklung der Vorhaben nur unwesentlich. Federführend sind die Städte selbst, wobei sie sich jedoch ausnahmslos privater Einrichtungen bedienen. Die Zusammenarbeit mit Privaten wird zunächst auf der Ebene der Planung und der konzeptionellen Arbeit sowie teilweise bei der organisatorischen Abwicklung praktiziert.

Die verwaltungsinternen Zuständigkeiten sind in den Vorhaben unterschiedlich geregelt. Sie richten sich nach der Größe und Kapazität der Verwaltung. Federführend sind Umweltamt oder Stadtplanungsamt sowie in den kleineren Gemeinden der Realisierungsphase die Bürgermeister unmittelbar. In dem besonderen Fall der interkommunalen Planung der neuen Gewerbegebiete wurde in Erlangen/Fürth/Nürnberg in der Frühphase der Bearbeitung eine federführende Geschäftsstelle gebildet.

Alle Praxisfälle unterscheiden sich von herkömmlichen Planungsabläufen, die auf einem Nacheinander von Entscheidungsfindungen beruhen, durch die Vielzahl und Komplexität der zu berücksichtigenden Faktoren und die zwischen den Planungs- und Untersuchungsebenen bestehenden wechselseitigen Abhängigkeiten, die häufige Rückkopplungen erfordern. Die Dynamik in den Praxisfällen führt nur in Einzelfällen zur klassischen Abfolge sich inhaltlich und thematisch konkretisierender und ergänzender Planungsschritte. Vielmehr überwiegt ein prozeßhaftes Vorgehen, um den wechselseitigen Abhängigkeiten der einzelnen Teilergebnisse im Verfahren gerecht werden zu können.

5.1 Organisatorische Anforderungen

Die Praxisfälle sowohl der Planungs- als auch der Realisierungsphase haben Problembereiche zum Gegenstand, die nicht mit der traditionellen Gliederung und Struktur der öffentlichen Verwaltungen zu bewältigen sind. Deswegen wurden in allen Vorhaben besondere Organisationsformen, z.B. Projektgruppen, entwickelt und aus der allgemeinen Verwaltung herausgegliedert.

In der Verwaltungshierarchie sind die Projektgruppen bei den Vorhaben auf unterschiedlichen Ebenen angesiedelt. In den kleineren Gemeinden – gleichzeitig den Vorhaben der Realisierungsphase – sind diese Projektgruppen unmittelbar bei den Verwaltungsspitzen angesiedelt und verfügen daher über unmittelbaren Zugang zu Entscheidungsebenen. In den anderen Praxisfällen sind die Projektgruppen auf der Ebene der Abteilungs- oder Sachgebietsleiter installiert; entsprechend länger ist der Weg zu Entscheidungsebenen. Die Projektgruppen sind interdisziplinär besetzt, bestehen aus Mitarbeitern unterschiedlicher Fachämter und stellen innerhalb der Verwaltung horizontal orientierte Arbeitsebenen dar, die allerdings durch feste organisatorische Verankerung Rückhalt innerhalb der Verwaltung haben.

In allen Vorhaben wird externer Sachverstand in die Projekte eingebunden, wobei in den Vorhaben der Realisierungsphase die entscheidenden fachlichen Inputs und die Anstöße von außen kommen und auch der fachlich-inhaltliche Verfahrensantrieb und die Steuerung extern erfolgt. Bei diesen Vorhaben verfügte die Verwaltung zu Beginn der Projekte nicht über ausreichende Planungskapazitäten. Sie hatte auch mit der verwaltungsinternen Organisation der Projekte erhebliche Probleme.

In den anderen Praxisfällen wird die Konzeption der Vorhaben im wesentlichen in längeren Planungs- und Vorbereitungsprozessen innerhalb der Verwaltung entwickelt. Wichtige Projektbausteine und fachliche Inputs kommen allerdings auch hier von außen.

In den Vorhaben der Planungsphase ist die Sach- und Verfahrensherrschaft voll bei den Gemeinden als den Trägern der Planungshoheit verblieben. Das für Planungsaufgaben zuständige Amt ist mit der inhaltlichen und organisatorischen Federführung des Projektes beauftragt. Andere Fachämter und externe Gutachter liefern fachliche und fachübergreifende Beiträge zum Verfahren, die in Projektgruppen abgestimmt und behandelt werden. Entsprechende Leitlinien und Vorstellungen für die weitere Vorgehensweise werden in diesen Projektgruppen formuliert.

In den Vorhaben der Realisierungsphase sind die inhaltlichen Leitungsfunktionen an externe Gutachter vergeben, die als eine Art Obergutachter die eingehenden Fachbeiträge moderieren oder sie in wesentlichen Teilen selbst bearbeiten. Entscheidungskompetenzen verbleiben in vollem Umfang bei der Gemeinde.

5.2 Interkommunale Zusammenarbeit

In den Praxisfällen werden im Rahmen der weiteren Konkretisierung besondere Trägerschafts- und Organisationsformen für die weitere Planung, die Erschließung sowie die Finanzierung aller Planungen und Maßnahmen in den neuen Gewerbegebieten erforderlich. Im einzelnen betrifft dies Fragen des interkommunalen Zusammenschlusses und dessen Organisation, die Einschaltung von Entwicklungs- und Trägergesellschaften sowie die Zusammenarbeit zwischen öffentlichen Stellen und privaten Gesellschaften.

Solche Organisations- und Trägerformen auf interkommunaler Ebene stehen im Vordergrund des Vorhabens Erlangen/Fürth/Nürnberg. Über Inhalte und Erfahrungen dieser interkommunalen Zusammenarbeit soll im folgenden etwas ausführlicher berichtet werden.

Zur Koordination und Durchführung der ökologischen Gewerbegebietsplanung wurde zwischen den drei Städten zunächst eine Zweckvereinbarung geschlossen. Diese bildet die Geschäftsgrundlage zur gemeinsamen Koordination und Finanzierung der Vorplanung für den gemeinsamen Gewerbepark, dessen Bruttobaulandangebot ca. 154,4 ha beträgt. Davon entfallen auf Erlangen 57,6 ha, auf Fürth 56,8 ha und auf Nürnberg 40,0 ha Flächenanteil. Die Federführung der Planungen im Rahmen des experimentellen Städtebaus wurde der Stadt Erlangen übertragen. Die sich als notwendig erweisende Durchführung der Planungen und Maßnahmen im Rahmen einer gemeinsamen städtebaulichen Entwicklungsmaßnahme geht allerdings über die in der bestehenden Zweckvereinbarung definierte Aufgabenstellung weit hinaus. Eine besondere, für die Erfüllung der erforderlichen hoheitlichen Aufgaben dienende Geschäftsgrundlage zwischen den beteiligten Städten wurde deshalb notwendig. Ein Zweckverband nach bayrischem Zweckverbandsrecht soll diese Lücke schließen.

Der Zweckverband wurde vor allem präferiert, weil aufgrund des Einsatzes der Entwicklungsmaßnahme eine privatrechtliche Organisationsform ausscheidet. Als Anreize und Vorteile dieser Zweckverbandslösung sind weiterhin zu nennen:

- Abbau interkommunaler Konkurrenz,
- Zuwachs an Kompetenz und Effektivität durch Einsatz von Verwaltungs- und Finanzressourcen mehrerer Gebietskörperschaften,
- bessere Nutzung und Auslastung vorhandener Infrastruktur,
- stärkere Berücksichtigung von Umweltschutzaspekten durch grenzübergreifende Planung und Durchführung.

Um die Kontrolle und Gestaltungsmöglichkeit der Verbandsmitglieder zu wahren, sind Regelungen zur Aufgabenerfüllung, zur verbindlichen Bauleitplanung und zur Stimmenverteilung in die Satzung aufgenommen worden.

Die Satzung für den Zweckverband geht grundsätzlich von einer „Drittelregelung" bei der Verteilung von Nutzen und Lasten ebenso wie bei der Besetzung der Gremien aus. Die Vorbereitung, Durchführung und Finanzierung der Entwicklungsmaßnahme kann der Zweckverband einem treuhänderisch tätigen Entwicklungsträger übertragen bzw. zu seiner Unterstützung geeigneter Dienststellen der Städte zur Erfüllung einzelner Aufgaben beauftragen.[48]

---

[48] Vgl. hierzu Modellvorhaben Erlangen/Fürth/Nürnberg, Dokumentation 10/1992, S. 34 und Kap. V 3.1.1.8.

Zweckverband Gewerbepark Nürnberg-Fürth-Erlangen

Bildung des Verbandes und Verbandssatzung

Die Regierung von Mittelfranken hat im Regierungsamtsblatt Mittelfranken Nr. 21 vom 16. 10. 1992 auf Seite 150 - 155a die Bildung des genannten Zweckverbandes angezeigt sowie dessen Satzung bekanntgemacht. Gemäß § 26 Abs. 3 der Verbandssatzung wird die Bekanntmachung der Regierung im folgenden veröffentlicht:

Bildung des „Zweckverbandes Gewerbepark Nürnberg-Fürth-Erlangen"

RegBek vom 13. 10. 1992 Gz. 230-1444-1/92

1. Die kreisfreien Städte Nürnberg, Fürth und Erlangen haben die Bildung eines Zweckverbandes beschlossen, um einen gemeinsamen Gewerbepark im Zuge einer städtebaulichen Entwicklungsmaßnahme vorzubereiten, zu errichten und zu betreiben.
2. Zur Regelung der Rechtsverhältnisse des Zweckverbandes haben die drei Gebietskörperschaften durch übereinstimmende Beschlüsse des Stadtrats Nürnberg vom 23. 9. 1992, des Stadtrats Fürth vom 16. 9. 1992 und des Stadtrats Erlangen vom 30. 9. 1992 eine Verbandssatzung vereinbart.
3. Die Regierung von Mittelfranken hat als zuständige Aufsichtsbehörde (Art. 57 Abs. 1 Nr. 2 KommZG) mit Schreiben vom 12. 10. 1992 Gz. 230-1444-1/92 die Verbandssatzung genehmigt.
4. Die genehmigte Verbandssatzung wird hiermit bekanntgemacht. Sie hat folgenden Wortlaut:

Satzung des Zweckverbandes Gewerbepark Nürnberg-Fürth-Erlangen (Gewerbeparkzweckverbandssatzung — GewParkZVS)

Vom 13. 10. 1992

Die Stadt Nürnberg, die Stadt Fürth und die Stadt Erlangen schließen sich gemäß Art. 18 Abs. 1 des Gesetzes über die kommunale Zusammenarbeit — KommZG — (BayRS 2020-6-1-I) zusammen und vereinbaren folgende Verbandssatzung:

I. Allgemeine Vorschriften

§ 1
Name, Sitz und Rechtsstellung

(1) Der Zweckverband führt den Namen "Zweckverband Gewerbepark Nürnberg-Fürth-Erlangen".

(2) Der Zweckverband hat seinen Sitz in Nürnberg.

(3) Der Zweckverband ist eine Körperschaft des öffentlichen Rechts. Er erfüllt seine Aufgaben ohne Gewinnabsicht. Er dient ausschließlich und unmittelbar gemeinnützigen Zwecken im Sinne des Steuerrechts.

§ 2
Verbandsmitglieder

Verbandsmitglieder sind die Städte Nürnberg, Fürth und Erlangen.

§ 3
Räumlicher Wirkungsbereich

Der räumliche Wirkungsbereich des Zweckverbandes (Verbandsgebiet) umfaßt das Gebiet des künftigen Gewerbeparks. Es bezieht folgende Flächen mit ein:

1. in Erlangen: Teile der Gemarkungen Eltersdorf und Tennenlohe,
2. in Nürnberg: Teile der Gemarkungen Großgründlach und Boxdorf,
3. in Fürth: Teile der Gemarkung Sack.

Die grobe Abgrenzung des räumlichen Wirkungsbereichs ergibt sich aus der Übersichtskarte im Maßstab 1:25.000 vom 1. 7. 1992, die als Anlage Bestandteil dieser Satzung ist. Maßgebend für den genauen Grenzverlauf des Zweckverbands-Gebietes ist die Karte im Maßstab 1:5.000 vom 1. 7. 1992, auf die Bezug genommen wird. Sie wird am Sitz des Zweckverbandes in der Stadt Nürnberg — Stadtplanungsamt —, Lorenzer Straße 30, archivmäßig verwahrt und kann dort während der Dienststunden von jedermann eingesehen werden,

§ 4
Ziele und Aufgaben des Zweckverbandes

(1) Ziel des Zweckverbandes ist es, im Städtedreieck Nürnberg-Fürth-Erlangen einen gemeinsamen Gewerbepark im Zuge einer städtebaulichen Entwicklungsmaßnahme vorzubereiten, zu errichten und zu betreiben. Hierbei dient er in seinem Verbandsgebiet folgenden Zwecken gleichgewichtig:

1. Künftige Befriedigung des erhöhten Bedarfs an hochwertigen Gewerbeflächen im Städtedreieck Nürnberg-Fürth-Erlangen zur Ansiedlung solcher Investoren, die die Wirtschafts- und Arbeitsmarktstrukturen sichern und weiterentwickeln (insbesondere hinsichtlich Arbeitsplatzintensität und -qualität, Umweltverträglichkeit und neuer Technologien), sowie Schaffung arbeitsplatznaher Wohnbauflächen,
2. Ausgleich des Naturhaushaltes und Entwicklung ökologischer Potentiale,
3. Anpassung bestehender Gewerbegebiete an die beabsichtigte städtebauliche Entwicklung,
4. Unterstützung des geordneten landwirtschaftlichen Strukturwandels bei weitestmöglichem Erhalt leistungsfähiger Betriebe.

(2) Im Rahmen dieser Zielsetzungen obliegen dem Zweckverband folgende Aufgaben:

1. **Städtebauliche Entwicklungsmaßnahme**
   Dem Zweckverband obliegt die Vorbereitung und Durchführung einer städtebaulichen Entwicklungsmaßnahme nach §§ 6 und 7 BauGB-MaßnahmenG.
2. **Verbindliche Bauleitplanung**
   Dem Zweckverband obliegt die verbindliche Bauleitplanung einschließlich der Grünordnungsplanung im Bereich der städtebaulichen Entwicklungsmaßnahme und im übrigen Verbandsgebiet.
3. **Örtliche Bauvorschriften**
   Dem Zweckverband obliegt der Erlaß örtlicher Bauvorschriften.
4. **Landschaftsentwicklung und Landschaftspflege**
   Dem Zweckverband obliegt es, unter Berücksichtigung der Feststellungen und Empfehlungen des ökologischen Entwicklungsgutachtens auch außerhalb der städtebaulichen Entwicklungsmaßnahme Maßnahmen der Landschaftsentwicklung und Landschaftspflege zu planen, durchzuführen und deren Unterhaltung sicherzustellen.
5. **Grundstücksverkehr**
   Der Zweckverband beschafft das Austausch- und Ersatzland für die von der städtebaulichen Entwicklungsmaßnahme betroffenen Landwirte. Er koordiniert darüber hinaus die landschaftspflegerischen Maßnahmen mit den Interessen und Bedürfnissen der Landwirte.
   Dies gilt auch für von der städtebaulichen Entwicklungsmaßnahme betroffene Betriebsgrundstücke.
6. **Verkehrserschließung**
   Der Bereich der städtebaulichen Entwicklungsmaßnahme und das übrige Verbandsgebiet werden entsprechend dem zu erwartenden Bedarf abschnittsweise erschlossen. Die Herstellung und Unterhaltung der Erschließungsanlagen ist Sache des Zweckverbandes. Ihm obliegt auch die Schaffung von Einrichtungen der Infrastruktur für den öffentlichen Personennahverkehr. Er stimmt sich hierbei mit den Trägern des öffentlichen Nahverkehrs ab.
   Ferner obliegt dem Zweckverband im Zusammenwirken mit der zuständigen Gebietskörperschaft nach Maßgabe des KommZG die Schaffung notwendig werdender Erschließungsanlagen des Individualverkehrs und des öffentlichen Personennahverkehrs auch außerhalb des Verbandsgebietes.
7. **Abwasserbeseitigung**
   Der Zweckverband schafft, unterhält und betreibt im Verbandsgebiet die erforderlichen öffentlichen Einrichtungen zur Abwasserbeseitigung. Die Durchführung dieser Aufgaben kann der Zweckverband vertraglich Dritten übertragen.
8. **Energiedienstleistung und Wasserversorgung**
   Nach den Gesichtspunkten der Zweckmäßigkeit, Wirtschaftlichkeit, Qualität und Umweltverträglichkeit des Angebots wirkt der Zweckverband unterstützend und koordinierend bei der Gewährleistung einer angemessenen Energiedienstleistung und Wasserversorgung mit.

Abb. 15 Satzung des Zweckverbandes Gewerbepark Erlangen-Fürth-Nürnberg[49]

[49] Vgl. hierzu Modellvorhaben Erlangen/Fürth/Nürnberg.

9. Öffentlichkeitsarbeit, Marketing

Über die gesetzlich vorgeschriebenen Beteiligungsverfahren hinausgehend obliegt dem Zweckverband die Vermittlung seiner Ziele an eine breite Öffentlichkeit.

Der Zweckverband hat die Aufgabe, geeignete Investoren für die Ansiedlung im Verbandsgebiet zu gewinnen und diese zu beraten.

§ 5
Grundlage der Aufgabenerfüllung

(1) Bei der Erfüllung seiner Aufgaben nach § 4 Abs. 2 ist der Zweckverband an die von den Verbandsmitgliedern gesondert beschlossene städtebauliche Rahmenplanung vom 1. 7. 1992 gebunden.

Die städtebauliche Rahmenplanung kann nur einvernehmlich durch die Verbandsmitglieder abgeändert werden.

(2) Im übrigen hat der Zweckverband die folgenden Zielvorgaben und Planungen zugrundezulegen:

— Ökologisches Entwicklungsgutachten für die gemeinsamen Planungen der Städte Nürnberg, Fürth, Erlangen (1991), die gemeinsame Agrarstrukturuntersuchung (1992) (einschließlich des steuerrechtlichen Gutachtens) sowie der Wirtschaftsrahmenplan (1991);

— Vorrang des öffentlichen Personennahverkehrs vor dem Individualverkehr, insbesondere durch Anbindung an ein leistungsfähiges schienengebundenes Verkehrssystem (in erster Linie S-Bahn), Abschirmung der Wohngebiete vom Wirtschaftsverkehr (gemäß Stadtratsbeschlüssen vom 17. 7. 1991/Nürnberg und vom 24. 7. 1991/Fürth und Erlangen);

— Wahrnehmung der Möglichkeiten der Energieeinsparung, der Nutzung regenerativer Energien und der umweltfreundlichen Energie-und Wärmeversorgung (einschl. der Prüfung des Einsatzes von Blockheizkraftwerken und zentraler Wärmeversorgung);

— Beachtung von gemeinsam getragenen UVP-Richtlinien (z. B.) für die Bebauungsplanung, die Vergabe städtischer Grundstücke).

§ 6
Übertragung von Aufgaben und Befugnissen, Satzungs- und Verordnungsrecht

(1) Die Rechte und Pflichten der Verbandsmitglieder aus dem Aufgabenbereich des Zweckverbandes nach § 4 Abs. 2 und die dazu notwendigen Befugnisse gehen auf den Zweckverband über.

Alle sonstigen hoheitlichen Aufgaben werden, soweit die Verbandsmitglieder zuständig sind, von diesen wahrgenommen.

(2) Zur Erfüllung der Aufgabe nach § 4 Abs. 2 Nr. 1 erhält der Zweckverband alle Rechte und Pflichten nach dem BauGB-Maßnahmengesetz und dem Baugesetzbuch (BauGB), die sonst den Verbandsmitgliedern zustehen würden. Dies gilt nicht für die Flächennutzungsplanung.

(3) Der Zweckverband hat ferner insbesondere die Befugnis, andere Satzungen nach dem BauGB zu erlassen und — soweit zulässig — Erschließungsbeiträge zu erheben und bodenordnende Maßnahmen durchzuführen; er ist zuständig für die Erklärung des Einvernehmens nach dem BauGB.

(4) Der Zweckverband erhält die Befugnis, nach Art. 91 der Bayerischen Bauordnung örtliche Bauvorschriften in Verbindung mit einem Bebauungsplan zu erlassen
Der Zweckverband wird nicht als Baugenehmigungsbehörde tätig.

(5) Zur Erfüllung der Aufgaben nach § 4 Abs. 2 Nr. 4 (Landschaftsentwicklung und Landschaftspflege) hat der Zweckverband die entsprechenden Befugnisse nach dem Bayerischen Naturschutzgesetz; dabei wird davon ausgegangen, daß als ökologische Ausgleichsflächen im Einzelfall auch landwirtschaftliche Flächen gelten können, wenn diese naturnah bewirtschaftet werden.

(6) Zur Wahrnehmung der Aufgaben nach § 4 Abs. 2 Nr. 7 (Abwasserbeseitigung) hat der Zweckverband die Befugnis, anstelle der Verbandsmitglieder Satzungen für die öffentlichen Entwässerungsanlagen sowie Beitrags- und Gebührensatzungen hierzu zu erlassen.

(7) Der Zweckverband bedarf der Zustimmung des jeweils betroffenen Verbandsmitglieds zur verbindlichen Bauleitplanung im Verbandsgebiet sowie zur Einleitung von Enteignungsverfahren.

§ 7
Aufgabenerfüllung durch Dritte

Der Zweckverband kann zu seiner Unterstützung

— einen Entwicklungsträger mit der Vorbereitung und Durchführung der städtebaulichen Entwicklungsmaßnahme,

— einen Landschaftspflegeverband mit der Landschaftspflege,

— die Verbandsmitglieder mit der Erfüllung einzelner Aufgaben,

— Dritte mit der Erschließung und Verwertung von Grundstücken, der Gewinnung von Investoren oder dem Betrieb des Gewerbeparks

beauftragen. Die Durchführung des Grunderwerbs obliegt im Auftrag des Zweckverbandes dem jeweils betroffenen Verbandsmitglied. Aufgaben und Befugnisse verbleiben jedoch in jedem Fall beim Zweckverband.

II. Verfassung und Verwaltung

§ 8
Verbandsorgane

Die Organe des Zweckverbandes sind
die Verbandsversammlung und
der Verbandsvorsitzende.

§ 9
Zusammensetzung der Verbandsversammlung

(1) Die Verbandsversammlung besteht aus dem Verbandsvorsitzenden und 20 weiteren Verbandsräten.

(2) Die Verbandsmitglieder werden in der Verbandsversammlung durch die Oberbürgermeister vertreten, im Fall der Verhinderung durch ihre Stellvertreter gem. Art. 39 der Bayerischen Gemeindeordnung. Jedes Verbandsmitglied entsendet 6 weitere Vertreter.

(3) Jeder Verbandsrat hat einen Stellvertreter für den Fall seiner Verhinderung. Verbandsräte können nicht untereinander die Stellvertretung ausüben.

(4) Für Verbandsräte, die kraft ihres Amtes der Verbandsversammlung angehören, endet das Amt mit dem Ende ihres kommunalen Wahlamtes; entsprechendes gilt für ihre Stellvertreter. Die anderen Verbandsräte und ihre Stellvertreter werden durch Beschluß der Vertretungsorgane der Verbandsmitglieder bestellt, und zwar für die Dauer der Wahlzeit der Vertretungsorgane, wenn Mitglieder dieser Organe bestellt werden, andernfalls für 6 Jahre. Die Bestellung nach Satz 2 kann durch Beschluß der Vertretungsorgane aus wichtigem Grunde widerrufen werden; sie ist zu wiederrufen, wenn ein Verbandsrat, der dem Vertretungsorgan eines Verbandsmitglieds angehört, vorzeitig aus dem Wahlamt oder der Vertretungskörperschaft ausscheidet. Die Verbandsräte und ihre Stellvertreter üben ihr Amt bis zum Amtsantritt der neuen Verbandsräte weiter aus.

§ 10
Einberufung der Verbandsversammlung

(1) Die Verbandsversammlung wird durch den Verbandsvorsitzenden schriftlich einberufen. Die Einladung muß Tagungszeit und -ort und die Beratungsgegenstände angeben und den Verbandsräten spätestens zwei Wochen vor der Sitzung zugehen. In dringenden Fällen kann der Verbandsvorsitzende die Frist bis auf 24 Stunden abkürzen.

(2) Die Verbandsversammlung ist jährlich mindestens einmal einzuberufen. Sie muß außerdem einberufen werden, wenn es ein Drittel der Verbandsräte oder die Aufsichtsbehörde unter Angabe der Beratungsgegenstände beantragt.

(3) Die Aufsichtsbehörde ist zu den Sitzungen zu laden. Abs. 1 Sätze 2 und 3 gelten entsprechend.

§ 11
Sitzungen der Verbandsversammlung

(1) Der Verbandsvorsitzende bereitet die Beratungsgegenstände der Verbandsversammlung vor. Er leitet die Sitzung und handhabt die Ordnung während der Sitzung.

(2) Die Vertreter der Aufsichtsbehörde, der Geschäftsleiter und die Kassenverwalter haben das Recht, an den Sitzungen beratend teilzunehmen. Auf Antrag ist ihnen das Wort zu erteilen. Die Verbandsversammlung kann auch andere Personen hören.

(3) Die berufsmäßigen Stadtratsmitglieder sollen in der Verbandsversammlung auf ihren Wunsch Gelegenheit zur Äußerung erhalten.

(4) Die Sitzungen der Verbandsversammlung sind entsprechend den jeweils geltenden Vorschriften der Gemeindeordnung öffentlich.

§ 12
Beschlüsse und Stimmenverteilung in der Verbandsversammlung

(1) Jeder Verbandsrat hat eine Stimme.

(2) Die Verbandsversammlung ist beschlußfähig, wenn sämtliche Verbandsräte ordnungsgemäß geladen sind und die Mehrheit der Verbandsräte anwesend und stimmberechtigt ist. Wird die Verbandsversammlung wegen Beschlußunfähigkeit, die nicht auf der persönlichen Beteiligung der Mehrheit der Verbandsräte beruht, innerhalb von 4 Wochen zum zweiten Mal zur Verhandlung über denselben Gegenstand einberufen, so ist sie ohne Rücksicht auf die Zahl der Erschienenen beschlußfähig. Auf diese Folge ist in der 2. Ladung ausdrücklich hinzuweisen.

(3) Soweit das KommZG oder diese Verbandssatzung keine darüber hinausgehenden Anforderungen stellen, werden die Beschlüsse der Verbandsversammlung mit einer Mehrheit von 5/7 der Abstimmenden gefaßt; es wird offen abgestimmt.
Kein Verbandsrat darf sich der Stimme enthalten; enthält sich ein Verbandsrat trotzdem der Stimme, so gehört er nicht zu den Abstimmenden.

(4) Für Wahlen gilt die Regelung nach Art. 34 Abs. 4 KommZG; gewählt ist, wer mehr als die Hälfte der abgegebenen gültigen Stimmen erhält.

(5) Eine Mehrheit von 5/7 der satzungsmäßigen Stimmenzahl in der Verbandsversammlung bedürfen Beschlüsse über
1. die Auflösung des Zweckverbandes,
2. den Ausschluß eines Verbandsmitgliedes,
3. die Änderung der Verbandssatzung,
4. den Erlaß der Haushaltssatzung und
5. den Finanzplan.

§ 13
Zuständigkeit der Verbandsversammlung

(1) Die Verbandsversammlung beschließt über alle ihr KommZG und in dieser Satzung zugewiesenen Gegenstände, soweit nicht der Verbandsvorsitzende zuständig ist.

(2) Die Verbandsversammlung ist insbesondere zuständig für die Angelegenheiten nach Art. 35 Abs. 2 KommZG.

§ 14
Verbandsvorsitzender

(1) Der Verbandsvorsitzende ist der Oberbürgermeister der Stadt Nürnberg, der Stadt Erlangen und der Stadt Fürth in dieser Reihenfolge in einem Turnus von 2 Jahren.

(2) Der Vertreter des Verbandsvorsitzenden wird für die Dauer von zwei Jahren von der Verbandsversammlung gewählt; er wird in diesem Turnus in der Reihenfolge von den Städten Fürth, Nürnberg und Erlangen gestellt.

§ 15
Zuständigkeit des Verbandsvorsitzenden

(1) Der Verbandsvorsitzende vertritt den Zweckverband nach außen.

(2) Der Verbandsvorsitzende bereitet die Beratungsgegenstände der Verbandsversammlung vor.

(3) Der Verbandsvorsitzende vollzieht die Beschlüsse der Verbandsversammlung und erledigt in eigener Zuständigkeit alle Angelegenheiten, die nach der Gemeindeordnung kraft Gesetzes dem ersten Bürgermeister zukommen. Er erfüllt die ihm im Gesetz über die kommunale Zusammenarbeit zugewiesenen weiteren Aufgaben.

(4) Der Verbandsvorsitzende führt die Dienstaufsicht über die Dienstkräfte des Zweckverbandes.

(5) Der Verbandsvorsitzende ist befugt, anstelle der Verbandsversammlung dringliche Anordnungen zu treffen und unaufschiebbare Geschäfte zu besorgen. Hiervon hat er der Verbandsversammlung in der nächsten Sitzung Kenntnis zu geben.

(6) Dem Verbandsvorsitzenden obliegt ferner insbesondere
1. die Aufstellung der Planungs-, Bau- und Unterhaltungsprogramme;
2. die Aufstellung des Entwurfs der Haushaltssatzung und des Haushaltsplans;
3. die Vergabe von Lieferungen und Leistungen für Bau- und Unterhaltungsmaßnahmen nach VOB, und zwar
   1. bei freihändiger Vergabe bis 40.000 DM,
   2. bei Vergaben mit beschränkter Ausschreibung bis 100.000 DM
   3. bei Vergaben mit öffentlicher Ausschreibung bis 250.000 DM

   im Rahmen der Haushalte;
4. die Vergabe von Lieferungen und Leistungen nach VOL, und zwar
   1. bei freihändiger Vergabe bis 20.000 DM
   2. bei Vergaben mit beschränkter Ausschreibung bis 50.000 DM
   3. bei Vergaben mit öffentlicher Ausschreibung bis 100.000 DM

   im Rahmen der Haushalte;
5. die Vergabe von Architekten- und Ingenieurleistungen nach HOAI sowie von sonstigen Leistungen bis 100.000 DM
   im Rahmen der Haushalte;
6. der Abschluß von sonstigen Rechtsgeschäften, die für den Zweckverband im Einzelfall Verpflichtungen bis 250.000 DM
   im Rahmen der Haushalte mit sich bringen;
7. die Vorlage der Jahresrechnung an die Verbandsversammlung zur Prüfung und Feststellung;
8. die Entscheidung über die Führung von Rechtsstreitigkeiten mit einem Streitwert bis 20.000 DM;

(7) Durch besonderen Beschluß der Verbandsversammlung können dem Verbandsvorsitzenden weitere Angelegenheiten zur selbständigen Erledigung übertragen werden, soweit eine Übertragung nicht nach Art. 35 Abs. 2 KommZG unzulässig ist.

(8) Der Verbandsvorsitzende kann im Rahmen der Geschäftsordnung einzelne seiner Befugnisse seinem Stellvertreter, im übrigen laufende Verwaltungsangelegenheiten Dienstkräften des Zweckverbandes oder einem Bediensteten bzw. einer Verwaltung eines Verbandsmitgliedes mit dessen Zustimmung übertragen. Er kann sich ferner zur Aufstellung und Durchführung der Planungs-, Erhaltungs- und Bauprogramme der jeweiligen Fachbehörde bedienen.

(9) Erklärungen, durch die der Zweckverband verpflichtet werden soll, bedürfen der Schriftform. Dies gilt nicht bei Geschäften, die für den Zweckverband eine einmalige Verpflichtung von nicht mehr als 500 DM mit sich bringen.

(10) Bei Vergaben nach Abs. 6 Nr. 3 mit 5 wirkt das Rechnungsprüfungsamt des Verbandsmitgliedes mit, das den Stellvertreter des Verbandsvorsitzenden (§ 14 Abs. 2) stellt.

§ 16
Rechtsstellung des Verbandsvorsitzenden und der Verbandsräte

Der Verbandsvorsitzende, sein Stellvertreter und die Verbandsräte sind ehrenamtlich tätig.

§ 17
Geschäftsstelle, Dienstkräfte des Zweckverbandes

(1) Der Zweckverband richtet eine Geschäftsstelle ein und stattet sie mit dem erforderlichen Personal aus. Er hat sich dabei nach Möglichkeit gegen entsprechende Kostenerstattung abgeordneten Personals der Verbandsmitglieder zu bedienen.

(2) Der Zweckverband hat das Recht, Dienstherr von Beamten zu sein.

(3) Die Geschäftsführung wird zunächst von den Wirtschaftsreferenten der Verbandsmitglieder gemeinsam wahrgenommen, wobei die förmliche Funktion des Geschäftsleiters in 2jährigem Turnus dem jeweiligen Wirtschaftsreferenten in der Reihenfolge der Städte Erlangen, Fürth, Nürnberg übertragen wird. Das Nähere regelt eine von der Verbandsversammlung zu beschließende Geschäftsordnung.
Die Bestellung eines hauptamtlichen Geschäftsleiters erfolgt so bald wie möglich und nötig.
Die Verbandsversammlung kann dem Geschäftsleiter durch Beschluß Zuständigkeiten des Verbandsvorsitzenden übertragen; durch gesonderten Beschluß kann sie ihm ferner unbeschadet des Art. 35 Abs. 2 KommZG weitere Angelegenheiten zur selbständigen Erledigung übertragen.

III. Verbandswirtschaft

§ 18
Anzuwendende Vorschriften

Für die Verbandswirtschaft gelten die Vorschriften über die Gemeindewirtschaft entsprechend, soweit sich nicht aus dem KommZG etwas anderes ergibt.

§ 19
Haushaltssatzung

(1) Der Entwurf der Haushaltssatzung und ihrer Anlagen ist so rechtzeitig zu erstellen, daß er den Verbandsmitgliedern spätestens einen Monat vor der Beschlußfassung in der Verbandsversammlung übermittelt werden kann.

(2) Die Haushaltssatzung ist spätestens einen Monat vor Beginn des Haushaltsjahres zu beschließen und mit ihren Anlagen der Aufsichtsbehörde vorzulegen. Haushaltsjahr ist das Kalenderjahr.

(3) Die Haushaltssatzung wird, wenn rechtsaufsichtliche Genehmigungen erforderlich sind, nach Erteilung der Genehmigung, sonst nach Eingang der rechtsaufsichtlichen Würdigung beim Zweckverband gemäß § 26 Abs. 1 bekanntgemacht.

§ 20
Deckung des Finanzbedarfs

(1) Der durch Einnahmen, insbesondere aus Grundstücksveräußerungen, Darlehen und Zuwendungen Dritter nicht gedeckte Finanzbedarf des Zweckverbandes zur Durchführung seiner Aufgaben wird von den Mitgliedern durch eine Kapitalumlage sowie eine Verwaltungs- und Betriebskostenumlage aufgebracht.

(2) Die Höhe der Umlagen ist in der Haushaltssatzung für jedes Haushaltsjahr festzusetzen.

(3) Jedes Mitglied trägt ein Drittel der Umlagen.

(4) Vor- und Nachteile, die die Verbandsmitglieder aus dem Zweckverband haben, werden durch eine besondere Vereinbarung zwischen den Verbandsmitgliedern durch Ausgleichszahlungen kompensiert.

§ 21
Leistungen der Verbandsmitglieder

(1) Leistungen der Verbandsmitglieder für den Zweckverband werden diesem in Rechnung gestellt.

(2) Die Vergütung für diese Leistungen erfolgt gesondert und wird nicht mit der anteiligen Umlage verrechnet.

§ 22
Kassenverwaltung

Der Kassenverwalter und sein Stellvertreter werden von der Verbandsversammlung bestellt. Sie dürfen Zahlungen weder selbst anordnen noch bei ihrer Anordnung mitwirken.

§ 23
Jahresrechnung, Prüfung

(1) Der Verbandsvorsitzende legt die Jahresrechnung der Verbandsversammlung innerhalb von vier Monaten nach Abschluß des Haushaltsjahres vor.

(2) Die Jahresrechnung wird binnen weiterer drei Monate von dem Rechnungsprüfungsamt des Verbandsmitgliedes geprüft, das im zu prüfenden Zeitraum den Stellvertreter des Verbandsvorsitzenden (§ 14 Abs. 2) gestellt hatte.

(3) Nach der örtlichen Prüfung wird die Jahresrechnung von der Verbandsversammlung festgestellt.

(4) Nach der Feststellung der Jahresrechnung veranlaßt der Verbandsvorsitzende die überörtliche Rechnungsprüfung.

(5) Aufgrund des Ergebnisses der überörtlichen Prüfung beschließt die Verbandsversammlung über die Entlastung.

IV. Wegfall von Verbandsmitgliedern, Auflösung

§ 24
Austritt, Ausschluß, außerordentliche Kündigung

(1) Austritt und Ausschluß eines Verbandsmitglieds sind nur mit Zustimmung der anderen Verbandsmitglieder möglich; der Ausschluß ist nur aus wichtigem Grunde zulässig.

(2) Der Austritt ist nur zum Schluß eines Rechnungsjahres zulässig; er muß mindestens ein Jahr vorher schriftlich erklärt werden. Auf die Vermögensauseinandersetzung ist § 25 Abs. 2 — 5 entsprechend anzuwenden.

(3) Ein Verbandsmitglied kann seine Mitgliedschaft aus wichtigem Grund kündigen (außerordentliche Kündigung). Abs. 2 findet entsprechende Anwendung.

§ 25
Auflösung

(1) Die Auflösung des Zweckverbandes bedarf der Zustimmung aller Verbandsmitglieder.

(2) Wird der Zweckverband aufgelöst, ohne daß seine Aufgaben auf andere juristische Personen des öffentlichen Rechts mit Dienstherrnfähigkeit übergehen, so haben die Verbandsmitglieder die Beamten und die Versorgungsempfänger anteilig zu übernehmen.

(3) Nach der Auflösung oder dem Austritt eines Verbandsmitgliedes findet eine Abwicklung statt. Hierbei sind die Vermögenswerte des Zweckverbandes auf die Verbandsmitglieder der belegenen Sache zu übertragen. Unterhaltslasten des Zweckverbandes gehen auf die jeweiligen Verbandsmitglieder über.

(4) Die Liquidation hat so zu erfolgen, daß die Vermögenszuwächse bzw. Belastungen der einzelnen Verbandsmitglieder gleich sind. Unterschiede sind zwischen den Verbandsmitgliedern auszugleichen; dabei sind auch mögliche Ertragswerte zu berücksichtigen.

(5) Den Verbandsmitgliedern zufließendes Vermögen darf nur für steuerbegünstigte Zwecke verwendet werden.

V. Schlußbestimmungen

§ 26
Öffentliche Bekanntmachungen

(1) Die Satzungen und Verordnungen des Zweckverbandes werden im Regierungsamtsblatt Mittelfranken bekanntgemacht. Die Satzungen und Verordnungen können in der Geschäftsstelle des Zweckverbandes eingesehen wurden.

(2) Bekanntmachungen bei der Bauleitplanung sind im Regierungsamtsblatt Mittelfranken zu veröffentlichen.

(3) Der Hinweis gem. Art. 25 Abs. 2 KommZG erfolgt durch Veröffentlichung der Bekanntmachung nach Abs. 1 und 2 in der bei den einzelnen Verbandsmitgliedern für amtliche Bekanntmachungen vorgesehenen Form. Für Bekanntmachungen nach Abs. 2 gilt dies nur, soweit Verbandsmitglieder von den Planungen betroffen sind.

§ 27
Inkrafttreten

Diese Verbandssatzung tritt am Tage nach ihrer Bekanntmachung im Amtsblatt der Regierung von Mittelfranken in Kraft.

Ansbach, 13. Oktober 1992

Regierung von Mittelfranken

von Mosch, Regierungspräsident

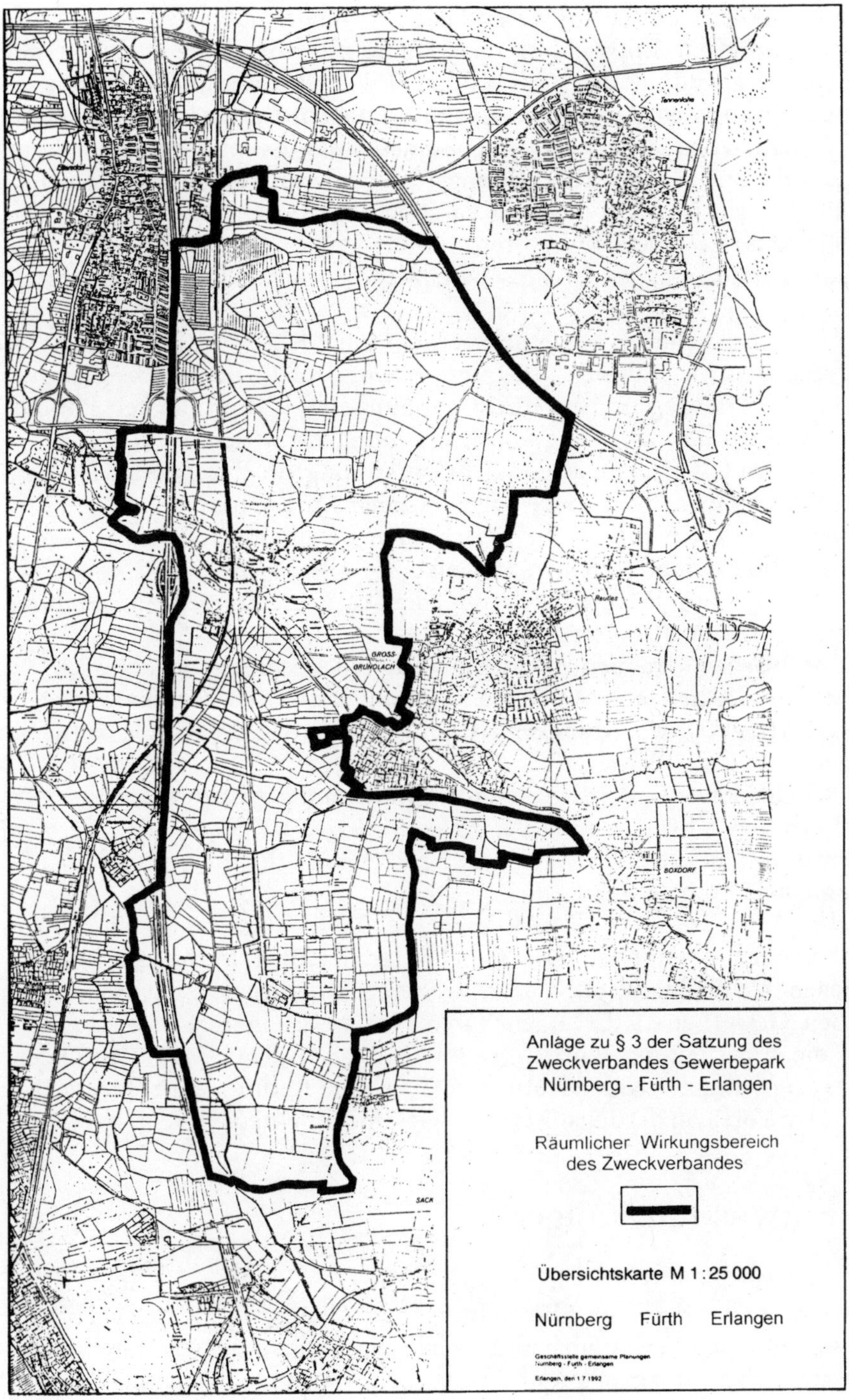
GROSS-
GRUNDLACH
BOXDORF
Anläge zu § 3 der Satzung des
Zweckverbandes Gewerbepark
Nürnberg - Fürth - Erlangen
Räumlicher Wirkungsbereich
des Zweckverbandes
Übersichtskarte M 1 : 25 000
Nürnberg Fürth Erlangen
Geschäftsstelle gemeinsame Planungen
Nürnberg - Fürth - Erlangen
Erlangen, den 1 7 1992

Der Zweckverband hat im wesentlichen folgende Aufgaben:

- Vorbereitung der Entwicklungsmaßnahme mit vorbereitenden Untersuchungen und Begründung der städtebaulichen Entwicklungsmaßnahme,
- Durchführung der gemeinsamen städtebaulichen Entwicklungsmaßnahme mit den Teilaufgaben Erlaß der gemeinsamen Entwicklungssatzung, verbindliche Bauleitplanung und Grünordnungsplanung mit breiter Bürgerbeteiligung, Grunderwerb, Neuordnung und Erschließung der Grundstücke und ihre Veräußerung an geeignete Investoren,
- Landschaftsplanung und Landschaftspflege innerhalb des Entwicklungsbereiches,
- landwirtschaftlicher Grundstücksverkehr und Koordination der landschaftspflegerischen Maßnahmen mit Interessen und Bedürfnissen der Landwirte,
- Verkehrsanbindung unter Berücksichtigung des städtebaulichen Rahmenplans einschließlich der Schaffung von Einrichtungen für den ÖPNV,
- Energie- und Wasserversorgung, Entwässerung im Rahmen seiner Verpflichtungen zur Einrichtung einer angemessenen Infrastruktur,
- Öffentlichkeitsarbeit über die gesetzlichen Beteiligungsvorschriften hinaus,
- Kooperation mit öffentlichen Stellen,
- Kooperation mit Privaten, Klärung der Voraussetzungen zur Bildung einer Betriebs- und Aufbaugesellschaft.

In den politischen Gremien bestanden zum Teil Bedenken gegen

- die geplante Übertragung der Planungshoheit auf den Zweckverband,
- die Übertragung des Grunderwerbs auf den Zweckverband als Entwicklungsträger,
- die Möglichkeit des Zweckverbandes, Enteignung zu beantragen.

Im Rahmen der Überarbeitung der Zweckverbandssatzung ist den Verbandsmitgliedern unter anderem ein Zustimmungsvorbehalt für die verbindliche Bauleitplanung eingeräumt worden.

Wichtigstes Organ des Zweckverbandes ist die Geschäftsstelle, die mit ca. sechs Personen besetzt ist. Die Geschäftsstelle führt Verhandlungen mit verschiedenen Treuhändern, die bei der weiteren Organisationsentwicklung für das Vorhaben Gewerbepark Erlangen/Fürth/Nürnberg eingeschaltet werden sollen. Durch die Einschaltung von Entwicklungsträgern gem. § 167 BauGB soll u.a. eine Verringerung der Kapitalaufnahme durch die Bildung eines Treuhandvermögens in der Vorfinanzierungsphase des Gesamtprojektes erreicht werden.

5.3 Entwicklungsträger

Bei den Praxisfällen, die bis jetzt noch nicht über Stadt- oder Stadtteilentwicklungskonzepte verfügen, sind Bestrebungen im Gange, ökonomische, ökologische sowie stadtgestalterische und stadtentwicklungspolitische Zielvorstellungen unter organisatorischen, finanziellen und zeitlichen Aspekten zu handhabbaren Strategien zusammenzufassen.

Im Rahmen der weiteren Umsetzung werden in den Vorhaben verschiedene Ansätze von Marketing-Konzepten diskutiert. In diesem Zusammenhang werden Kooperationen mit privaten Entwicklungsträgern oder die Gründung von Entwicklungsgesellschaften als denkbare Perspektiven erörtert. In den Vorhaben der Planungsphase, die Infrastrukturkanäle bauen wollen, wird derzeit die Bildung von Entwicklungsgesellschaften in öffentlich-privater Kooperation favorisiert, die neben dem Betrieb des Infrastrukturkanals die Erschließung und Vermarktung des Gebietes übernehmen sollen.

Die Entwicklungsgesellschaft soll im Vorhaben Mainz zunächst integriert die Planungsprozesse kontrollieren und dabei vorhandene Synergie- und Einspareffekte nützen, die beispielsweise in den technischen Infrastruktursystemen liegen. Beim Bau des Infrastrukturkanals hat die Entwicklungsgesellschaft die Kosten vorzufinanzieren und die Einhaltung der sicherheitstechnischen Erfordernisse zu überwachen. Im folgenden hat sie den Betrieb zu gewährleisten.

Entsprechendes gilt für die Herstellung von Parkraum für Kraftfahrzeuge mit Anschluß an den ÖPNV, sei es im Rahmen einer Parkhauslösung oder im Freigelände. Auch hier soll die Bewirtschaftung durch die Entwicklungsgesellschaft übernommen werden.

Ferner hat die Entwicklungsgesellschaft im Interesse der Vermarktung des Gebiets dafür zu sorgen, daß das Gebiet attraktiv öffentlich dargestellt und auch im Sinne der geschilderten Zielsetzung erschlossen und bebaut wird. Hier wird erwartet, daß über Erschließungsmaßnahmen im Inneren des Gebietes ein Beitrag zur Attraktivierung des öffentlichen Nahverkehrs erfolgt. Ein positives Image des ökologischen Gewerbegebietes, der Ruf einer „guten Adresse“ für ökologische, zukunftsorientierte Unternehmen, soll durch Werbung und Marketing etabliert werden.

Im Praxisfall Neutraubling hat die Gemeinde Kontakte zu verschiedenen Grundstücksverwertungsgesellschaften aufgenommen. Dies resultiert nicht zuletzt aus dem Umstand, daß die knapper werdenden Haushaltsmittel für Investitionen und die damit geringeren Handlungsspielräume die Suche nach neuen Partnern erforderlich machen. Hier soll die Zusammenarbeit zwischen privaten Investoren und der Kommune im Sinne eines PPP-Konzeptes einsetzen, mit dem Ziel, die kommunalen Aufgaben erfüllen zu können.

6 Kosten

Aussagen und Vergleiche zu den Kosten der ökologischen Gewerbegebietsplanung sind nur begrenzt im Sinne von Vergleichszahlen möglich. Insbesondere Kostenvergleiche zwischen „normalen“ und „umweltgerechten“ neuen Gewerbegebieten sind derzeit noch nicht möglich. Die bis jetzt quantifizierbaren Mehrkosten beziehen sich lediglich auf die forschungsbedingten Kosten, die im Rahmen der Voruntersuchungen und der Vorplanungen entstehen.

Grundsätzlich kann davon ausgegangen werden, daß die Planungskosten für ökologische Gewerbegebiete, u.a. bedingt durch zusätzliche Gutachten oder zusätzliche Arbeitsschritte, über den Kosten für vergleichbare „normale" Gewerbegebiete liegen.

Die zusätzlichen Planungskosten, die in den Vorhaben in der Vorbereitungs- und Konzeptphase als Mehraufwendungen gegenüber konventionellen Ansätzen zur Ausweisung von Gewerbegebieten entstanden sind, lassen sich von den Gemeinden quantitativ nicht beziffern, da diese Arbeiten zunächst verwaltungsintern oder in Diskussionen mit bereits für die Gemeinde tätigen Gutachtern geleistet wurden. Ebenfalls nicht exakt ermittelbar sind Kosten in der Vorbereitungsphase der Vorhaben, die durch notwendige technische Ausrüstungen (z.B. Hardware oder Software) bei den Kommunen oder den Gutachtern entstanden sind, sowie vermehrte Personalkosten durch Einstellung qualifizierter Mitarbeiter.

Da die Mehrzahl der Städte im zu untersuchenden Zusammenhang nur noch über geringe Entwicklungsflächen verfügt und sie ihre Entscheidungen städtebaulich, wirtschaftlich und hinsichtlich der Umweltverträglichkeit – auch bezüglich der Rechtssicherheit für künftige Investoren – absichern wollen, erscheint ihnen dieser Untersuchungsaufwand gerechtfertigt, auch wenn „betriebswirtschaftlich" keine Vorteile entstehen, sondern diese sich erst „volkswirtschaftlich" rechnen.

Bezüglich der Kosten der technischen Realisierung wird von einem Teil der Vorhaben angemerkt, daß den Gemeinden durch die umweltgerechte Erschließung Zusatzkosten entstehen bezüglich der
- Folgekosten für die Pflege öffentlichen Grüns,
- Personalkosten für die Bauberatung und Wirtschaftsförderung,
- Erschließungskosten für öffentliches Grün, das über Erschließungsbeiträge nicht gedeckt werden kann.

Die im einzelnen auf gemeindlicher Seite entstehenden Kostengruppen bei der technischen Realisierung sind in den Vorhaben weitgehend deckungsgleich. Im wesentlichen fallen Kosten an für
- Grundstückserwerb,
- äußere Erschließung,
- innere Erschließung,
- soziale Infrastruktureinrichtungen,
- Ausgleichsflächen und
- innergebietliche Begrünung.

Bei den einzelnen gewerblichen Vorhaben können höhere investive Kosten aus konstruktiven Gründen bezüglich der Baukonstruktion, des Baumaterials und der Baubiologie als auch aus gestalterischen Gründen bezüglich der Anforderungen an Baugestaltung und Architektur erforderlich werden.

Im Vorhaben Neutraubling werden bezüglich der Straßenbaumaßnahmen Mittel des Gemeinde-Verkehrs-Finanzierungs-Gesetzes und der Gemeinschaftsaufgabe „Verbesserung der regionalen Wirtschaftsstruktur" eingesetzt. Im Bereich Kanalbau und Wasserleitungsbau werden die entsprechenden städtischen Satzungen angewendet. Zur Umsetzung der Projektinhalte werden die Anwendungsmöglichkeiten weiterer Finanzierungshilfen untersucht. Gemäß einer Groborientierung der Stadt kommen dafür aus Bundesmitteln verschiedene ERP-Sonderprogramme und Regionalprogramme wie z.B. ERP-Regionalprogramm, ERP-Existenzgründungsdarlehen West, ERP-Abwasserreinigungsprogramm West und ERP-Energiesparprogramm West in Frage. Mögliche Landesmittel sind u.a. das Bayerische Mittelstandskreditprogramm, das Bayerische Kreditprogramm für Investitionen der gewerblichen Wirtschaft auf dem Gebiet der Abwasserreinigung, das Bayerische Programm „Rationellere Energiegewinnung und -verwendung", das Programm zur Zinsverbilligung für den Bau von Abwasseranlagen gewerblicher Unternehmen sowie das Programm zur Förderung landespflegerischer Maßnahmen und das Bayerische Umweltschutzberatungsprogramm.[50]

[50] Modellvorhaben Neutraubling.

VI Empfehlungen für eine ökologische Entwicklung von Gewerbegebieten

1 Planerische Umsetzung

In den untersuchten Praxisfällen wird davon ausgegangen, daß Gewerbegebiete aufgrund der meist erheblichen Umweltauswirkungen nur noch auf der Grundlage weitreichender Voruntersuchungen ausgewiesen werden können oder daß bei bereits ausgewiesenen Gewerbegebieten die Auswirkungen von Betriebsansiedlungen bezüglich der Umweltrelevanz, der stadtökologischen Kriterien und der optischen Anforderungen überprüft werden müssen. Das notwendige planerische Vorgehen entspricht nicht immer der klassischen Abfolge von Bestandsaufnahme und -analyse, Zielfindung und Bewertung bis zu Planaussagen.

Die umfassende Ermittlung und Bewertung der planerischen Grundlagen führt gegenüber klassischen Planungen zu einem zeitlichen, organisatorischen und inhaltlichen Mehraufwand. Dies vor allem deswegen, weil methodisch und technisch eigenständige Bestandsanalysen und Untersuchungen für spezielle Planungsprobleme durchzuführen sind. Der zeitliche Mehraufwand kann jedoch durch den Einsatz technischer Verfahren und eine Optimierung von Verwaltungsabläufen verringert werden.

Umfang und Methodik der planerischen Grundlagenarbeit hängen entscheidend von der vorhandenen Datenlage auf kommunaler Ebene ab, so daß bei der Konzipierung von Vorhaben die jeweilige örtliche Ausgangssituation entscheidend für die Untersuchungsnotwendigkeiten bei der ökologischen Gewerbegebietsplanung ist. Grundsätzlich ist aber festzuhalten, daß es „die Standardanforderungen" an neue Gewerbegebiete und die notwendigen Untersuchungsschritte nicht gibt, auch wenn eine Reihe von allgemeinen Anforderungen an die ökologische Gewerbegebietsplanung formuliert werden können. Dazu gehört die Erkenntnis, daß die Planung solcher Gewerbegebiete als sehr weitreichende Querschnittsaufgabe zu betrachten ist und die dazu erforderliche Prozeßsteuerung neben einer entsprechenden Grundlagenermittlung umsetzungsorientierter Verwaltungsstrukturen bedarf.

Eine wichtige Funktion im Rahmen der Ausweisung neuer Gewerbegebiete hat die städtebauliche Rahmenplanung, die als informelle Planungsebene programmatische Aussagen, aber auch räumlich-konkrete Inhalte haben kann, die als Grundlage für die Bebauungsplanung heranzuziehen sind.

Die bauplanungsrechtlichen Instrumente werden häufig durch andere Instrumente ergänzt, die positive Entwicklungen beeinflussen und „Bewußtsein" schaffen sollen. Als geeignet haben sich Gestaltungshandbücher herausgestellt, die im Rahmen von Beratungstätigkeiten oder von privatrechtlichen Regelungen eine Rolle spielen können und Elemente der Detailplanung beinhalten.

2 Rechtliche Umsetzung

Die rechtliche Umsetzung der Praxisfälle zeigt viele Gemeinsamkeiten, da in allen Fällen die Aufstellung von Bebauungsplänen als zwingend erforderlich angesehen wird. Während der Bebauungsplan zum Teil als verbindliche Steuermöglichkeit bewußt eingesetzt wird und entsprechend detaillierte Festsetzungen aufweist, zeigen sich andererseits Tendenzen, den Bebauungsplan hinsichtlich seiner Festsetzungen großzügig zu handhaben und die gewünschte Steuerung mit anderen Instrumentarien zu erreichen.

Nach den vorliegenden Erkenntnissen ist die Entwicklungsmaßnahme, wenn die entsprechenden Anwendungsvoraussetzungen gegeben sind, ein geeignetes planungsrechtliches Instrumentarium zur Umsetzung ökologischer Gewerbegebiete. Es muß allerdings ein qualifiziertes öffentliches Interesse, das über dem allgemeinen öffentlichen Interesse liegt, für die Anwendung des entwicklungsrechtlichen Instrumentariums bestehen, damit die rechtlich festgelegten Anwendungsvoraussetzungen erfüllt sind. Die Gebietsgröße muß sich entsprechend den Festlegungsvoraussetzungen auf einen Ortsteil oder andere Teile des Gemeindegebiets mit eigenständigem Gewicht beziehen. Probleme bereitet allerdings in bestimmten Fällen die Bewältigung der Eingriffsproblematik und die Frage, ob sich der Entwicklungsbereich in größerem Umfang auf Ausgleichsflächen erstrekken kann. Da Ortsteile oder andere Teile von Gemeinden entwickelt werden sollen und damit funktionsfähige Bereiche entsprechend der beabsichtigten städtebaulichen Entwicklung und Ordnung entstehen sollen, sind in Entwicklungsgebieten ohne Verzug Bebauungspläne aufzustellen.

Fragen des Naturschutzrechts spielen insbesondere im Zusammenhang mit der Eingriffsproblematik bei der Ausweisung neuer Gewerbegebiete eine Rolle. Die von den Vorhaben angestrebten Lösungen führen zu Ergebnissen, die in qualitativer und quantitativer Hinsicht erhebliche Differenzen aufweisen, aber in jedem Fall die Eingriffsproblematik bewältigen und den Anforderungen des Naturschutzrechts an die Bauleitplanung gerecht werden.

Weitere durch die Ausweisung neuer Gewerbegebiete tangierte Rechtsbereiche können Wasserrecht, Abfallrecht und Energiewirtschaftsrecht sein. Überlegungen zum Parkraummanagement in den neuen Gewerbegebieten führen in einigen Fällen zu Konflikten mit bestehenden baurechtlichen Stellplatzverpflichtungen. In diesen Vorhaben sollen u.a. die Parkmöglichkeiten im Straßenraum der Gewerbegebiete drastisch eingeschränkt werden und an bestimmten Stellen in den Gebieten konzentriert werden. Unter bestimmten Voraussetzungen ist diese Konzeption städtebaulich und verkehrsplanerisch sicherlich sinnvoll, so daß Forderungen zur Änderung des Bauordnungsrechtes der Länder im Hinblick auf Stellplatzverpflichtungen aus diesem Blickwinkel gerechtfertigt scheinen.

Privatrechtliche Steuerungsinstrumente im Rahmen der Grundstückskaufverträge zwischen Gemeinde und Investor können bei entsprechender Ausgestaltung hilfreich oder sogar notwendig zur Umsetzung optischer und ökologischer Anforderungen sein.

Voraussetzungen für diese Vorgehensweise sind jedoch eine gewisse Finanzkraft der Gemeinde zum Zwischenerwerb der Grundstücke, eine anhaltende Nachfrage nach gewerblichen Baugrundstücken und eine aufgeschlossene Haltung des Bauwilligen. Entscheidende Bedeutung hat die Ausgestaltung der Kaufverträge.

3 Technische Umsetzung

Die technischen Anforderungen an die umweltgerechte Erschließung und Gestaltung neuer Gewerbegebiete sind abhängig von den konkreten örtlichen Verhältnissen und den spezifischen kommunalen Zielsetzungen. Allgemeingültige Orientierungsgrößen zu diesem Problemfeld gibt es nicht.

Elemente der technischen Umsetzung beziehen sich vor allem auf die Aspekte
- der verkehrlichen Anbindung und verkehrstechnischen Erschließung,
- der Energie- und Wärmeversorgung,
- der Wasserversorgung und des Wassergebrauchs,
- der Abwasserwirtschaft,
- der Abfallwirtschaft,
- der Architektur, Bauausführung und Begrünung von Einzelobjekten.

Diese Bereiche stehen dabei nicht isoliert nebeneinander, sondern sie sind sowohl planerisch als auch nutzungsbezogen miteinander verknüpft und können sich gegenseitig verstärken. Allerdings ist zu beachten, daß bestimmte ökologische Zielsetzungen, Forderungen und Maßnahmen sich auch gegenläufig beeinflussen können.

Einzelne Elemente der technischen Umsetzung ökologischer Ziele in neuen Gewerbegebieten haben innovativen Charakter, so daß ihre Übertragbarkeit auf andere Vorhaben gewerblicher Neuausweisungen überprüft werden sollte. Dazu gehört insbesondere der Infrastrukturkanal, der sowohl aus ökologischen, aus ökonomischen und aus zeitlichen Gründen eine Alternative zur herkömmlichen Erschließung von Gewerbegebieten sein kann.

Die umweltgerechte Gestaltung und flächensparende Erschließung neuer Gewerbegebiete kann neben den technischen und baulichen Maßnahmen auch informelle Aktivitäten wie Förderung bestimmter Zielsetzungen, Beratungsstrategien oder Vorbildrollen öffentlicher Maßnahmen umfassen. Die ökologischen und optischen Anforderungen und die daraus resultierenden technischen Umsetzungselemente, die Bestandteil von Bebauungsplänen sind, können durch diese Aktivitäten verdeutlicht werden.

4 Trägerschafts- und Organisationsformen

Vorhaben zur Ausweisung neuer Gewerbegebiete mit ökologischen und optischen Ansprüchen haben in der Regel Problembereiche zu bewältigen, deren Aufgabenstellung und methodische Herangehensweise nicht den traditionellen Gliederungen der Verwaltung entspricht. Bewährt haben sich in diesem Zusammenhang institutionalisierte oder informelle kooperative Projektbearbeitungsformen innerhalb der Verwaltungen unter Hinzuziehung von externen Beratern.

Über die verwaltungsinterne Ebene hinaus werden im Rahmen der weiteren Planung, Erschließung und Finanzierung neuer Gewerbegebiete künftig interkommunale Zusammenarbeit, die Einschaltung von Entwicklungs- oder Trägergesellschaften oder sonstige Formen öffentlich-privater Zusammenarbeit anzustreben sein.

Das erforderliche Zusammenarbeiten der Gemeinden bei der Planung ökologischer Gewerbegebiete hängt im wesentlichen davon ab, ob die geeignete Rechtsform der Zusammenarbeit gefunden wird. Zweckvereinbarung und anschließende Gründung eines Zweckverbandes haben sich im Untersuchungskontext als Beitrag zum Abbau interkommunaler Konkurrenz, zur besseren Nutzung und Auslastung vorhandener Infrastruktur und zur stärkeren Berücksichtigung von Umweltschutzaspekten bewährt.

Im Rahmen der weiteren Umsetzung der Gewerbegebietsplanung werden derzeit verstärkt öffentlich-private Kooperationsformen diskutiert oder die Gründung von Entwicklungsgesellschaften vorbereitet. Darüber hinaus haben einzelne Gemeinden Kontakt zu verschiedenen Grundstücksverwertungsgesellschaften, um aus der Zusammenarbeit von privaten Investoren und der Gemeinde im Sinne von PPP-Konzepten neue Wege der Zusammenarbeit zu finden.

5 Kosten

Verallgemeinernde Aussagen und Vergleiche zu den Kosten der Gewerbegebietsplanungen und der technischen Realisierung sowie zu den investiven Kosten sind beim derzeitigen Stand der Praxisfälle noch nicht möglich. Insbesondere Anhaltspunkte für Kostenvergleiche zwischen „normalen“ und „umweltgerechten“ neuen Gewerbegebieten müssen erst noch erarbeitet werden. Zusätzliche Planungskosten sind den Modellgemeinden in der Vorbereitungs- und Konzeptphase gegenüber konventionellen Ansätzen entstanden, da erhöhter Aufwand bei der Grundlagenarbeit erforderlich ist. Bezüglich der Kosten für die technische Realisierung und bezüglich der investiven Kosten liegen erste Schätzungen vor, die aber noch nicht erkennen lassen, ob die eingesetzten baulichen und technischen Umsetzungsmaßnahmen teurer sind als übliche Techniken. Erhöhter Arbeitsaufwand und damit höhere Kosten entstehen durch erweiterte Beratungstätigkeit der Verwaltungen oder externer Gutachter in den Praxisfällen, die das planungsrechtliche Instrumentarium durch weiche Instrumente ergänzen.

6 Finanzierungsinstrumente

Spezielle Förderinstrumentarien für ökologische Gewerbegebiete stehen nicht zur Verfügung. Die Finanzierung der neuen Gewerbegebiete wird von den Gemeinden mit unterschiedlichen Konzepten angegangen. Möglichkeiten bieten hier der städtische Liegenschaftshaushalt sowie Finanzierungsstrategien, die unterschiedliche Landeszuschüsse, Mittel aus verschiedenen Programmen der Kreditanstalt für Wiederaufbau oder Mittel des Bundes oder der EU einschließen können. In jedem Fall ist es wichtig, daß sich die Gemeinden vor der Planung ökologischer Gewerbegebiete Übersicht über die in Frage kommenden Finanzierungs- und Förderprogramme sowie über die damit verbundenen Modalitäten verschaffen und frühzeitig fallgerechte Finanzierungsstrategien entwickeln.

In den Vorhaben, die die städtebauliche Entwicklungsmaßnahme anwenden, erfolgt die Finanzierung aus der Bodenwertsteigerung. Ausgangspunkt ist dabei die kostendeckende Gesamtfinanzierung der Entwicklungsmaßnahmen, die darauf beruht, daß die Gemeinden die Grundstücke zu dem Anfangswert erwerben, den sie ohne Aussicht auf die Entwicklung haben, und die baureifen Grundstücke zum Endwert nach erfolgter Entwicklung veräußern. Allerdings werden in den Anfangsphasen der Projekte Unterdeckungen erwartet, die damit zusammenhängen, daß zunächst in großem Umfang Ausgaben für Grunderwerb, Infrastruktur, Ökologie sowie fixe Kosten für Personal und Planung entstehen, wohingegen die Einnahmen aus den Grundstücksverkäufen erst mit zeitlicher Verzögerung in voller Höhe zu erwarten sind.

Wegen der hohen Grunderwerbskosten in der Anfangsphase der Entwicklungsmaßnahme wird in vielen Fällen das frühzeitige Einbeziehen von Investorengemeinschaften oder von Entwicklungsgesellschaften angestrebt, um die städtischen Haushalte von diesen Kostenpositionen zu entlasten. Vor der Einleitung der Entwicklungsmaßnahmen sind zuverlässige Wertermittlungen notwendig, die die entwicklungsunbeeinflußten Werte und die voraussichtlichen Neuordnungswerte umfassen müssen. Da es sich bei der Beurteilung der daraus resultierenden Finanzierbarkeit der Entwicklungsmaßnahme um eine Prognoseentscheidung handelt, sind hier Risiken nicht ausgeschlossen.

Literaturverzeichnis

Aachener Gesellschaft für Innovation und Technologietransfer, Projekt „Immobilienatlas der Region Aachen", Aachen 1989.

Apel, D., Henckel, D., Möglichkeiten der Steuerung des Flächenverbrauchs und der Verkehrsentwicklung, Deutsches Institut für Urbanistik, Berlin 1993.

Bauer, M., Bonny, H.W., Flächenbedarf von Industrie und Gewerbe -Bedarfsberechnung nach GIFPRO – (Schriftenreihe Landes- und Stadtentwicklungsforschung des Landes Nordrhein-Westfalen, Bd. 04.035), Dortmund 1987.

Bayrisches Staatsministerium des Innern – Oberste Baubehörde –, Städtebauliche Entwicklungsmaßnahme, Städtebauförderung in Bayern, Arbeitsblatt Nr. 2, München, September 1994.

Bringezu, S., Schütz, H., Stoffströme und Strukturwandel, Das Magazin Wissenschaftszentrum Nordrhein-Westfalen 2/1993.

Bullinger, D., in: Bundesforschungsanstalt für Landeskunde und Raumordnung (Hrsg.): Städtebau und gewerbliche Wirtschaft, Heft 31, 1988.

Bundesminister für Raumordnung, Bauwesen und Städtebau (Hrsg.):
- Baulandbericht 1993, Bonn 1993.
- Ermittlung des Wohnbaupotentials in Verdichtungsräumen, Schriftenreihe Forschung, Heft Nr. 461, Bonn 1988.
- Raumordnerische Aspekte des EG-Binnenmarktes, Schriftenreihe Forschung, Heft Nr. 488, Bonn 1992.
- Städtebau und Wirtschaft – Dokumentation zum Forschungsfeld im Experimentellen Wohnungs- und Städtebau, Schriftenreihe Forschung, Heft Nr. 472, Bonn 1989.
- Städtebaulicher Bericht Umwelt und Gewerbe in der Städtebaupolitik, Bonn 1986.

Bunzel, A.; Lunebach, J., Die neue städtebauliche Entwicklungsmaßnahme – erste Erfahrungen aus der kommunalen Praxis, in: Die öffentliche Verwaltung, August 1993, Heft 15.

Deutsches Institut für Urbanistik (Difu), Arbeitshilfe Städtebaurecht – Vorbereitung städtebaulicher Entwicklungsmaßnahmen, Berlin 1993.

Deutsches Institut für Urbanistik (Difu), Kommunale Wirtschaftsförderung in Ostdeutschland – Kurzauswertung zur Difu-Umfrage, Berlin 1994.

Döhne, H.J., Walter, K., Stadterneuerung in Public Private Partnership – Modeformel oder neuer Weg?, in: Mitteilungen der Landesentwicklungsgesellschaften und Heimstätten, 1/92.

ExWoSt-Informationen zum Forschungsfeld „Städtebau und Wirtschaft", Heft Nr. 1, Januar 1990.

ExWoSt-Informationen zum Forschungsfeld „Städtebau und Wirtschaft", Heft Nr. 4, Juni 1991.

Figge, F.W. u.a., Geschoßbau für Industrie und Gewerbe im Raum Wuppertal-Solingen-Remscheid, im Auftrag der Städte Wuppertal, Solingen, Remscheid 1991.

FIRU, Dokumentation im Auftrag der Stadt Viernheim, Seminar Gewerbeentwicklung in der Stadt Viernheim am 14. und 15.12.1990, 1991.

Gauch, M., Hain, E., Methodische Grundlagen zur Ermittlung potentieller Gewerbeflächen im Umland größerer Städte, Werkstattbericht Nr. 16 des Lehr- und Forschungsgebiets Regional- und Landesplanung, Universität Kaiserslautern 1991.

Hennicke, M., Tengler, H., Industrie- und Gewerbeparks als Instrument der kommunalen Wirtschaftsförderung, Stuttgart 1986.

Henze, W. u.a., Umweltschutz bei Planung und Bau von Industrie- und Gewerbeanlagen, im Auftrag des Umweltbundesamtes, Berlin 1991.

Heuer, H., Instrumente kommunaler Gewerbepolitik, Stuttgart 1985.

ILS-Schriften 38, Ökologische Erschließungs- und Bebauungsplanung von Gewerbestandorten, Dortmund 1990.

ILS-Schriften 41, Interkommunale Zusammenarbeit, Dortmund 1990.

ILS-Schriften 58, Neue Fabrikkonzepte und gewerblicher Flächenbedarf, Dortmund 1991.

Jäde, H., Vorhaben- und Erschließungsplan, Kronach, München, Bonn 1993.

Jaedicke, W., Kern, K., Wollmann, H., Kommunale Aktionsverwaltung in Stadterneuerung und Umweltschutz, Köln 1990.

Kahnert, R. in einem Vortrag zu den Anforderungen an Planung und Gestaltung neuer Gewerbegebiete, gehalten anläßlich der 4. Fachtagung: „Stadterneuerung und Stadtumbau – mit dem Schwerpunkt der Planung und Gestaltung von Gewerbegebieten“ am 12. bis 14. März 1990, des Instituts für Städtebau und Wohnungswesen der Deutschen Akademie für Städtebau und Landesplanung in München.

Konukiewitz, M., Krautzberger, M., Städtebau und Wirtschaft – ein neues Kapitel in einer neuen Beziehung, in: Bundesforschungsanstalt für Landeskunde und Raumordnung (Hrsg.), Informationen zur Raumentwicklung, Heft 5/6, 1988.

Köster, A., Schmidt, K., Stadtmarketing, in: RaumPlanung Nr. 58, September 1992.

Kratzenberg, R., Zweck, Voraussetzungen und Durchführung städtebaulicher Entwicklungsmaßnahmen, Kurzfassung des Vortrages anläßlich der wissenschaftlichen Arbeitstagung „Das Erfordernis der Baulandbereitstellung zwischen Ökonomie und Ökologie – Fach- und Rechtsfragen“ in Kaiserslautern am 05./06.10.1992.

Kratzenberg, R.: „Baulandbereitstellung in der städtebaulichen Entwicklungsmaßnahme“, in: Mitteilungen der Landesentwicklungsgesellschaften und Heimstätten, 3/92.

Krautter, H., Neue Wege zur privaten Finanzierung von Stadterneuerungsaufgaben, in: Mitteilungen der Landesentwicklungsgesellschaften und Heimstätten, 1/92.

Krautzberger, M., Städtebau und gewerbliche Wirtschaft „Einführung in das Expertenseminar am 20. und 21.06.1988“, in: Bundesforschungsanstalt für Landeskunde und Raumordnung, Heft 31, 1988.

Kruzewicz, M., Schuchardt, W., Public-Private-Partnership – neue Formen lokaler Kooperation in industrialisierten Verdichtungsräumen, in: Der Städtetag 12/1989.

Laistner, H., Der moderne Infrastrukturkanal, Sonderdruck aus: Ingenieursblatt für Baden-Württemberg, Karlsruhe 1992.

Lemmen, F.-J., Bauland durch städtebauliche Entwicklungsmaßnahmen, Köln 1993.

Menzel, P., Deutsch, M., Krautter, H., Das Praxishandbuch der Bauleitplanung, Kissing 1995.

Mitschang, S., Stadtökologische Festsetzungen in Bebauungsplänen zum Ausgleich von Eingriffen in Natur und Landschaft sowie ihre Umsetzung und Finanzierung, in: ZfBR Heft 2/1994.

Nassmacher, K.-H., Gewerbepolitik als prozeßorientierte Querschnittsaufgabe, in: Afheldt, H. u.a. (Hrsg.): Gewerbeentwicklung und Gewerbepolitik in der Großstadtregion, Beiträge zur Stadtforschung 4, Gerlingen 1987.

Pfadt, A., Gewerbeentwicklung, Siedlungsstruktur und Landschaftsverbrauch – Plädoyer für eine ökologische Gewerbeplanung, Hamburg 1990.

Pietzcker, J., Der Vorhaben- und Erschließungsplan (Kommunalrecht – Kommunalverwaltung; Bd.12), Baden-Baden 1993.

Planungsbüro Billinger, Kurzfassung des Vortrages „Umweltschonende Verkehrserschließung“, Workshop Ökologische Gestaltung von Gewerbegebieten am 01./02.10.1991.

Reiß-Schmidt, S., Städtebauliche Planungskonzepte für den Umgang mit Industrieflächen, LÖLF-Mitteilungen 2/92.

Runkel, P., Baugesetzbuch: Mit BauGB-Maßnahmengesetz, Textausgabe, Köln 1993.

Schaadt, D., Planungsrechtliche Bedeutung des Infrastrukturkanals, in: ExWoSt-Informationen zum Forschungsfeld „Städtebau und Wirtschaft", Heft 05.15, August 1995.

Staender, L., Nordalm, V., Pro Gewerbe – Contra Wohnen, Zur Frage der Nutzungskonkurrenzen in der kommunalen Bodenpolitik, in: Grundstücksmarkt und Grundstückswert, Heft 4, Juli 1992.

Stark, K.-D. u. a., Flächenbedarfsberechnung für Gewerbe- und Industrieansiedlungsbereiche -GIFPRO – (Schriftenreihe Landes- und Stadtentwicklungsforschung des Landes Nordrhein-Westfalen, Bd. 04.029), Dortmund 1981.

Stein, D., Der begehbare Leitungsgang: Erneuerung innerstädtischer Ver- und Entsorgungsnetze durch Leitungsgänge, Berlin 1991.

Steinebach, G., Herz, S., Jacob, A., Ökologie in der Stadt- und Dorfplanung, „Ökologische Gesamtkonzepte als planerische Zukunftsvorsorge", Berlin 1992.

Steinebach, G., Schaadt, D., Städtebauliche Entwicklungsmaßnahme als Instrument zur Ausweisung neuer Gewerbegebiete, in: ExWoSt-Informationen zum Forschungsfeld „Städtebau und Wirtschaft", Heft Nr. 11, September 1993.

Sternberg, R., Technologie- und Gründerzentren als Instrument kommunaler Wirtschaftsförderung, Dortmund 1988.

Stich, R., Bedeutung der neuen bundesnaturschutzrechtlichen Eingriffs- und Ausgleichsvorschriften für die Bebauungsplanung und die Zulässigkeit von Bauvorhaben, in: BauR Heft 2/1994.

Stich, R., Die umweltrechtlichen Probleme der Aufschließung von Gewerbe- und Industrieflächen, in: Wirtschaft und Verwaltung, Vierteljahresbeilage zum Gewerbearchiv 3/91.

Stich, R., Porger, K.-W., Steinebach, G., Jacob, A., Stadtökologie in Bebauungsplänen, Wiesbaden und Berlin 1992.

Umweltbundesamt (Hrsg.): Bericht zum 8. Workshop „Ökologisches Bauen", Berlin 1989.

Stichwortverzeichnis

Halbfette Zahlen verweisen auf besonders ausführliche Erläuterungen.